岩波文庫
33-940-2

ニールス・ボーア論文集 2

量子力学の誕生

山本義隆編訳

岩波書店

訳者序文

　本書『ニールス・ボーア論文集 2 量子力学の誕生』は，先に上梓した『同論文集 1 因果性と相補性』が主要に量子力学の解釈とその哲学的基礎をめぐる論文集であったのにたいして，どちらかというと量子物理学——総じて原子物理学・原子核物理学——の歴史をめぐる論文集である．すなわち量子力学形成の直後の 1925 年以降ボーアの晩年の 1962 年までのあいだのその時その時の時点で，ボーアがそれまでの量子物理学の形成過程を回顧しまたさらなる発展の方向を展望した論文や講演よりなっている．

　その内容は原子模型の提唱以降の量子力学・原子物理学の形成過程とその後の発展の回想や総括であり，そしてまたあらたに開拓された原子核物理学さらには素粒子論にたいする量子力学の適用可能性の検討や吟味，あるいは量子力学にもとづいたモデル形成の模索や提言の報告である．

　ボーア自身，1913 年の所謂ボーアの原子模型の提唱から 1925-26 年の行列力学・波動力学の登場にいたるまでのあいだ，終始若い世代の先頭にたって原子物理学をその時代の物理学の中心にまで押し上げていったことはよく知られている．しかしそれだけではなく，その後もボーアは，一方では出来上がった量子力学の解釈——コペンハーゲン解釈——の形成と論戦に中心的役割を果たしながら，他方

では，量子力学の適用範囲がどこまでおよぶのかという問題意識を持ちつつ，量子力学のあらたなる適用領域として意欲的に物理学の新分野としての核物理学の開拓をすすめていった．事実，ボーアの提唱した原子核反応の液滴模型と複合核理論は 1930 年代に飛躍的に発展した原子核物理学をリードするものであり，それは最終的に第二次大戦直前の核分裂現象の理論的解明をもたらすまでに至る．

　本書に収められたボーアの諸論文は，その過程のすべてにわたるものであり，ボーア自身が切り開いた物理学の歴史であるという意味で，ボーアの物理学とその思想を知るうえでもきわめて貴重で不可欠であるとともに，20 世紀前半の物理学のユニークでかつ臨場感あふれる現場報告としても読むことができる．この全体の内容をもっともよく表すものとして，収録したひとつの論文の標題『量子力学の誕生』を書名に選んだ．

　なお巻末には，解説として，1911 年の学位論文と 1913 年の原子構造論以降，量子力学登場直前までのボーアを中心とする量子論と原子物理学の発展を記しておいた．

　収録された諸論文はかならずしも物理学者を対象として書かれた——ないし語られた——ものだけではないので，多くの方々に読んでいただければ幸いである．

　　1999 年 9 月　　　　　　　　　　　　　　　山 本 義 隆

凡　　例

1. 本書は，ニールス・ボーア(Niels Bohr)の量子物理学——原子物理学・原子核物理学——の形成・発展過程についての，1925年以降の各時点での回顧と提言をめぐるボーアの論文・講演の主要なものをほぼすべて収録したものである．論文の配列は発表年代順である．
2. 翻訳にもちいたテキストは，巻末の各論文の訳注の最初に記した．独語と英語の両方があるものは，できるかぎり両方を参照した．そのさいに，一方にのみあり，他方にはない語句や文節は，アンダーライン ＿＿＿ と括弧（　）で区別するか，あるいはその旨を訳注に記した．アンダーラインは独語版のもの，括弧は英語版のもの．
3. 原論文に付されていた注は，すべて訳出して脚注に記した．内容，とくに物理学的な事項について，理解の参考になるよう，いくつか訳注を添えたが，それらは番号を付して巻末に記した．
4. 原文のイタリック体による強調は，ゴシック体で表記した．また，訳者による補いは〔　〕で記した．

目　　次

訳者序文
凡　例

1. 原子論と力学 …………………………… 9
2. 原　子 ……………………………………43
3. J. J. トムソンの古希の祝いへの
　　　　メッセージ ………………………71
4. ゾンマーフェルトと原子論 ……………73
5. 原子論と自然記述の諸原理 ……………77
6. 化学と原子構造の量子論 ………………99
7. 原子の安定性と保存法則 ……………167
8. フリードリッヒ・パッシェンの
　　古希の祝いによせて ………………189
9. ゼーマン効果と原子構造の理論 ……193
10. 量子論における保存法則 ……………201
11. 原子核の変換 …………………………205
12. 作用量子と原子核 ……………………221
13. 重い原子核の崩壊 ……………………245
14. リュードベリによるスペクトル法則の発見 ………249
15. ヴォルフガング・パウリ追悼文集への序文 ………265

16. ラザフォード記念講演
    ——核科学の創始者の追憶とその業績に
      もとづくいくつかの発展の回想 …………273
17. 量子力学の誕生 …………………………………361
18. ソルヴェイ会議と量子物理学の発展 …………371

訳　　注 ……………………………………………413
解　　説——ニールス・ボーアと量子物理学の発展 …435
索　　引 ……………………………………………477

1. 原子論と力学*

古 典 論

諸物体の平衡と運動の分析は，物理学の基礎を形成しているだけではなく，数学的推論にたいしても肥沃な分野を提供してきた．それは，純粋数学の方法の発展にたいしてはとりわけ豊かな実りをもたらしてきた．力学と数学のこの連携は，ふるくはアルキメデス，ガリレイそしてニュートンの業績のなかに示されている．そしてこの人たちの手によって，力学現象の分析に適した諸概念の形成がひとまずの完成を見ることになった．ニュートンこのかた，力学の諸問題を扱う方法の開発が，数学的解析の発展と手をたずさえて進歩してきた．その過程を見るには，オイラーやラグランジュやラプラスのような名前を思い浮かべるだけでよい．ハミルトンの仕事にはじまる力学のその後の発展もまた，変分法や，あるいは近年においてもポアンカレの諸論文にはっきりと認められるような不変量の理論といった，数学的方法の展開と密接な関連をたもって進められてきたのである．

---

* 本論文は，実質的には，1925年8月30日にコペンハーゲンで開催された第6回スカンジナヴィア数学会議における講演を再録したものである．しかしこの書き直されたテキストは，講演の後に現れ，本論文の末尾に触れられているハイゼンベルクの重要な論文によって大きく影響されていることを認めなければならない．

力学が最大の成功を収めたのは，おそらく天文学の分野においてであるが，熱の力学的理論においても，力学のきわめて興味深い適用が前世紀〔19世紀〕をとおして見出されてきた．クラウジウスとマックスウェルにより定礎された気体運動論は，気体の諸性質の多くを(無秩序に)飛び回っている原子や分子の力学的相互作用の結果として解釈するものである．とくにこの理論による熱力学の二つの原理の説明を思い起していただきたい．〔熱力学〕第1法則は力学的なエネルギー保存則の直接的な帰結であり，他方，〔熱力学〕第2法則すなわちエントロピー則は，ボルツマンによれば，数多くの力学系の統計的振る舞いから導き出される．そのさい興味深いことは，統計的な考察が，多数個の原子の平均的な振る舞いの記述だけではなく，揺らぎの現象の記述をも可能としたことにある．そしてその揺らぎの現象は，ブラウン運動を調べることによって，原子の個数を数えるという思いもよらない可能性を切り開いたのである．統計力学の体系的発展はとりわけギブズの貢献によるものであるが，そのためのうってつけの手段を提供したのは微分方程式の正準系の数学理論であった．

　エルステッドとファラデーの発見にひき続く前世紀〔19世紀〕後半の電磁理論の発展は，力学的諸表象を格段に一般化するものであった．マックスウェルの電気力学は，当初は力学的な模型に依拠して形成されたのであるが，まもなく，逆に力学の諸概念を電磁場理論から導き出すほうが

都合がよいのではないか，と考えられるようになった．電磁場理論では，保存法則はエネルギーと運動量が諸物体の周囲の空間に局所化されていると考えることで説明されている．とくに輻射現象の無理のない説明は，このようにして得ることができる．電磁場理論から今日では(電気)工学においてきわめて重要な役割を演じている電磁波の発見までは，一直線であった．さらには，マックスウェルによって基礎づけられた光の電磁理論は，ホイヘンスに端を発する光の波動論にたいして合理的な根拠を提供し，さらには，原子論を援用することで，光の発生や物質中を光が通過するさいに生じる現象を一般的に記述することにも成功した．そのさい原子は，平衡点のまわりで振動しうる荷電粒子から構成されていると仮定されている．一方では，それらの粒子の自由振動が輻射の原因であり，私たちが元素の固有の(原子)スペクトルのなかに観測しているのはその輻射成分であるとされた．他方では，それらの粒子は光波の電気的な力〔電場〕によって強制振動を行い，こうして原子が二次波〔球面散乱波〕の中心となる．そして個々の原子からの球面〔散乱〕波が一次波〔入射波〕と干渉することで，よく知られた反射や屈折といった現象が産み出される．入射波の振動数が原子の自由振動のひとつの振動数に近くなると，粒子がとくにつよい強制振動を行う共鳴効果がもたらされ，このようにして，物質のスペクトル線のひとつに近い光をあてたときのその物質の共鳴輻射や異常分散の現象の無理

のない説明が得られたのである[ア].

気体運動論の場合と同様に，光学現象の電磁理論にもとづく解釈で考察されるものも，単なる多数個の原子の平均的効果だけではない．たとえば光の散乱において原子が無秩序に分布しているときには，個々の原子の効果は，原子の直接的な計数が可能なように現れる．実際レイリーは，上空で散乱された青色光の強度から大気中の原子の個数を推定し，ペランがブラウン運動の研究によって得た原子数と満足できる程度に一致している結果を得ている[1]．電磁場理論の合理的な数学的表現は，ベクトル解析ないしより一般的にはさらに高次元の多様体上のテンソル解析の適用にもとづくものである．リーマンによって定礎されたこの解析は，アインシュタインが(基本的な)相対性理論を定式化するためのあつらえ向きの手段を提供した．相対性理論は，ガリレイの運動学を越える概念を導入し，おそらくは古典論の自然な完成と見なされてしかるべきであろう．

量 子 論

原子論にたいする力学的表象や電気力学的表象の適用は，〔当初は〕大変うまくいったにもかかわらず，その後の発展過程で深刻な<u>内在的困難</u>が暴き出されていった．もしもこれらの理論が，熱運動についての，さらには運動に結びついた輻射についての<u>適正な知識(一般的な記述)</u>を本当に与えるのだとすれば，これらの理論によって熱輻射の一般法

則が直接的に説明できなければならないであろう．ところがあらゆる期待に反して，この考え方にもとづく計算は熱輻射にかんする観測事実(経験法則)を説明できなかったのである．プランクは，熱力学第2法則のボルツマンによる説明を維持しつつこの点を克服しようとするならば，熱輻射の諸法則は原子的過程の記述に古典論とはまったく異質な不連続性の要素を要求するものであることを示した．プランクは平衡点のまわりで調和振動を行っている粒子の統計的振る舞いにおいては，そのエネルギーが「量子」ωhの整数倍となるような振動状態のみが考慮されなければならないことを発見したのである．ここにωはその粒子の振動数であり，hはプランクの作用量子と呼ばれる普遍定数〔プランク定数〕である[ｻ]．

　しかし，従来の理論のすべての概念が連続的変化が可能でなければならないとする表象にもとづくものであったということを鑑みるならば，量子論の内容のいっそう正確な定式化はことのほか困難なものであることがみてとれる．この困難は，アインシュタインの<u>重要な</u>(基本的)研究によって特段に浮き彫りにされることになった．それによれば，光と物質の相互作用の本質的特徴からするならば，<u>みたところ</u>，光の伝播は波動の広がりによってではなく，空間の狭い領域に局所化させられ，その光の振動数をνとしてエネルギー$h\nu$をもつ「光量子」として行われるものでなければならないことになる．このような言い方が形式的な

ものであることは,この振動数の定義や測定がもっぱら波動表象に依拠したものであるということを考慮すれば,おのずと明らかである.

原子の構成要素

　上述のように古典論が非力であることは,原子構造についての私たちの知見が拡大深化するにつれ眼につくようになっていった.以前には,広い範囲でその正しさが確かめられていた(実りの多かった)古典論にもとづいて元素の諸性質を分析することをとおして,原子構造についての表象が徐々に形成(拡大)されてゆくものと期待されていた.この期待は,とりわけ量子論の誕生のすこし前〔1896年〕にゼーマンがスペクトル線にたいする磁場の効果〔ゼーマン効果〕を発見したことによって,裏打ちされていた.ローレンツが示したように,多くの場合この効果は,振動する電気的粒子にたいする古典電気力学から期待される磁場の影響によって首尾よく説明されたのである.そればかりかゼーマン効果のこの説明によって,その振動粒子の性質〔比電荷〕にかんして,気体放電の分野でのレナルトやトムソンによる実験的発見と見事に一致する結論を導き出すことが可能となり,その結果として,小さな負に帯電した粒子すなわち電子がすべての原子に共通の構成単位として認知されたのである.なるほど多くのスペクトル線のいわゆる「異常」ゼーマン効果が,古典論にたいして深刻な困難

1. 原子論と力学　15

をもたらしていたことは事実である．これと類似の困難は，スペクトルの振動数のあいだのバルマーやリュードベリやリッツの仕事をとおして明らかにされた単純な経験的規則性を，電気力学的な模型の助けで説明しようとする試みにおいても現れた．とくに，スペクトル法則のそのような説明は，古典論を直接適用することによってトムソンがX線の散乱の観測から得た原子内の電子の数の見積りとは，ほとんど折り合いがつかなかったのである．

　このような困難は，さしあたっては，原子内に電子を束縛している力の起源について私たちの知識が不完全であることの所為にすることができた．しかし，原子構造の研究のための新しい手段を提供することになった放射能の分野における実験的な諸発見によって，事態は一変することになった．かくしてラザフォードは，放射性物質から放出された粒子〔α粒子〕の物質通過の実験から，有核原子という表象にたいする説得力のある裏づけを得たのである．この考え方によれば，原子質量の大部分は原子全体の大きさにくらべて極端に小さい正に帯電している核に局在していて，その核のまわりをいくつかの軽い負電荷の電子が運動している．こうして原子構造の問題は，天体力学の諸問題と酷似したものとなった．しかし，にもかかわらず原子と惑星系とのあいだには根本的な違いがあることが，より掘り下げて考察することによってたちまち露呈した．つまり原子は，力学理論とはまったく異質な特徴を示す安定性をもた

なければならないのである．たとえば，許される運動状態を連続的に変えることは力学法則では可能であるが，そのことは元素の性質がはっきり定まっているという事実とはまったく相容れない．原子と電気力学的模型との食い違いは，放射される輻射の組成を考察しても見てとれる．というのも，考えられているその手の模型では運動の固有振動数がエネルギーとともに連続的に変化するので，輻射の振動数は，古典論にのっとって放射のあいだ連続的に変化しつづけることになり，それゆえ，〔とびとびの振動数のみが現れる〕元素の線スペクトルとはどのような類似性も示さないことになるからである．

原子構造の量子論

こうした困難を克服できるように，量子論の諸概念をもっと正確に定式化しようと追究することによって，以下の仮説〔量子仮説〕の提唱へと導かれることになった：

（ⅰ） 原子系は，状態のある特定の集まりすなわち「定常状態」をもち，その状態には一般にはとびとびの値をとるエネルギーのある系列が対応し，かつその状態は固有の安定性を有している．この安定性は，原子のエネルギーのいかなる変化も，ある定常状態から他の定常状態への「遷移」[2]によるものでなければならないということに表されている．

1. 原子論と力学　17

（ⅱ）原子による輻射の放出と吸収の可能性は，その原子のエネルギー変化の可能性によって，次のように条件づけられている．すなわち，そのさいの輻射の振動数〔ν〕は，始状態と終状態のエネルギー差と
$$h\nu = E_1 - E_2$$
という形式的関係によって結びつけられている．

これらの仮説は，古典論の考え方によっては説明しようのないものではあるが，元素の（観測される）物理学的・化学的諸性質の一般的な説明のための割切な基礎を提供しているように見える．とりわけそれは，経験的なスペクトル法則の基本的特徴を直截に説明するものである．その特徴とは，「スペクトル線にたいするリッツの結合原理」と言われているもので，あるスペクトルのすべての線の振動数が，その元素に固有のスペクトル項の集合の二つの項の差で表されうるというものである．実際，これらの項は原子の定常状態のエネルギーの値を h で割ったものに等しいとしてよいことが見てとれる．あまつさえ，スペクトル線の起源にたいするこの説明は，放出スペクトルと吸収スペクトルの<u>特有の</u>（根本的な）違いを端的に説明するものである．というのも，上記の仮説によるならば，二つの項の結合に対応するある振動数が選択的に吸収されるための条件は，その原子が低いエネルギー状態にあり，他方，そのような輻射が放出されるためには，その原子は高いエネルギ

一状態になければならないからである．一言で言うならば，いま述べた描像は，スペクトルの励起についての実験結果に実によく符合しているのである．このことは，自由電子の原子との衝突にかんするフランクとヘルツの発見にとりわけ顕著に示されている．彼らは，電子から原子へのエネルギーの移動は，スペクトル項から計算された定常状態のエネルギー差にちょうど等しい量でしか起らないことを見出したのである．そのさい，一般にはその原子は，励起されると同時に輻射を放出する．それと同様に，クラインとロスランによれば，その励起された原子が〔電子による〕打撃により輻射能力を失い，衝突した電子がそれに対応するエネルギーを得ること〔第2種衝突〕も可能である[3]．

アインシュタインが示したように，上記の仮説はまた，統計的諸問題の首尾一貫した(合理的な)扱い，とりわけプランクの熱輻射法則の簡単明瞭な導出のための恰好の基礎を提供するものである．この理論は，二つの定常状態間で遷移を行うことができかつ高い状態にいる原子は，所与の時間間隔のあいだに低い状態へ自発的に遷移するある一定の「確率」をもっていると仮定する．ただしその「〔遷移〕確率」は，その原子のみに依存する〔すなわち外部の場によらない〕．さらに，その遷移に対応した振動数の輻射を外部から照射することで，その原子には低い状態から高い状態へ移るその輻射の強さに比例した確率が与えられる．そしてまた，この振動数の輻射を照射することで，高い状

態にいる原子には，その自発的な〔遷移〕確率のほかに，低い状態に遷移する誘導された確率が与えられるということも，この理論の本質的な特徴である[a].

輻射の量子論

なるほどアインシュタインのこの熱輻射の理論は，さきの仮説にたいするひとつの裏づけを与えるものではあるけれども，同時にそれは〔仮説(ii)の〕振動数条件〔$h\nu = E_1 - E_2$〕が形式的な性格のものであるということをとくに強調するものでもある．というのも，完全な熱平衡の条件からアインシュタインは，すべての吸収と放出の過程には光速を c として $h\nu/c$ の運動量の移動がともなうという結論を引き出したが，それはまさに光量子の表象から期待されるものだからである．この結論の重要性は，単色X線の散乱では散乱X線の振動数(波長)が観測の方向に依存して変化するというコンプトンの発見によって，非常に興味深いかたちで強調されることになった．振動数のこのような〔方向に依存した〕変化は，エネルギーの保存だけでなく量子の進行方向のふれにたいして運動量の保存をも考慮すれば，光量子論から簡単に導かれることである．

光学現象の説明のためには見たところ欠かすことのできない光の波動論の，光と物質の相互作用の多くの特徴を至極自然なかたちで表している光量子論との対立がますますのっぴきならないものとなっていったので，古典論の破綻

がエネルギーや運動量の保存法則の妥当性にさえ影響するかもしれないと提唱されたこともあった．そうだとすれば，古典論においてはきわめて中心的な位置を占めていたこれらの保存法則は，原子的過程の記述においては統計的にしか妥当しないことになるであろう．しかしこのような提案は，個別的過程の直接的な観測を可能とした鮮やかな方法で最近行われたX線の散乱実験によって示されたように，上記のジレンマから首尾よく逃れさせてくれるものではない．実際，ガイガーとボーテは，散乱輻射〔X線〕の生成と吸収にともなう反跳電子と光電子が，光量子論の描像から期待されるとおりに対として結びついていることを示すのに成功したからである．さらにコンプトンとサイモンは，ウィルソンの霧箱の方法をもちいて，このように反跳電子と光電子が対になって現れるだけでなく，散乱輻射の効果が観測される方向と散乱にともなう反跳電子の速度の方向のあいだに光量子論で要求されるとおりの相関があること〔したがって個別過程でエネルギーと運動量の保存法則がたしかに成り立っていること〕を，立証するのに成功したのである[#]．

　これらの結果から，量子論の一般的問題で問われているのは，力学理論や電気力学理論の従来の物理学の諸概念で記述可能な手直しではなく，これまでの自然現象の記述の基礎にあった時間・空間的描像の根底的な破綻であるということが，読み取れるであろう．この破綻は衝突現象をよ

りたちいって考察することによっても明らかになってくる．とりわけ，原子の自然周期にくらべて衝突時間が短くて，従来の力学の考え方では非常に簡単な結果が期待されるような衝突では，定常状態という仮説は，原子構造についての私たちの(受け入れられている)表象にもとづく衝突のどのような時間・空間的記述とも，とうてい折り合いがつかないように見えるであろう*．

対応原理

にもかかわらず，有核原子の表象にもとづいて，定常状態にたいして，元素の固有の諸性質を解釈するうえで大いに役だつかたちの力学的描像を描くことは可能であった．中性水素原子のような1個の電子を含む原子というもっとも単純なケースでは，古典論によれば，電子の軌道はケプラーの法則にしたがう閉じた楕円であり，その長軸と回転振動数は，その原子の構成粒子〔電子〕を完全に引き離すのに必要な仕事と単純な関係で結びついている．さてここで，水素スペクトルのスペクトル項がこの仕事を決定していると見なすならば，電子が輻射を放出するたびごとにより小さい軌道で図式的に表される[4]状態に順次より強く束縛されてゆく，そのとびとびの過程の証拠を，私たちはそのス

---

* これらの問題にたいするよりたちいった議論については，まもなく公表される著者の論文 (*Zeitschrift für Physik*, 34 (1925), p. 142)，とくにその補遺を参照していただきたい．

ペクトルの中に認めることになる．電子が可能なかぎりもっとも強く束縛され，それゆえ原子がそれ以上は輻射を放出できなくなれば，原子は標準状態〔基底状態〕に到達したことになる．スペクトル項から推定される軌道の寸法は，この状態にたいしては元素の力学的諸性質から得られた寸法と同程度の大きさである．とはいえ，上述の仮説の本質からして，回転振動数とか電子軌道の形状のような特徴を<u>直接の観測</u>と比較するわけにはゆかない．これらの〔力学的〕描像が記号的性格のものであるということは，標準状態においては，（力学的描像によれば）電子はいまだに運動しているにもかかわらず，いかなる輻射も放出されることはないという<u>電磁理論の要求</u>とは真っ向から反している事実に，なによりもよく強調されているであろう．

にもかかわらず，定常状態を力学的描像をもちいて図式的に表すことは，量子論と古典論（力学的理論）の深層にある相似性を暴き出すことになった．その相似性は，電子が束縛されてゆく上述の過程の最初の段階での諸状況を吟味することによって，突き止められたのである．その最初の段階では，となりあった定常状態に対応する運動の差が比較的小さく，ここではスペクトルと運動の漸近的一致を示すことが可能であった．この一致により，水素スペクトルにたいするバルマーの公式に現れる定数〔リュードベリ定数〕をプランク定数と電子の電荷と質量の値によって表すある定量的関係が確立された．この関係が広く妥当するこ

とは，スペクトルが原子核の電荷にどのように依存しているのかにかんするこの理論の予言が，その後にひきつづき検証されていったことによって，疑問の余地なく示されることになった．この後者の結果は，核のもつ単位電荷の数，すなわちいわゆる「原子番号」を表す整数のみをもちいて諸元素の性質を関連づけようという，有核原子の概念から産まれ出たプログラムの実現にむけての第一歩と見なすことができた．

スペクトルと運動の漸近的一致が確認されたことは，「対応原理」の定式化にむけての道を開くものであった．対応原理によれば，輻射の放出によって生じるそれぞれの遷移過程が現実に可能かどうかは，それに対応する調和成分が原子の運動に含まれているか否かによって条件づけられている．そのさい定常状態のエネルギーが〔一定値 E_∞ に〕収束する極限では，対応する調和成分の振動数が〔仮説 (ii) の〕振動数条件〔$h\nu = E_1 - E_2$〕から得られる値と漸近的に一致するだけではなく，その力学的な振動成分の振幅が，その極限では，観測されるスペクトル線の強度を決定している遷移過程の確率にたいする漸近的な目安を与えてくれるのである．対応原理は，量子論の仮説と古典論のあいだの根本的な食い違いには眼をつむって[5]，古典論のあれやこれやの特徴を適宜解釈し直すことで量子論の形成に利用しようとする努力の表現である．

量子化規則

　その発展は，連続的な運動の集合のなかから定常状態に対応する力学的運動を選び出すためのある一般的な規則，すなわちいわゆる「量子化規則」を定式化することが可能なように見えるという事実により，大きく推し進められることになった．この規則は，力学の運動方程式の解が単周期的か多重周期的な性格をもつ原子系，すなわちすべての粒子の運動が離散的な調和振動の重ね合わせで表される，そのような原子系にかんするものである．この量子化規則は，調和振動子がとることのできるエネルギーの値にたいしてプランクが最初においた条件を合理的に一般化したものと見なされるが，それによれば，力学の運動方程式の解を特徴づける作用のある成分がプランク定数の整数倍に等しいとされる．この規則をもちいれば定常状態の分類が得られ，その分類では，すべての〔定常〕状態に一組の整数すなわち「量子数」が割り振られる．そしてその量子数の個数は力学的運動の周期性の多重度に等しい[#]．

　量子化規則を定式化するにあたっては，力学の諸問題を取り扱う数学的な手法の最新の発展が決定的に重要であった．とくにゾンマーフェルトによって使用された相積分の理論や，その積分の断熱不変性というエーレンフェストによって強調された性質を思い起すだけでよい．その理論はシュテッケルによる均質化変数〔作用変数‐角変数〕の導入によって，<u>一般的できわめてエレガントな表現を与えられ</u>

た．この表現では，力学的な解の周期的性格を決定している基本振動数は，量子化されるべき作用成分によるエネルギーの偏微分商として現れ，振動数条件から計算されるスペクトルと運動のあいだに対応原理から要求される漸近的関連が保証されていることは，そのことから<u>直接的に</u>導かれる．

　量子化規則の助けで，スペクトルの細部が多くの点で無理なく説明されるように見えた．とくに興味深いのは，水素のスペクトル線の微細構造が相対性理論によって要求されるニュートン力学の修正の結果として得られたケプラー運動からのわずかなずれによって説明されるという，ゾンマーフェルトの証明である．さらにここでは，外部電場による水素のスペクトル線の分裂というシュタルクが発見した現象〔シュタルク効果〕の，シュヴァルツシルトとエプシュタインによる説明が思い起される．ここで私たちが扱っているのは，オイラーやラグランジュ[6]といった数学者の手でくりかえし改良が加えられ，最終的にヤコビがハミルトンの偏微分方程式の方法によって彼の有名でエレガントな解を与えた，そのような力学の問題である．とくに対応原理を援用することで——その原理によってシュタルク効果の成分の偏光だけではなく，クラマースが示したようにそれらの成分の特有の強度分布も説明されるのだが——，私たちは，この効果のなかに，量子論の外観によって覆い隠されてはいるけれども，ヤコビの解のすべての特徴が認

められると言うことができる．なおこの点に関連して，対応原理の助けによって，水素原子にたいする磁場の効果を，古典電気力学とりわけラーモアによって与えられた形のものをもちいたローレンツによるゼーマン効果の説明との広範にわたる相似性が見えるように扱うことができるようになったことを指摘するのもまた，興味深いことである．

原子構造の安定性

最後に述べた問題が多重周期系にたいする量子化規則の直接的適用を表しているとすれば，複数個の電子を有する原子の構造という問題では，その力学の問題の一般的な解が，定常状態の力学的な図式化のためには必要と思われる周期性をもちあわせていないという場合に私たちは直面することになる．しかし，複数個の電子を有する原子の諸性質の研究においては，電子を1個しか有さない原子の研究の場合にくらべて，力学的描像の適用可能性がこのようにさらに限られているという事実が，定常状態の安定性という仮説に直接に関連していることは明らかである．実際，原子内の電子たちの相互作用は，原子と自由電子の衝突の問題と非常によく似た問題を提起している．衝突のさいの原子の安定性にたいしてはいかなる力学的説明も与えることができないけれども，それとまったく同様に，すでにその原子の定常状態の記述においても，すべての電子が他の電子との相互作用において演ずる特別の役割はまったく非

力学的なやり方で保証されているのであるということを，私たちは仮定しなければならないのである．

このような見方は，分光学上の証拠ともおおむね合致している．この証拠の重要な特徴は，水素原子のスペクトルにくらべて他の元素のスペクトルがはるかに複雑な構造をもつにもかかわらず，バルマーの公式に現れるものと同じ定数〔リュードベリ定数〕がすべての元素のスペクトル系列の経験公式に現れるという，リュードベリの発見である．この発見は，スペクトル系列を，電子が原子に加えられ，その結合が輻射の放出とともに一歩一歩段階的に強化されてゆく過程を証拠立てるものと見なすことで，簡単に説明される．他の電子たちの結合の様式が同一で変わらないとすれば，この電子の結合が段階的に強化される過程は，最初は通常の原子の寸法にくらべて大きく，しだいしだいに小さくなり最後は標準状態〔基底状態〕にいたる軌道によって，図式的に表される．その電子を捕獲する以前には原子が1単位の正電荷を有していた〔つまり1価イオンとなっていた〕場合には，その電子にたいする原子の残りの部分からの引力は，結合過程のこの描像にもとづけば，はじめ〔つまり電子がその1価イオンから遠くにあるとき〕は水素原子の場合に電子が受ける引力にほぼ一致しているであろう．それゆえ，（電子の）結合の強さを表しているスペクトル項が，なぜ水素のスペクトル項への漸近的収束を示すのかは，明らかである．とりわけファウラーとパッシェンの

研究をとおして鮮やかに解明された，放射する原子のイオン化された状態へのスペクトル系列の一般的依存性も，同様に考えればただちに説明がつく".

電子が原子内に束縛されている仕方についての典型的な証拠は，X 線スペクトルの研究によっても与えられた．一方では，元素の X 線スペクトルが原子核に 1 個の電子が結合されているときのスペクトルと酷似しているというモーズリーの基本的な発見は，原子の内側では個々の電子の結合の様態を決めているのは，圧倒的に原子核の直接的な影響であって，それは電子相互の影響をはるかに上まわっているということを思い起すならば，容易に理解することができる．他方では，X 線スペクトルはスペクトル系列とある特徴的な違いを示している．このことは，X 線の場合に私たちが見ているのは，原子への電子の付加的な結合ではなくて，以前から〔原子の内側に〕結合されていた電子のひとつが叩き出されたときの残りの電子の結合状態の再編成なのである，という事情による．とくにコッセルによって強調されたこの事情は，原子構造の安定性の新しい一連の(重要な)特徴を照らし出すにはうってつけのものである．

スペクトルのさらに詳細な分析

スペクトルのディテールを説明するためには，もちろん，原子内の電子の相互作用をたちいって調べる必要がある．

この問題にたいする攻略は，力学の厳格な適用を考えることなく，量子数によるスペクトル項の分類が可能となるような周期性を有する運動をすべての電子に割り振るというやり方で，進められた．とくにゾンマーフェルトの手で，スペクトルのいくつかの規則性がこのようにして単純に説明されたのである．さらにこうした考察は，対応原理にたいしても肥沃な適用分野を提供することになった．実際，対応原理によって，スペクトル項の可能な組み合わせにたいする特有の制限，いわゆるスペクトル線にたいする「選択規則」が説明されたのである[z]．

この線にそって，スペクトル系列からの証拠はもちろんX線スペクトルからの観測事実をももちいて，原子の標準状態での電子の配置にかんする結論を導き出すことが，最近になって可能となった．この配置は，元素の周期律系の一般的規則性の説明を与えるものであり，それはとくにJ. J. トムソンやコッセルや G. N. ルイスによって発展させられた原子の化学活性というアイデアにもよく適合している．この分野における進歩は，ここ数年間に分光学上の観測データがきわめて豊富になってきたことと，そしてとりわけライマンやミリカンの研究によって光学スペクトルとX線領域のあいだのギャップがほぼ埋められたことに，密接に関連している．X線領域では，近年シーグバーンとその共同研究者の手によって大きな発展を見ている．この点にかんしては，重い元素のX線スペクトルにかんす

るコスターの仕事〔吸収端の測定〕は，周期律系の本質的特徴の説明を鮮やかに裏づけるものであるとして，特筆することができよう．

　しかしスペクトルのディテールのくわしい分析は，多重周期系にたいする量子化規則(の理論)にもとづく力学的描像によっては解釈することのできないいくつもの特徴を明るみに引き出すことになった．ここでは私たちは，とくにスペクトル線の多重構造と，この構造にたいする磁場の影響に注目しよう．一般には異常ゼーマン効果と言われているこの後者の現象は，先に触れたように，すでに古典論において困難をもたらしていたものであるが，量子論の基本仮説の枠組みに無理のないかたちで収まっていることはたしかである．というのも，ランデが示したように，各スペクトル線が(磁場によって)分裂して生じる成分の振動数を，(もとの線と同様に)磁場によって分かれた項の結合によって表すことができるからである．(これらの磁気項の集合は，もとの各スペクトル項を，それと場の強さに依存する微小な量だけ異なる一組の値で置き換えることで得られる．)　実際，不均一な磁場の中に置かれた原子に作用する力と分裂したスペクトル項(磁気項)から計算されるこの磁場の中での定常状態のエネルギーの値の直接的な関係を確立することになったのは，シュテルンとゲルラッハの鮮やかな実験であるが，それは量子論の基本的な考え方をきわめて直截に裏書きするものと見なすことができる[z]．

ところがこの分裂した項にたいするランデの分析は，同時に，原子内の電子の相互作用が力学系の結合とは根本的に（奇妙に）異なることを暴き出すことになった．この事情は，電子の相互作用には力学的には記述することのできない「強制(Zwang)」がともない，そのため多重周期系にたいする量子化規則にもとづいた量子数の一意的な割り振りが不可能になる，と表現することができる*[7]．この問題をめぐる議論においては，エーレンフェストによって導入された熱力学的安定性〔断熱不変性〕の一般的な条件が重要な役割を果たすことになった．この条件は，量子論の仮説に適用されたならば，定常状態に付与される統計的な重みはその原子系に連続的な変化を施しても変化することのありえない量であるということを言っている．そのうえ最近になって判明したことであるが，この同じ条件は，たったひとつの電子をもつ原子にたいしてさえ，困難をもたらすことになる．その困難は多重周期系の理論の妥当性の限界を指し示すものである．というのも，点電荷の運動という問題には，定常状態の集まりからは排除されるべきある特異解が含まれているからである．これを排除することは

---

* 著者の論文(*Annalen der Physik*, 71(1923), p. 228)を参照していただきたい．そこには，定常状態の力学的描像にもとづいて元素のスペクトル線を解釈する試みの結果についての一般的な概観が含まれている．なおその論文には，この問題にかんするそれまでの文献がくわしく参照されているので，本論文ではその後に現れた仕事のみを挙げることにする．

人為的に量子化規則を制限することになるが,当初は,この制限は実験的証拠とあからさまに矛盾することはなかった.しかし,交差した電場と磁場の中におかれた水素原子の問題のクラインとレンツによる興味深い分析によって,とりわけ深刻な困難が明るみに引き出された*.ここでは,エーレンフェストの条件を満たすことが不可能であるということが判明したのである.というのも,外部磁場をうまく変化させれば,定常状態の集まりから排除されることのない状態を描く軌道が,電子が原子核に落ち込んでゆく軌道にしだいに移り変わってゆくことになるからである.

これらの困難をほかにすれば,スペクトルのディテールについてのくわしい分析は,諸元素のあいだの類縁関係の法則性の量子論的解釈を大幅に促進することになった.実際,量子論によって導かれた電子の<u>副殻への配置</u>にかんするアイデアの拡張が,最近ドゥヴィエ,メイン・スミスそしてストーナーによって,さまざまな種類の証拠を勘案することによって提案されている**.これらの提案が形式的性格のものであるにもかかわらず,それはランデの分析によって解明されたスペクトルの規則性との密接な関連を示している.とくにパウリによって,最近この方向にそって

---

 *   O. Klein, *Zeit. f. Phys.*, 22 (1924), p. 109; W. Lenz, *Zeit. f. Phys.*, 24 (1924), p. 197.

**   A. Dauvillier, *Comptes Rendus*, 177 (1924), p. 476; J. D. Main Smith, *Journal of the Society of Chemical Industry*, 43 (1924), p. 323; E. C. Stoner, *Philosophical Magazine*, 48 (1924), p. 719.

有望な結果(重要な前進)が得られている*．こうして得られた結果が，元素の諸性質を原子番号のみにもとづいて説明するという先に述べたプログラムの実現にむけての重要な一歩を構成しているにもかかわらず，しかし，その結果を力学的描像と一意的に関連づけることが許されないということ，このことは心に留めておかれなければならないのである．

光学現象の量子論

量子論の発展の新紀元が，光学現象のより緻密な研究によって，ここ二，三年間で切り開かれてきた．以前に述べたように，古典論はこの分野で大きな成功を遂げてきたにもかかわらず，その前提はさしあたってなんの直接的な手掛かりをも与えてくれなかったのである．たしかに実験からは，光を当てられた原子は，弾性的に束縛されている荷電粒子による，その固有振動数が外部輻射の影響で原子が行うことのできる遷移過程に対応する振動数と等しいとした場合に古典論で計算される散乱と本質的に類似の光の散乱を引き起すと，結論づけることができる．実際，古典論によれば，そのような調和振動子は，励起されたならば，

---

* W. Pauli jr., *Zeit. f. Phys.*, 31(1925), p. 765. また，H. N. Russell & F. A. Saunders, *Astrophysical Journal*, 61(1925), p. 38; S. Goudsmit, *Zeit. f. Phys.*, 32(1925), p. 794; W. Heisenberg, *Zeit. f. Phys.*, 32(1925), p. 841; F. Hund, *Zeit. f. Phys.*, 33(1925), p. 345, 34(1925), p. 296 をも参照のこと．

高い方の定常状態に移ったその原子の出す輻射とまったく同じ組成の輻射を放出するであろう#．

　このように遷移に対応づけられた振動子というこの表象をもちいて光学現象の統一的な記述を得る可能性は，スレーターのアイデアによって飛躍的に発展させられた*．そのアイデアによれば，誘導遷移の原因が入射された輻射に求められるのと同様に，励起された原子からの輻射の放出が自発遷移の「原因」と見なされるのである．すでにラーデンブルクは，振動子の散乱能とアインシュタインの理論における対応する遷移確率のあいだに明確な関連性があることを指摘することによって，分散の定量的記述にむけての最初の重要な一歩を踏み出していた．しかし決定的な進歩は，クラマースが光波で照射したときに古典論にしたがって電気力学系にもたらされる効果を対応原理にのっとって巧妙に書き直したことによって，成し遂げられた**．輻射の振動数が，一方においては古典論で計算され，他方においては量子論の仮説にしたがっても計算されるのと同様に，この書き直しを特徴づけているのは，古典論の公式中の微分商が差分で置き換えられ，こうして最終的な公式が原理的に（直接的に）観測にかかる量の関係のみで表されて

---

*　J. C. Slater, *Nature*, 113(1924), p. 307. また N. Bohr, H. A. Kramers & J. C. Slater, *Zeit. f. Phys.*, 24(1924), p. 69 (*Phil. Mag.*, 47(1925), p. 785)をも参照のこと．

**　H. A. Kramers, *Nature*, 113(1924), p. 673; 114(1924), p. 310.

いることである．こうしてクラマースの理論においては，ある定常状態にある原子の散乱の効果は，他の定常状態への可能な(いくつもの)遷移過程に対応する振動数にだけではなく，光の照射の影響のもとでのこれらの遷移の出現の確率にも，定量的に結びつけられているのである*．

その理論の本質的特徴は，スペクトル線の近くの異常分散を計算するにあたっては，そのスペクトル線が原子のエネルギーの低い状態への遷移か高い状態への遷移かそのいずれに対応しているのかにおうじて，二種類の逆方向の共鳴効果を考慮しなければならないということにある．そのうちの前者のみが，これまで古典論にもとづいた分散の説明においてもちいられてきた共鳴効果に対応している．その理論のクラマースとハイゼンベルクによるさらなる発展が，振動数変化をともなう付加的な散乱効果の理にかなった定量的記述を与えたということもまた，ことのほか興味深い*．そのような散乱の存在は，光量子論にもとづいた考察によってスメカルが以前に予言していたものであり，光量子論の実り豊かさがここであらためて立証されたことになる**．

光学現象のこのような記述は，量子論の(基本的な)考え方とは完全に調和しているけれども，これまで定常状態の

---

* H. A. Kramers & W. Heisenberg, *Zeit. f. Phys.*, 31(1925), p. 681.

** A. Smekal, *Die Naturwissenschaften*, 11(1923), p. 873.

分析にもちいられてきた力学的描像の使用とは，奇妙に矛盾していることがやがて明らかになっていった．一方では，その振動数をどんどん小さくしたときの交流場中の原子の反応と，多重周期系の理論の量子化規則から計算される定常場中での原子の反応のあいだに，分散理論によって要求されている光を照射された原子の散乱の効果にもとづいて漸近的関係を作ることが不可能なのである．この困難は，交差した電場と磁場の中の水素原子の問題によってもたらされた，多重周期系の理論の厳密な妥当性についての先述の疑惑をいっそう強めることになった．他方では，定常状態の力学的描像にもとづく遷移確率の定量的決定という問題にたいして多重周期系の理論が見たところ役に立たないということは，とくに不満足なことと考えられなければならなかった．このことは，電気力学的模型の光学的振る舞いの分析によって示唆されていた観点の助けで，これらの遷移過程の確率にかんする対応原理の一般的な表明を定量的に精密化(定式化)することがいくつかの場合に可能であっただけに，なおさら痛感されたのである*．つまり一方

---

* H. C. Burger & H. B. Dorgelo, *Zeit. f. Phys.*, 23 (1924), p. 258; L. S. Ornstein & H. C. Burger, *Zeit. f. Phys.*, 24 (1924), p. 41; 28 (1924), p. 135; 29 (1924), p. 241; W. Heisenberg, *Zeit. f. Phys.*, 31 (1925), p. 617; S. Goudsmit & R. de L. Kronig, *Naturwiss.*, 13 (1925), p. 90; H. Hönl, *Zeit. f. Phys.*, 31 (1925), p. 340; R. de L. Kronig, *Zeit. f. Phys.*, 31 (1925), p. 885, 33 (1925), p. 261; A. Sommerfeld & H. Hönl, *Berichte der Berliner Akademie*, 141 (1925); H. N. Russell, *Nature*, 115 (1925), p. 835.

では，ここ数年間にとくにユトレヒトで遂行された測定によって得られた〔スペクトルの〕多重構造の強度分布にかんする重要な規則性が，このようにして解釈されたのであるが，他方では，上述の対応原理の精密化は，多重周期系にたいする量子化規則を包括する図式には，かなり無理な形でしか組み込むことができなかったのである[8].

合理的量子力学の試み

これらの困難をとくに強調していたハイゼンベルクは，ごく最近，力学的描像の使用にまとわりついていた困難を回避できると期待される新しいやり方で量子論の諸問題を定式化することによって，おそらく決定的に重要な一歩を踏み出すことになった*．この理論では，力学的諸概念のいっさいの使用を，量子論の本質に適合するようにそして計算のすべての段階に(直接的に)観測可能な量だけが入り込むように，書き直すことが試みられている．この新しい「量子力学」は，従来の力学と異なり，原子的粒子の運動の時間・空間的記述を扱わない．それは，運動の調和振動成分を置き換えて得られかつ対応原理に見合うように定常状態間の遷移確率を記号的に表している量の集まりでもって操作する．これらの量は，力学的な運動方程式と量子化規則にとってかわるある関係を満たしているのである#．

---

* W. Heisenberg, *Zeit. f. Phys.*, 33(1925), p. 879.

このような手続きが古典力学にくらべて遜色のない自己完結した理論に実際に導くということは、ボルンとヨルダンが示すことができたように、本質的には、ハイゼンベルクの量子力学においては古典力学のエネルギー法則と類似の保存法則が存在しているという事実に根拠を有している*。その理論は、〔先述の〕量子論の仮説を自動的に満足するように作りあげられている。とりわけ、〔仮説(ii)の〕振動数条件〔$h\nu = E_1 - E_2$〕は、その(量子)力学の運動方程式から導き出されるエネルギーと振動数の値によって満たされている。量子化規則にとってかわる基本的関係にはプランク定数が含まれてはいるけれども、これらの関係には量子数はあからさまには現れない。定常状態の分類は、もっぱら遷移確率の考察のみにもとづいているのであり、そのことによって定常状態の集まりが一歩一歩作りあげられてゆく。要するに量子力学の全体系は、対応原理が目指していた内容を正確に定式化したものと見なしうるのである。なおこの点にかんして、その理論がクラマースの分散理論の要請を満たしていることは言っておかねばならない。

ハイゼンベルクの理論を原子構造をめぐる未解決の諸問題に適用することは、扱わなければならない数学的問題が(はなはだ)厄介なために、これまでのところは果たされて

---

* M. Born & P. Jordan, *Zeit. f. Phys.* 近々公表予定〔34(1925), p.858〕。校正段階でこの論文を読ませていただいたことを、私は著者に感謝する。

いない．しかし上記の駆け足の記述からでも，リュードベリ定数にたいする表現のような，力学的描像にもとづき対応論的な考察によって以前に得られていたいくつかの結果がその有効性を失うことはないであろうことは，理解されるであろう*．のみならず，ハイゼンベルクの理論にもとづいた扱いが今日までにすでに実行されている単純な場合でさえ，この新しい理論は，遷移確率の定量的計算だけではなく定常状態のエネルギーの値をも導いているが，そのエネルギーが古い理論の量子化規則によって得られたエネルギーの値と系統的に異なっていることは，きわめて興味深いことである．そういうわけであるから，ハイゼンベルクの理論がスペクトルの微細構造を解釈するさいに私たちが直面した先述の困難を解決するために役だつであろうと，期待することができよう．

　この論文の最初のほうで，輻射ないし衝突による原子間の相互作用にたいして〔力学的〕描像を利用する（作りあげる）ことにともなう根本的な困難に触れておいた．この困

---

*　校正段階での注．パウリ氏（博士）は，水素原子スペクトルについてのバルマーの公式およびそのスペクトルにたいする電場と磁場の影響をこの新しい理論〔行列力学〕にもとづいて（定量的に）導き出すことに成功したことを，親切に知らせてくださった．そのことは大変に重要な結果である．というのも，パウリの分析は，以前の理論の困難，つまり（スペクトルの証拠の説明において）電子の運動の特異解に相当する定常状態を排除しなければならないために生じた困難が，この新しい理論ではどのように回避されるのかを示しているからである．

難こそ，まさに，時間・空間的に描かれる力学的な模型なるものの断念を要求するものであり，そのことこそ，新しい量子力学の特有の性格であるように思われる．しかしこれまでのところ量子力学の理論形式は，これらの相互作用に現れる一対の遷移過程の結合を考慮するまでにはいたっていない．実際，新しい理論には，定常状態の存在とそれらのあいだの遷移確率に依存する諸量のみが現れるが，その理論はその遷移が生じる時刻についてのいかなる言及をも明確に回避しているのである．この制約は，原子の構造についての量子論の仮説にもとづく攻略法には典型的なことであるが，しかしそのために，量子論と古典論のあいだの相似性のいくつかの限られた側面のみしか明らかにならない．それらの側面は，主要には原子の輻射にかかわる性質にのみ属し，まさにこの面において，ハイゼンベルクの理論は決定的な前進を表している．とくに散乱現象においては，その理論は[9]，古典論とまったく似たやり方で，(原子内に束縛されている)電子の存在を認識できるようにした*．古典論では，先に述べたように，J. J. トムソンの手で散乱X線の測定から原子内の電子の数を数えることが可能となっていた．しかし(原子の相互作用における)保存法則の妥当性ということから発生する諸問題は，量子論の古典論との対応のまったく異なる側面にかかわるもので

---

* H. A. Kramers, *Physica*, Dez., 1925.

ある。それらの問題は量子論の一般的な定式化にとっては同様に欠かすことができないものであり、高速で動いている粒子にたいする原子の反作用をもっと掘り下げて調べるときには、そのことの議論を避けてとおることはできない。そして実は、古典論が原子構造についての私たちの知識にたいしてかくも重要な貢献をしてきたのは、まさにこの点にある。

　新しい量子力学の合理的な定式化において、高等代数学によって創りあげられてきた数学的道具が本質的な役割を演じたということは、数学者のサークルの関心を呼ぶことであろう。たとえば、ボルンとヨルダンによってなされたハイゼンベルク理論における保存定理の一般的な証明は、無限個の要素をもつ正方形式(行列理論)の使用にもとづくものであるが、その端緒はケーリーにまで遡り、とりわけエルミットによって発展させられたものである。冒頭に触れておいた力学と数学がたがいに刺激を与えあう新しい段階が幕を開けたものと期待してよいであろう。原子の問題において直観化という私たちの従来の手段のこのような制限に見かけ上直面しているということは、物理学者の気持ちにとってはさしあたって嘆かわしいことのように思われよう。しかしこの嘆きは、この分野においてもまた、数学がさらなる発展に向かうための道具を私たちに提供してくれるであろうということにたいする感謝に、道を譲るべきであろう。

43

2. 原　　子

　構成単位——19世紀後半のいくつもの実験的発見をとおして，元素の原子は，分割不可能な存在物であるどころか，別々の粒子から作りあげられた集合体であると考えられなければならないことが，しだいに明らかになってきた．たとえば希薄気体の放電の実験，とりわけいわゆる陰極線のくわしい研究から，もっとも軽い原子である水素原子の質量のほぼ2000分の1の質量をもつ負に帯電した小さな粒子の存在が認められるまでにいたっている．負の電気の原子と見なすことのできるこの小さな粒子は，ジョンストン・ストーニーにならって今では一般に電子と呼ばれている．そしてJ. J. トムソンやその他の人たちの研究によって，電子がすべての原子の構成要素であるということの説得力のある証拠が得られている．このことにもとづいて，物質のいくつもの一般的な性質とりわけ物質と輻射の相互作用にかんして，それなりに確からしい説明が与えられてきた．

　実際，電子たちが原子内の安定な平衡点のまわりで振動しているという仮定は，スペクトル線の起源についての単純な描像を与え，それによって〔光の〕選択的吸収や分散といった現象が無理なく説明されてきた．スペクトル線にたいする磁場の影響というゼーマンによって発見された特有

の効果〔ゼーマン効果〕でさえ，ローレンツによって示されたように，この仮定で難なく簡単に説明されたのである．電子をその〔平衡〕位置に維持している力の起源は，原子内で正電荷が分布している様態とともに，しばらくの間は知られていなかった．しかし放射性物質から放出される高速の粒子〔α粒子〕の物質通過の実験から，ラザフォードは1911年にいわゆる有核原子模型に導かれた．それによるならば，正電荷は，原子によって占められている全空間にくらべるときわめて小さい大きさの原子核のなかに凝縮されている．そしてこの原子核はまた，原子質量の実質的にすべてを担っているのである．

元素の真の性質——原子のこの有核理論は，元素の諸性質の起源についての新しい見方を提供することになった．これらの性質を，厳格に区別された二つのクラスに分類することができる．その第一のクラスには，大部分の通常の物理学的・化学的諸性質が属している．それらの性質は，原子核のまわりの電子の集団がどのような構成をもつのか，そしてまた外からの作用によりその集団がどのように影響されるのかによって決定される．しかしその構成や影響は，その電子の集まりを全体として保持している原子核の引力に左右されるであろう．集団内部での電子間の間隔にくらべて原子核の大きさが小さいために，この力は，非常によい近似で，その原子核の全電荷のみで決定されるとしてよいであろう．原子核の質量および原子核を構成している粒

子間にその原子核の電荷と質量が分布している仕方は、その電子集団の振る舞いにたいしてはきわめて軽微な影響しか与えないであろう．

　第二のクラスには、物質の放射能のような性質が属する．それらは原子核の実際の内部構造によって決定される．現実に、放射性過程においては、正や負の粒子すなわちいわゆる α 粒子や β 粒子が高速で放出される原子核の崩壊を私たちは見ているのである．これらの二つのクラスの性質がたがいに完全に独立であるということは、通常の物理学的・化学的な検査手段では識別しえないが、原子量が違いその放射性が完全に異なる物質が存在しているという事実に、歴然と示されている．二つないしそれ以上のこれらの物質の任意の組は同位体と呼ばれる．というのも、それらは通常の物理学的・化学的性質にのっとった元素の分類においては同一の位置を占めているからである[1]．同位体が存在するということの最初の証拠は、放射性元素の化学的性質についてのソディやその他の研究者による仕事のなかで見出された．同位体が見出されるのは放射性元素においてだけではなく、通常の安定な元素の多くも同位体から成るということも、すでにこれまでに明らかにされている．というのも、以前には同一の原子から成ると考えられてきたそれらの安定な元素の多くが異なる原子量の同位体の混合物であるということが、アストンの研究により明らかにされてきたからである．付言するならば、これらの同位体

の原子量は〔ほぼ〕整数であるのにたいして化学的には純粋な元素の原子量が整数でないのは，実際にはそれらの化学的元素が〔原子量の異なる〕同位体の混合物だからである．

内部構造——原子核の内部構造は，α 粒子で叩くことで原子核を崩壊させる〔1919 年の〕ラザフォードの実験によってその攻略法は与えられてはいるけれども，いまだにほとんど理解されていない．じつはその実験は，元素の他の元素への人工的変換をはじめて実現させたという点で，自然哲学の新時代を切り開いたということができる．しかしながら以下では私たちは，元素の通常の物理学的・化学的諸性質の考察と，上述の〔有核原子という〕表象にもとづいてそれらを説明する試みに話を限ることにしよう．

元素間の類縁関係

元素の周期性——元素を実質的に原子量の順に並べたならば，その物理学的・化学的諸性質が顕著な周期性を呈するということは，メンデレーフによって認められていた．このいわゆる周期律表の図表的な表現は，表 1 に与えられている[2]．それは，最初ユリウス・トムセンによって提唱された配列を若干手直しした形で表したものである．表では，元素は通常の化学記号で記されていて，異なる縦の列がいわゆる周期を表す．となりあう列で類似の化学的・物理学的性質を有する元素は，線でつながれている．後方の周期のなかの四角い枠で囲まれた一連の元素は，その性質

表 1

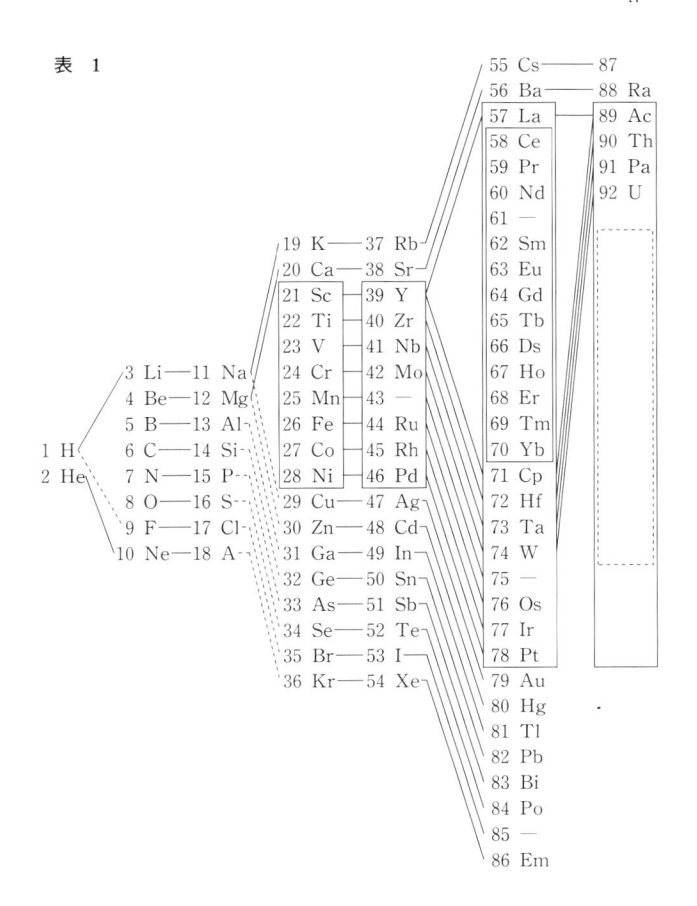

```
                                                              55 Cs ── 87
                                                              56 Ba ── 88 Ra
                                                              57 La ── 89 Ac
                                                              58 Ce    90 Th
                                                              59 Pr    91 Pa
                                                              60 Nd    92 U
                                                              61 ─
                                   19 K ── 37 Rb              62 Sm
                                   20 Ca ─ 38 Sr              63 Eu
                                   21 Sc ─ 39 Y               64 Gd
                                   22 Ti ─ 40 Zr              65 Tb
                                   23 V ── 41 Nb              66 Ds
                     3 Li ─ 11 Na  24 Cr ─ 42 Mo              67 Ho
                     4 Be ─ 12 Mg  25 Mn ─ 43 ─               68 Er
                     5 B ── 13 Al  26 Fe ─ 44 Ru              69 Tm
             1 H     6 C ── 14 Si  27 Co ─ 45 Rh              70 Yb
             2 He    7 N ── 15 P   28 Ni ─ 46 Pd              71 Cp
                     8 O ── 16 S   29 Cu ─ 47 Ag              72 Hf
                     9 F ── 17 Cl  30 Zn ─ 48 Cd              73 Ta
                    10 Ne ─ 18 A   31 Ga ─ 49 In              74 W
                                   32 Ge ─ 50 Sn              75 ─
                                   33 As ─ 51 Sb              76 Os
                                   34 Se ─ 52 Te              77 Ir
                                   35 Br ─ 53 I               78 Pt
                                   36 Kr ─ 54 Xe              79 Au
                                                              80 Hg
                                                              81 Tl
                                                              82 Pb
                                                              83 Bi
                                                              84 Po
                                                              85 ─
                                                              86 Em
```

が初めの方の周期の単純な周期性から典型的な外れを示しているのだが,その意味は後に述べられるであろう.

輻射——諸元素間の類縁関係の発見は,当初はその化学的性質の研究にもとづいて行われた.後になって,元素がしかるべき状況下で放出や吸収する輻射の構成にも,その類縁関係がきわめて明瞭に現れることが認められるにいたった.1883年にバルマーは,表の最初の元素である水素のスペクトルをすこぶる単純な数学的法則によって表しうることを示した.このいわゆるバルマーの公式は,そのスペクトル線の振動数 ν が,式

$$\nu = R\left(\frac{1}{n''^2} - \frac{1}{n'^2}\right) \qquad (1)$$

でもって,きわめてよい近似で与えられるというものである.ここに,R は定数であり,n' と n'' は整数である.いま n'' を 2 に等しいとし,n' に順に 3, 4, …… の値を与えれば,この公式は水素のスペクトルの可視部の線系列〔バルマー系列〕の振動数を与える.n'' を 1 とし,n' を 2, 3, 4, …… とすれば,ライマンが 1914 年に発見した紫外線系列〔ライマン系列〕が得られる.$n'' = 3, 4, ……$ には水素の赤外線系列〔パッシェン系列,ブラケット系列,……〕が対応し,それらもすでに観測されている.

リュードベリは 30 年以上も前に,線スペクトルについての有名な研究で,他の諸元素の多くのスペクトルを同様のやり方で解析することに成功していた.彼は,水素の場

合と同様に(ナトリウムのスペクトルのような〔アルカリ金属の〕)線スペクトルの振動数が

$$\nu = T'' - T' \tag{2}$$

の形の公式で表されうることを見出していた．ここに，T'', T' は〔スペクトル項と呼ばれ〕近似的に

$$T = \frac{R}{(n-\alpha_k)^2} \tag{3}$$

により表されうるが，そのさい，α_k はどのひとつの系列にとってもひとつの定数であるが，異なる系列にたいする $\alpha_1, \alpha_2, \cdots\cdots$ は異なる値をとり，他方，n はひき続く整数値をとる．R はすべてのスペクトルをとおして一定であり，(1)式に現れるものと同一の定数で，通常「リュードベリ定数」と呼ばれている[3]．多くのスペクトルにおいては大部分の系列の項は多重項である，つまりある単一の系列を形成していると考えられる項が，現実には，α_k の二つ，三つないしそれ以上のわずかに異なる値に対応する二つ，三つないしそれ以上の数の系列を形成している．リュードベリはまた，周期律表において同族の位置を占める元素のスペクトルがたがいにきわめて類似していること，そしてその類似性は項の多重度の点においてとくに顕著であることを，発見している．

モーズリーの発見——ラウエとブラッグの仕事によって可能となったX線スペクトルの研究は，異なる元素間のさらに単純な関係を明らかにした．モーズリーは1913年

に，すべての元素のX線スペクトルがその構造において顕著な類似性を示し，その対応する線の振動数が周期律表における元素の順序を表す数にきわめて単純な仕方で依存しているという基本的な発見を行っている．それだけではなく，それらのスペクトルの構造が水素のものと酷似しているのである．たとえばさまざまな元素のもっとも強いX線の線スペクトルの振動数のひとつは，近似的に

$$\nu = N^2 R\left(\frac{1}{1^2} - \frac{1}{2^2}\right) \tag{4}$$

で与えられ，いまひとつは

$$\nu = N^2 R\left(\frac{1}{2^2} - \frac{1}{3^2}\right) \tag{5}$$

で与えられる．ここでも，R はリュードベリ定数であり，N は周期律表における元素の配列順位を表す数である．これらの公式がとびきり単純であるため，モーズリーは，周期律表においてそれまで不確かであった元素の配列順を確定し，そしてまた，未発見の元素で埋められるべき周期律表の空所を特定することができたのである．

原子番号——原子の有核模型においては，周期律表における元素の配列順位を表す数は，きわめて簡単に解釈される．実際，電子の電荷の〔絶対〕値を単位にとるならば，しばしば「原子番号」と呼ばれるこの順序を表す数は，単純に原子核の電荷の大きさと同一視される．J. J. トムソンによる原子内の電子の数についての研究や，原子核の電荷の

ラザフォードによる最初の見積りによって予見されていたこの法則は、ファン・デン・ブルックによって最初〔1912年〕に提唱されたものである。それ以来それは、原子核の電荷の精密な測定によって確立されてゆき、諸元素の物理学的・化学的性質のあいだの関係を調べるための間違うことのない道標であることが証明されていったのである。この法則はまた、α 粒子や β 粒子の放出にともなう放射性元素の化学的性質の変化を支配する単純な規則[4]を、端的に説明するものである。

量子論

電子の発見や原子核の発見の基礎にある実験は、古典電気力学の諸法則を適用することによって解釈される。しかし、元素の物理学的・化学的諸性質を説明するために、これらの〔古典論の〕諸法則を原子内の粒子の相互作用に適用しようと試みるならば、たちまち私たちは深刻な困難に直面することになる。1個の電子を含む原子という〔もっとも簡単な〕場合を考えてみよう。正電荷の原子核と単一の〔負電荷の〕電子よりなる電気力学系が、現実の原子に見られる特異な安定性を示さないことは明らかである。たとえ電子が原子核を一方の焦点とする楕円軌道を描くであろうと仮定しても、その軌道の大きさを決定するものはなにもなく、それゆえその原子の大きさは決まらない。のみならず古典論によるならば、周回する電子は変化する振動数の

電磁波の形で連続的にエネルギーを放射し続け，最終的に電子は原子核に落ち込んでしまうであろう．一言で言うならば，物質についての古典電子論の有望な結果は，一見したところ，すべて幻想と化すようである．にもかかわらず，1900年にプランクにより発展させられた有名な熱輻射理論の基盤を形成している概念を導入することによって，原子のこの表象にもとづき，首尾一貫した原子論を発展させることが可能であった．

　この理論は，古典物理学の諸法則にはまったく異質な種類の不連続性の要素を原子的過程に付与することにより，これまで自然現象の説明に適用されてきた考え方からの完全な離反を表している．その著しい特徴のひとつは，物理法則の定式化のなかにある新しい普遍定数，すなわち（エネルギー）×（時間）の次元をもち，しばしば「要素的作用量子」と呼ばれる，いわゆるプランク定数が登場することである．私たちは，プランクのもともとの考察において示された形での量子論や，1905年にアインシュタインによって発展させられた，さまざまな物理現象を説明するうえでプランクのアイデアがいかに豊饒であるのかを巧妙に示した重要な理論には，触れないことにする．ここでは単刀直入に，量子論を原子構造の問題に適用することを可能とした形のものを提示する．それは，以下の二つの仮説〔量子仮説〕にもとづいている：

（ⅰ）　1個の原子の系は，状態のある集まり，すなわち，その原子の一般にはとびとびの値をとるエネルギーの系列に対応する「定常状態」においてのみ安定であり，このエネルギーのすべての変化には，その原子のひとつの定常状態からいまひとつの定常状態への完全な「遷移」がともなう．

（ⅱ）　輻射を放出・吸収する原子の能力は，次の法則に支配されている．すなわち，遷移にともなう輻射は単色であり，h をプランク定数，E_1 および E_2 をその遷移にかかわる二つの定常状態のエネルギーとして，その振動数 ν は〔振動数条件，すなわち〕

$$h\nu = E_1 - E_2 \qquad (6)$$

を満たすものでなければならない．

この仮説の最初のものは，おびただしい数の物理学的・化学的現象にあからさまに示されている原子構造の固有の安定性の定義を意図したものである．第二のものは，光電効果についてのアインシュタインの法則に密接に関連したものであって，線スペクトルの解釈の基礎を提供する．つまりそれは，関係(2)で表されている基本的なスペクトル法則を直截に説明するものである．実際，その関係に現れるスペクトル項〔T', T''〕は，定常状態のエネルギーの値を h で割ったものに等しいとしてよいことがわかる．スペクトルの起源についてのこの見方は，輻射の励起にかん

して得られる実験結果と一致することが見出されている．このことは，とくに自由電子と原子の衝突にかんするフランクとヘルツの発見によって示された．彼らは，電子から原子へのエネルギーの移行は，スペクトル項から計算された定常状態のエネルギー差に一致する量でしか起りえないことを見出したのである．

水素スペクトル——バルマーの公式(1)と量子論の仮説から，水素原子は定常状態の単一の系列をもち，その n 番目の状態のエネルギーの値は Rh/n^2 であることが導かれる．この結果を水素原子の有核模型に適用することによって，私たちは，この表現が n 番目の状態にある電子を原子核から無限に離れたところまで引き離すために必要とされる仕事を表していると，考えることができる．もしも原子の構成粒子の相互作用が古典力学にもとづいて説明されうるとするならば，どのひとつの定常状態にある電子も，原子核を一方の焦点としその長軸の長さが n^2 に比例する楕円軌道を描かなければならないことになる．n が1に等しい状態は，エネルギーが最低の値をとる原子の標準状態〔基底状態〕と考えられ，この状態にたいして長軸の長さはほぼ 10^{-8} cm であることがわかる．この値がさまざまな種類の実験から導かれた原子の大きさと同程度であることは，満足のゆくことである．とはいえ，その仮説の本質からして，定常状態についてのこのような力学的な描像が記号的な性格しかもちえないことは，明らかである．おそらくそ

のことをもっとも明瞭に示しているのは、このような描像における軌道運動の回転振動数が原子によって放出される輻射の振動数と直接的にはなんの関係ももたないという事実であろう．にもかかわらず，定常状態を力学的描像でもって図式的に表そうとする試みは，量子論と古典論のあいだの広い範囲におよぶ相似性を明るみにひき出すことになった．この相似性が突き止められたのは，あい続く定常状態の相違が比較的小さくなる極限において輻射過程を吟味することによってであった．その極限で，任意の状態からそれに隣り合う状態への遷移にともなう〔輻射の〕振動数がその状態での〔軌道運動の〕回転の振動数に一致する方向にむかうためには，バルマーの公式(1)に現れるリュードベリ定数が，e と m を電子の電荷と質量，h をプランク定数として，表現

$$R = \frac{2\pi^2 me^4}{h^3} \tag{7}$$

で与えられるとすればよいことが見出されたのである[5]．この関係は，e, m, h の測定に付随する実験誤差の限界内で，実際に満たされていることが判明し，水素のスペクトルと原子模型のたしかな結びつきを確立するものと考えられる．

対応原理——すぐ上に述べた考察は，理論の発展過程で重要な役割を果たした，いわゆる「対応原理」の適用の一例になっている．この原理は，原子の法則のなかに，量子

論の仮説の特異な性格が許容するかぎりで古典電気力学との相似性を追跡する努力に表現を与えるものである．この路線にそってここ数年間に数多くの仕事がなされ，その結果，ごく最近ハイゼンベルクの手によって，合理的な量子の運動学と力学〔すなわち量子力学〕が形成されたのである．そのハイゼンベルクの理論では，古典論の諸概念は最初から〔量子論の〕基本的な仮説に適合するように翻訳されており，力学的描像への直接的な言及はすべて拭い去られている．ハイゼンベルクの理論は，自然現象の古典的な記述様式からの大胆な離反を構成しているけれども，他方でそれは，直接に観測される量のみを扱うという利点を有している．この理論はいくつもの興味深くかつ重要な結果をすでに産み出しているが，なかでも，定常状態の本質についてなにひとつ恣意的な仮定を措くことなくバルマーの公式の導出を可能としたのは特記すべきである．しかしながら，量子力学のこの方法は複数個の電子を含む原子の構造の問題にたいしてはいまだに適用されていず，以下では私たちは，定常状態の力学的描像をもちいて導き出された諸結果に議論を引き戻すことにする．このやりかたでは厳密に定量的な扱いは得られないけれども，しかしそれでも，対応原理を手引きとすることにより，原子構造の問題にたいする一般的な見通しを得ることはこれまでのところは可能であった．

高い原子番号の元素のスペクトル

水素のスペクトルは，原子核のまわりの場に 1 個の電子が捕獲され，その電子が原子核によりいっそう強く結合されてゆく過程が，原子の定常状態を各段階とするとびとびの過程であるという事実を証拠だてるものと見なすことができる．単純な議論により，任意の与えられた電荷をもつ原子核による電子の結合に対応する各段階は，定常状態の同様の列で表され，n 番目の状態からその電子を取り去るのに要するエネルギー W_n が，考察している元素の原子番号を N として，表現

$$W_n = N^2 \frac{Rh}{n^2} \tag{8}$$

で与えられるであろうという結論に導かれる．これらの状態は，〔楕円の〕長軸が水素原子の対応する軌道の長軸の N 分の 1 の大きさをもつ電子の力学的軌道によって，図式的に表すことができる．考察している結合過程にともなうスペクトルは，公式

$$\nu = N^2 R \left(\frac{1}{n''^2} - \frac{1}{n'^2} \right) \tag{9}$$

で表される．$N=2$ にたいしては，実際にこの公式は，ヘリウムの 1 価イオンつまり電子を 1 個失った状態でのヘリウム原子によって放出されるスペクトルを表している．このタイプのスペクトルは，2 より大きい N の値にたいしては現在までのところ観測されてはいないけれども，公式

(9)は元素のX線スペクトルにおけるもっとも強い線の振動数を表す近似公式(4)および(5)を含んでいることが見てとれるであろう．このことは，X線スペクトルが原子の内側の領域にある電子たちのうちのひとつの結合状態の変化にともなう[6]ものであり，そのさいに，すくなくとも原子番号が大きい場合には〔原子の内側領域のため〕原子核がその電子におよぼす力が他の電子たちによる力にくらべて圧倒的に大きく，したがってこれらの他の電子たちの存在が〔その電子の〕結合の強さにたいして比較的小さい影響しかおよぼさない，と仮定するならば理解できよう．

電子の影響——一般には，電子どうしの相互の影響はかなりのものになり，無視できない．すでにs個の電子が原子核のまわりを回っている原子に，〔さらに〕1個の電子が捕獲された段階を考えてみよう．この過程の最初の段階，つまりその軌道が以前から核に結合されている電子たちの軌道にくらべて大きいと考えられる段階では，これらの後者の電子たちからの斥力は原子核の電荷をs単位だけ中和させると考えられるので，その合力は原子番号$N-s$の原子核のまわりを1個の電子が回っているときのものと近似的には等しいであろう．新しく捕獲された電子の軌道の寸法が小さくなるこの過程の後の方の段階では，他の電子たちはもはや中心にある単一の電荷のように作用すると想定することはできず，その斥力を簡単に見積ることはできない．そのため条件はより複雑なものとなり，新しい電子の

運動をケプラー楕円を描くという形で図式化することによって定常状態を取り扱うことはできなくなる．しかし，結果として得られるスペクトルの多くの特徴が，付け加えられた電子が一連の準楕円的なループよりなる一平面上の中心軌道を動くと仮定することによって説明されるということが，見出されている．とはいえケプラー軌道と異なり，この単一のループは閉じてはいないで，隣り合う最大動径の点が原子核を中心とする円周上に一定の角間隔をなすように置かれた曲線〔つまり遠地点が一定角速度で移動する準楕円〕になる．このような中心軌道にたいしては，最初にゾンマーフェルトによって示されたように，可能な軌道の連続的な集合のなかから量子論の意味で定常状態を表すと見なしうる一組の軌道を選び出すことが可能である．これらの定常状態は二つの整数によって表示される．その一方は n で記され，バルマーの公式に現れる整数に対応し，主量子数(principal quantum number)と呼ばれる．もう一方は k で記され，副量子数(subordinate quantum number)と言うことができよう．与えられた任意の n の値にたいして，k は，原子核からの最短距離の順次増してゆく軌道の組に対応して，$1, 2, 3, \cdots\cdots, n$ の値をとることができる．与えられた k の値にたいして，増加する n の値は，核からの最大距離の増加を示すが，しかし電子が核にもっとも接近する領域では，形と大きさが同様の軌道に対応している[7]．この理論は，n_k 軌道にある電子を原子核から

完全に引き離すのに必要な仕事にたいしては，近似的な表現

$$W_{n,k} = (N-s)^2 \frac{Rh}{(n-\alpha_k)^2} \tag{10}$$

を導く．ここに α_k は副量子数 k のみにより，k の増大とともに 0 に近づいてゆく．

もしも s が $N-1$ に等しいならば，$W_{n,k}$ を h で割ったものは，元素の通常の系列スペクトルのスペクトル項にたいするリュードベリの表現(3)と正確に一致することがわかる．それゆえこれらのスペクトルは，すでに $N-1$ 個の電子をその場のなかに捉えている電荷 Ne の原子核が N 番目の電子を捕獲する中性原子の形成の最終段階を表す過程にたいする証拠と考えることができる．最近になって，多くの元素は適切な条件のもとでは，その通常のスペクトルだけではなく，p を整数値 $2, 3, 4, \cdots\cdots$ をとるものとして，その項が

$$T = p^2 \frac{Rh}{(n-\alpha_k)^2} \tag{11}$$

で表されるスペクトルをも放射することが見出されている．(11)式を公式(10)と見比べることによって，このスペクトルは，p 個の電子を失って後に，残されたイオンの場に 1 個の電子が結合された，そのような原子に帰されるにちがいないことが見てとれる．

系列スペクトルのこの解釈によって，スペクトル項のど

の結合が可能なのかを支配している規則も説明される．実際，スペクトルには，スペクトル項の k の値が 1 単位だけ変わる線のみが現れるという事実が知られていた．中心運動している電子から古典電気力学にもとづいて放出されるであろう輻射の構成を調べることにより，この規則が対応原理の単純な帰結であることを示すことができる．

多重構造——大部分の系列スペクトルの項には多重構造が認められるが，そのため，これらのスペクトルの放出にかかわっている電子の運動が上に述べた単純な中心運動よりも幾分かは複雑であると仮定する必要がある．対応原理にもとづく分析によるならば，この運動は，中心運動に空間の不変な軸のまわりの軌道平面の一様な歳差運動を重ね合わせたものとして記述しうることが示される．しかしながら，しばらくは，観測された〔スペクトルの〕構造と原子構造についての上述の仮定とのあいだをさらに密接に関連づけることがきわめて困難に思われていた．とくに，実験で明らかにされた光学スペクトルの微細構造と X 線スペクトルの著しい類似性は，大変に困惑させるものであった．しかし，光学的多重項の成分にたいする磁場の影響に示されている異常性〔異常ゼーマン効果〕の研究によって，ごく最近になって，電子自身がその電荷以外に磁気モーメントを有し，それはその中心軸のまわりの急速な自転に関連づけうるのではないかという見方が提唱されている．この新しい仮定は，異常ゼーマン効果の説明を与えただけではな

く，同時に，多重構造の幅の原子番号への依存性を支配している経験法則にたいする無理のない説明をも提供したのである．

原子構造と周期律表

電子の発見の直後に，周期律表に表現されている元素の物理学的・化学的諸性質の類縁関係は原子内の電子分布の殻構造を指し示すものである，ということが認められた．この方向にそった基本的な研究は，1904年にJ. J. トムソンによって行われていた．原子核が発見され，原子番号が先に述べたような単純な解釈を与えられた後には，彼の研究はとくにコッセルとルイスによって引き継がれ，大きな成功を収めたのである．

原子価の性質——原子内の電子は，それぞれが決まった数の電子を含む安定な組を形成する傾向にあり，その組は中性原子の状態では重なりあった殻ないし層のように中心を取り囲むということが，提唱されてきた．たとえば，周期律表の第2周期と第3周期にあてはまる単純な原子価の性質は，それぞれが8個の電子を含むことによって完全な殻を形成する傾向にあるということで説明される．ナトリウムの原子価が1価で，マグネシウムの原子価が2価であるということは，これらの元素の中性原子はそれぞれ1個ないし2個の電子を失いやすい，というのもその後に残されるイオンは完全な殻のみを有しているからである，とい

うことに帰着される．他方では，硫黄の原子価が負の2価で，塩素の原子価が負の1価であるということは，不活性気体であるアルゴンのように8個の電子からなる完全な殻を形成するためには，最外殻がそれぞれ2個ないし1個の電子を余分に受け入れる傾向にあるということで説明される．

電子の静的配列——以前には，このような殻の存在を高度な対称性を有する電子の静的な配置に関連づけることが試みられてきた．8個の電子よりなる殻の存在は，たとえば電子を立方体の頂点に置くことによって説明されたのである．しかし，これらのアイデアが化学結合の構造を図式化するという点でどれほど示唆に富むものであったとしても，そのことを原子のその他の諸性質に直接的に関連づけることはできなかった．その中心的な困難は，電子の安定な静的配置が有核原子理論とは相容れないことにあった．しかしやがて，原子内の電子集団の殻構造をスペクトルの量子論的解釈と関連づけることが可能となった．たとえば私たちは，標準状態〔基底状態〕にある中性原子の構造を，N 個の電子が電荷 Ne の原子核のまわりの力の場にひとつひとつ順に捕獲され結合されてゆく過程を想像することによって，調べることができるのである．

それぞれの過程にたいして，いくつもの段階，つまり電子がよりいっそう強く原子に結合されてゆくいくつもの定常状態が対応している．結合がもっとも強くなった最終状

態は，その原子のイオンの標準状態に相当する．こうすれば，通常の原子においては，量子数 n と k の決まった値によって特徴づけられる軌道〔n_k 軌道〕によって図式的に表されている状態には限られた数の電子のみが結合されうると仮定することによって，スペクトルと殻構造のたしかな関連が確立される．与えられた n の値に対応する軌道に束縛された電子たちは，n 番目の量子殻を形成すると言われ，その最終的に完成された状態では，k の取りうる可能な値 $1, 2, \ldots, n$ に対応する n 個の副殻を含むであろう．十分大きい原子核の電荷にたいしては，同一の殻に属し異なる副殻にある〔つまり n が同じで k が異なる〕電子が結合されている強さは，ほぼ等しいであろう．しかし，原子核の電荷の増加にともなって原子内でこの殻が順次形成されてゆくさいには，中性原子において n_k 軌道がはじめて現れるときには，その結合の強さは k の値に大きく左右されることに注意しなければならない．

　このことは，この量子数〔k〕が電子の原子核にたいする最接近距離を定めることによる．そのため原子中での他の電子たちによる核電荷の遮蔽は，異なる k の値に対応する軌道にたいしては大きく異なり，結合の強さにたいするその影響はきわめて大きくなるため，n と k の特定の値によって特徴づけられるある軌道が，n がより小さく k がより大きい〔したがって電子の核への最接近距離も大きい〕軌道よりも強い結合に対応するということがありうる

のである．このことは，周期律表のひとつの特徴，すなわち周期が順に発展してゆくにつれて，その化学的・物理学的性質があまり変化しない元素の系列が現れるという事実を，無理なく説明するものである．このような元素系列は，n番目の量子殻の発展の一段階を特徴づけている．つまり，より高いnの値に対応する殻の形成がすでに始まった後に生じ，以前にはその殻のなかで表されていなかったkの値に対応する副殻への〔電子の〕追加よりなる段階である．実際，その副殻への〔電子の〕追加のあいだは，後者の〔より高いnの値に対応する〕殻の発展，つまりもっとも緩やかに結合された電子を含んでいるためにその構造が原子の化学的親和力を主要に決定するであろう殻の発展に，一時的な足踏みが生じることになるであろう．

添付した表（表2）に，元素の中性原子の標準状態〔基底状態〕の構造の概要が与えられている．各元素の前の数字は原子番号であり，それは中性原子中の全電子数を与える．異なる列の数字は，列の頭に置かれた主量子数と副量子数の値に対応する軌道の電子の数を与える．周期律表（表1）と見比べることにより，化学的な観点から見て同族の元素は，いわゆる価電子を含むもっとも緩く結合された電子殻に同数の電子を有していることがわかる．表1において四角い枠で囲われた元素の原子は，その主量子数が典型的な価電子を含む殻のものより小さい殻の副殻が追加されてゆく電子配置を有している．内部の殻のこのような完成のと

表 2

	1_1	2_1	2_2	3_1	3_2	3_3	4_1	4_2	4_3	4_4
1 H	1									
2 He	2									
3 Li	2	1								
4 Be	2	2								
5 B	2	2	1							
⋮										
10 Ne	2	2	6							
11 Na	2	2	6	1						
12 Mg	2	2	6	2						
13 Al	2	2	6	2	1					
⋮										
18 A	2	2	6	2	6					
19 K	2	2	6	2	6		1			
20 Ca	2	2	6	2	6		2			
21 Sc	2	2	6	2	6	1	2			
22 Ti	2	2	6	2	6	2	2			
⋮										
29 Cu	2	2	6	2	6	10	1			
30 Zn	2	2	6	2	6	10	2			
31 Ga	2	2	6	2	6	10	2	1		
⋮										
36 Kr	2	2	6	2	6	10	2	6		
37 Rb	2	2	6	2	6	10	2	6		
38 Sr	2	2	6	2	6	10	2	6		
39 Y	2	2	6	2	6	10	2	6	1	
40 Zr	2	2	6	2	6	10	2	6	2	
⋮										
47 Ag	2	2	6	2	6	10	2	6	10	
48 Cd	2	2	6	2	6	10	2	6	10	
49 In	2	2	6	2	6	10	2	6	10	
⋮										
54 Xe	2	2	6	2	6	10	2	6	10	
55 Cs	2	2	6	2	6	10	2	6	10	
56 Ba	2	2	6	2	6	10	2	6	10	
57 La	2	2	6	2	6	10	2	6	10	
58 Ce	2	2	6	2	6	10	2	6	10	1
59 Pr	2	2	6	2	6	10	2	6	10	2
⋮										
71 Cp	2	2	6	2	6	10	2	6	10	14
72 Hf	2	2	6	2	6	10	2	6	10	14
⋮										
79 Au	2	2	6	2	6	10	2	6	10	14
80 Hg	2	2	6	2	6	10	2	6	10	14
81 Tl	2	2	6	2	6	10	2	6	10	14
⋮										
86 Em	2	2	6	2	6	10	2	6	10	14
87 —	2	2	6	2	6	10	2	6	10	14
88 Ra	2	2	6	2	6	10	2	6	10	14
89 Ac	2	2	6	2	6	10	2	6	10	14

5_1	5_2	5_3	5_4	5_5	6_1	6_2	6_3	6_4	6_5	6_6	7_1	7_2
1												
2												
2												
2												
1												
2												
2	1											
2	6											
2	6											
2	6				1							
2	6				2							
2	6	1			2							
2	6	1			2							
2	6	1			2							
2	6	1			2							
2	6	2			2							
2	6	10			1							
2	6	10			2							
2	6	10			2	1						
2	6	10			2	6						
2	6	10			2	6					1	
2	6	10			2	6					2	
2	6	10			2	6					2	1

くに顕著な例は，希土類の族を形成する元素によって与えられる．ここでは，4番目の量子殻〔N殻〕において，3番目の副殻への追加が原子番号47のAgですでに終了しているのにたいして，4番目の副殻への追加が原子番号58のCeで始まっていることが認められる．

表2は，光学スペクトルの証拠と一般的に一致しているのはもちろんのこと，X線領域のスペクトルのものとも一致している．すでに述べたように，X線スペクトルにおいては，私たちは原子の内側の領域にある電子の結合の変化を見ている．このことは，たとえば高速粒子の原子への衝突により，〔内側にある〕電子殻のひとつから1個の電子が叩き出され，結合エネルギーがより小さい〔結合のより緩い外側の〕殻に属していた電子によってその席が占められることによって生じる．一例をあげれば，その振動数が近似的に公式(4)によって表される強いX線は，1個の電子が1番目の量子殻〔K殻〕から取り除かれたときに，〔L殻にある〕2_2電子のひとつがその空席を占めるように遷移することで放出されると言うことができる．そして近似的に公式(5)で表されるスペクトル線は，2_2電子が取り除かれた後に残された空席に〔M殻にある〕3_3電子が遷移することによって生じる．

それぞれの異なる殻や副殻にはいくつの電子が存在するのかという問いは，ここ数年間に多くに議論を呼んだ問題である．表2はこの議論のさしあたっての結論であり，ス

ペクトルの証拠と化学的な証拠を過不足なく記述するものと考えられる．言うまでもなく，この問題にたいする理論的にゆきとどいた扱いは，中心軌道というような単純な描像のみをよりどころとする考察からでは得られない．そのような扱いのためには，スペクトル線の多重構造に現れている電子の結合の特徴の吟味は欠かせないであろう．実際，電子自身が磁気的な性質を有しているというアイデアが，おそらくは，原子の殻構造における電子数を支配している経験的規則の解釈のための手掛かりを与えるであろうと考えられる．

　本稿では，私たちは，元素の諸性質を分析するにあたって，定常状態を直観的に図式化する力学的描像の使用の有用性をわかってもらおうと努力してきた．このような仮説はおおいに示唆に富んではいるけれども，しかしこのような〔力学的〕描像が量子論の仮説の枠内で原子的現象の完全に合理的な解釈を可能ならしめるものではないということは，あらためて強調されなければならない．原子の諸性質の適切な記述のためには，古典電気力学のどの概念にも直接に依拠することは不可能に思われる．それどころか，すべてのこのような概念は，先に少し触れた新しい量子力学の方法にあわせて，はじめから翻訳されていなければならないということが判明しているのである．

3. J. J. トムソンの古希の祝いへのメッセージ

『ネイチャー』誌の編集部からJ.J.トムソン卿の古希の祝いに一役買っていただきたいという招待を受け取ったことは，大変に喜ばしいことであります．原子の構造という問題に関心を寄せるすべての者は，トムソン卿のおかげを大きくこうむっています．すべての原子に共通の構成要素としての電子の発見において彼が主導的な役割を果たしたことは言うまでもありませんが，それだけではなく，その根本的な発見にもとづいて原子構造の詳細な理論を発展させようとする試みにおいてその後に有効なことが立証された数多くのアイデアを，私たちは彼に負っているのです．原子の存在でさえ多くの著名な科学者たちによって懐疑の眼で見られていた時代にあって，トムソンは原子の内部世界の探索にあえて踏み出す勇気を持ち合わせていました．彼の驚異的な想像力と，陰極線やレントゲン線や放射能というような新しい発見にたいする持ち前の関心に導かれて，彼はいままで知られていなかった世界を科学に開いて見せました．電子やエーテル波〔X線〕を原子に通すことで，原子内に含まれている電子の数や電子を原子内に束縛している力を彼ははじめて見積ることができ，このようにして，近年多くの研究者たちの共同した努力によって築きあげら

れることになった精巧な構造物の土台が築かれたのであります．原子量の順に並べたときに示される元素の物理学的・化学的性質の顕著な周期性を説明しようとする彼の有名な試みのなかに，私たちは，周期律表にたいする現代の解釈にとって特徴的なアイデアの萌芽を認めます．実際，トムソンがその門をこじ開けた新しい世界で現在働いている若い世代の科学者には，その先駆者が直面した課題の巨大さを十分に受け止めることは，困難でありましょう．

4. ゾンマーフェルトと原子論

　水素のスペクトル線の微細構造についてのゾンマーフェルトの画期的な研究によって，原子構造の理論がとびきりエレガントでしかも実り多い成果によって豊かなものになりましたが，それだけではなく，一人の研究者の関与が，その個性によってこの領域のすべての研究を当然のように大きく飛躍させたことは，誰もが認めるところであります．理論物理学の方法について広く精通していた彼は，若い時分にそれを力学と電気力学の境界領域に適用して成功を収めていたのですが，そのことがこの問題では大変に役に立ちました．しかしとりわけ，彼の周囲の数多くの門弟たちにインスピレイションをおよぼすという彼の天賦の才は，きわめて豊かな果実をもたらすことになりました．その後の年月に私たちがゾンマーフェルトのサークルに負っている，原子構造の理論におけるおびただしい成果のなかで，どれかひとつだけを選び出すことはまことに至難の業であります．その成果のすべてに共通する特徴としては，整数の助けによって経験素材を筋のとおるように整理分類しようとする，そしてその指導者の的を外さない直感に導かれた傾向努力を認めることができるでしょう．そしてなによりもその整数への依拠こそが，量子論の観点からの経験素材の整序にとってのキーポイントなのでした．

基本的諸概念がしだいしだいにしかはっきりしたものとなりえない量子論のような領域の発展と格闘しているあいだは，個々の研究者がさらなる発展への原動力を事態のそれぞれ異なる側面に見出そうとし，そのそれぞれの側面に異なる比重を置くことによって，見かけ上の矛盾が登場するということは避けられないことであります．そういう次第ですから，量子論の当時の発展段階では，その記述において古典論の表象からの離反をどれだけ強く強調するか，あるいは逆に，それが古典論の表象の自然な一般化として現れるようにどこまでも努力するかは，どちらかというと気分の問題でした．実際には研究のこの二つの側面は，たがいに不可分に結びついていたのであり，古典論との対応をさらに広く追い求める手立てを提供したのは，ほかでもない，ゾンマーフェルトがスペクトルの系列構造の起源と系列線の多重項への分裂にたいする私たちの理解を決定的に前進させるさいに依拠した，量子数の分類法の一貫した拡大にありました．この点の最終的な解明は，首尾一貫した定量的方法が私たちに与えられることになった量子論のその後の発展段階ではじめて得られたのであり，こうして問題のいくつもの異なる側面が完全に調和した形で明らかにされたのです．

　素粒子の発見と量子論の発展が私たちに提起した謎に満ちた問いを解明するにあたっての，ゾンマーフェルトの疲れを知らないそして大きな成果を挙げた研究活動は，原子

構造という限られた領域における彼の業績で尽くされるものではけっしてありません．最近彼は若々しい情熱で，金属の電気伝導の問題に新しい量子統計を援用することで取り組んでいます．それは，以前には古典統計の方法によって大きく期待されながらも，長いあいだすべての踏み込んだ攻略を阻んできた問題であります．よく知られているように，ここで彼は，これまでの限界を打破して実り豊かな研究領域を開拓することに成功し，そこではすでに一群の後継者たちが働いています．彼の還暦の祝いによせて，すべての研究者は，この先何年間も彼が私たちの科学の最良の部分にたいしてそのもてる能力を存分に発揮し続けうるようにと，心から願うものであります．

5. 原子論と自然記述の諸原理*

　私たちの感覚を介して経験される自然現象は，しばしば，きわめて移ろいやすくまた不安定に見えます．このことを説明するために，はるかな昔から，その現象は膨大な数の原子と呼ばれる微細な粒子の共同作業や相互作用の結果として生じると仮定されてきました．そして原子は，それ自体は変わることなく安定であるが，しかしあまりにも小さいために直接的には知覚されないと考えられていました．私たちの感覚の届かない領域にたいして直観的な描像を要求することが正当化されるのか否かというような原理的な問題はさておくにしても，もともと原子論が仮説的な性格のものであったことは止むをえないことでした．そして，原子の世界を直接的に見ることは事柄の本質からして金輪際適わないと信じられていたので，原子論はいつまでもこの仮説的性質を維持し続けるものと仮定しなければならなかったのです．しかしながら，他のきわめて多くの分野でおこったことがこの分野でもまた見られることになりました．つまり観測技術の発展により，観測可能な限界が不断に押し広げられていったのです．望遠鏡や分光器の助けで

＊　1929年8月26日にコペンハーゲンで開催された第18回スカンジナヴィア自然科学者集会の開会に行われた〔デンマーク語の〕講演の翻訳．

私たちが得た宇宙の構造についての知識や，顕微鏡に負っている有機体の微細な構造についての認識を思い起すだけでよいでしょう．それと同様に，実験物理学の方法の目覚ましい発展によって，私たちは，原子の運動やその個数についての知識を直接的に与えてくれる多数の現象を知るまでになりました．それどころか現在では，たしかに単一の原子の働きから生じた，さらにはひとつの原子の部分の働きから生じたとさえ想定される現象までもが，知られています．しかしながら，原子が実在するかどうかについての疑惑はことごとく拭い去られ，原子の内部構造についてさえも詳細な知識が得られるようになると，それと同時に私たちは，私たちの直観の形式(Anschauungsform)に自然的な限界があることを教訓的な仕方で思い知らされることになりました．ここで私がスケッチしようとしているのは，この特異な状況なのです．

　ここで問われているのは陰極線やレントゲン線や放射性物質の発見によって特徴づけられる私たちの経験の飛躍的な拡大なのですが，それらをたちいって論じるだけの時間的な余裕はありません．私はただ，これらの発見をとおして私たちが得てきた原子像の主要な特徴を皆さんに思い起していただくだけに留めたいと思います．すべての元素の原子のなかには，負に帯電した軽い粒子いわゆる電子が，共通の構成要素として入っていて，ずっと重い正に帯電した原子核の引力により原子内に繋ぎとめられています．原

子核の質量は，元素の原子量を決定するけれども，その他の点ではその元素の性質にはほとんど影響しません．元素の諸性質を主要に決定しているのは，符号を別にして電子の電荷の整数倍の値をとる原子核の電荷であります．中性原子のなかにどれだけ電子が存在しているのかを決定するこの整数がほかでもない原子番号であり，その原子番号が，物理学的・化学的諸性質にかんする元素間の特異な類縁関係を的確に表しているいわゆる自然系〔周期律表〕における元素の位置を与えます．原子番号のこの解釈は，長きにわたって自然科学のもっとも大胆な夢のひとつであった問題，すなわち，自然の法則性を純粋数の考察にもとづいて理解するという問題の解決にむかっての重要な一歩を意味しています．

　上に述べた発展は，もちろん原子論の基本的な考え方にある種の変化をもたらすことになりました．いまでは原子は変化しえないと仮定するかわりに，変わらないのは原子の部分であると考えられています．とりわけ，元素の著しい不変性は，原子内の電子の結合の様態にのみ変化をもたらす通常の物理的・化学的な作用では原子核は影響を受けないという事実に根拠を有しています．私たちのすべての経験は，電子の恒存性という仮定を強く支持していますが，しかし私たちは，原子核の不変性がもっと限られたものであることを知っています．実際，放射性物質からの固有の放射線は，まさしく原子核が崩壊し，電子〔β線〕や正に帯

電した核粒子〔α線〕が大きなエネルギーで放出されるということの直接的な証拠を私たちに提供しています．そしておそらくは(すべての証拠から判断しうるかぎりで)これらの崩壊はいかなる外的原因もなしに起るようです．ある数のラジウム原子〔核〕が存在するとすれば，次の1秒間にそのある割合がある確率で崩壊するということしか言えません．私たちは後に，因果的記述様式のここで直面したこの特異な破綻に立ち戻るでしょうが，じつはこのことは原子的現象の私たちの記述の基本的特徴に密接に関連しているのです．ここでは私は，原子核の崩壊はある状況では外からの働きかけによってもたらされることがありうるという，ラザフォードによる重要な発見を思い起してもらうに留めます．よく知られているように，彼は，放射性原子核から飛び出してくる粒子で叩かれたならば，そういうことがなければ安定なある種の元素の原子核が壊れる場合があるという事実を示すのに成功しました．人間の手で制御された元素の変換のこの初めての例は，自然科学の歴史における新紀元を画するものであり，ここに原子核内部の探索という物理学のまったく新しい分野が出現したのです．しかし私は，この新しい分野が切り開いた展望をくわしく語ることはしないで，上に述べた原子構造の考え方にもとづいて元素の通常の物理学的・化学的諸性質を説明しようとする私たちの努力をとおして得られた一般的な知識に，話題を限ることにしましょう．

ちょっと見たところでは，その問題の解決ははなはだ簡単なものに思われるかもしれません．私たちが扱っている原子の描像は，その主要な特徴では私たち自身の太陽系に似た小さな力学系を表しています．そしてその太陽系の記述では，これまで力学はあのように大きな勝利をおさめ，従来の物理学において因果性の要求が満たされていることの典型的な例を与えてきたのです．実際，惑星のある瞬間の位置と運動についての知識から，そのあとの任意の時刻でのその位置と運動を，いくらでも正確に計算することができるように見えます．しかしながら，そのような力学的な記述では初期状態を任意に選ぶことができるという事実は，原子構造の問題を考えるときには，大きな困難をもたらすことになります．実際，原子にたいして連続無限個の異なる運動状態を考慮しなければならないのであれば，そのことは，その元素が特定の性質をもっているという私たちの経験(的知識)と明らかに矛盾することになります．あるいは，元素の性質といっても，それは個々の原子の振る舞いについての直接的な知見ではなく，むしろ多数個の原子の平均的振る舞いにたいする統計的な規則性のみを指しているのだ，と信じることもできるかもしれません．原子論における統計力学的考察がどれほど有効なものであるのかについてのよく知られた例を，私たちは熱運動論にもっています．熱運動論では，熱力学の基本法則の説明が可能となっただけではなく，物質の数多くの一般的性質を理解

することもできました．しかし元素は，原子の構成要素の運動状態にかんしてもっと直接的な結論を引き出すことのできるその他の諸性質をも有しています．なかんずく私たちは，元素がある状況で放出するそのそれぞれの元素に固有の光の性質は，本質的には単一の原子で生じている事態によって決定される，と考えざるをえません．ラジオ波を知れば放送局の送信装置の電気振動の性格がわかるのとまったく同様に，元素に固有のスペクトルの個々の線の振動数から，光の電磁理論にもとづいて，原子内の電子の運動についての情報が読み取りうるであろうと期待されます．しかし力学は，この情報を解釈するための十分な基礎を私たちに提供してくれません．実際，力学的な運動状態は上に述べたように(連続的に)変化しうるために，鋭い〔不連続な〕スペクトル線が生じること自体が，力学では理解できないのです．

　しかし，原子の振る舞いを説明するためにはどうしても必要とされた，<u>これまでの</u>(私たちの)自然記述において欠落していた要素は，プランクによるいわゆる作用量子の発見によって提供されました．この発見の端緒は黒体輻射の研究にありますが，黒体輻射は<u>一般的で</u>個々の物質の特性に無関係な<u>性格を有している</u>ために，熱の運動論と輻射の電磁理論がどこまで有効なのかを決定的に検証することになりました[1]．これらの理論では黒体輻射の法則を説明できないというまさにそのことのために，プランクは，自然

5. 原子論と自然記述の諸原理

法則のこれまで誰にも気づかれずにきたある一般的特徴を認めるにいたったのです．たしかにその一般的特徴は，通常の物理現象の記述には表だって現れることはありません．にもかかわらずそれは，個々の原子に依存するような効果にたいする私たちの記述を根底から覆すものでありました．たとえば，作用量子の分割不可能性は，これまで慣れ親しんできた自然記述を特徴づける連続性の要求とは相反しているのであり，それは原子的現象の記述に不可欠の要素として不連続性を<u>導入</u>(要求)するものです．この新しい知見を従来の物理学の考え方の枠組みに組み込むことがどれほど困難であるのかということは，光電効果の説明に関連してアインシュタイン〔の光量子仮説〕によってあらためて蒸し返された光の本性をめぐる議論をとおして，とりわけ明らかになりました．光の本性がなんであるのかという問題は，それまでのすべての実験結果から判断すれば，電磁理論の枠内で〔光は電磁波であるという〕完全に満足のゆく解を見出していたのです．私たちがここで直面している状況は，一見したところ私たちは光の伝播にかんして，<u>そのそれぞれが(私たちの)経験の基本的ではあるがしかし異なる側面を表している二つのたがいに相反する表象</u>，すなわち，一方での光波の観念と他方での光量子論の粒子論観点のあいだの選択を迫られているという事実により，特徴づけられています．以下で見てゆくように，この見かけ上のジレンマは，私たちの直観の形式には作用量子に結びついた特

異な制約があることを表しています．そしてこの制約は，原子的現象を記述するにあたって基本的な物理学的概念をどこまで適用しうるのかをより踏み込んで吟味することによって，浮き彫りにされてゆきます．

　実際，ただもっぱら直観性[2]と因果性という私たちの従来の要求を意識的に断念することによってのみ，プランクの発見を原子の構成要素についての私たちの知識にもとづいた元素の諸性質の説明に役だてることができたのです．作用量子の分割不可能性を出発点にとることによって，原子の状態のすべての変化は，原子がいわゆる定常状態のひとつからいまひとつへと飛び移るそれ以上たちいった記述の不可能な単一不可分な過程と見なされなければならない，と私は以前に提案しました．この見方によるならば，元素のスペクトルは，原子の構成要素の運動についての情報を直接的に与えてくれるものではなく，それぞれのスペクトル線は二つの定常状態間の遷移過程にかかわっていて，その振動数にプランク定数を掛けたものはその遷移過程での原子のエネルギー変化を表しています．このようにすれば，すでにバルマーやリュードベリやリッツが実験データから導き出すことに成功していた一般的な分光学の法則を簡単に解釈しうることが判明したのです．スペクトルの起源にかんするこの考え方は，原子と自由電子のあいだの衝突についてのフランクとヘルツのよく知られた実験によっても，直接的に裏づけられました．このような衝突過程で受け渡

しすることのできるエネルギーの量が，スペクトルから計算された，衝突以前にその原子が置かれていた定常状態と衝突後に原子がとりうる定常状態のひとつのあいだのエネルギー差に正確に一致していることが見出されたのです．ともあれこの観点は，実験データを整序する首尾一貫した方法を提供していますが，その首尾一貫性なるものは，(明らかに)個々の遷移過程をたちいって記述しようとするいっさいの試みを断念することではじめて達成されたのです．そのさい定常状態にある原子は，一般には他のいくつもの定常状態への何通りもの可能な遷移のあいだで自由に選択しうるのであり，ことほどさように私たちは因果的記述からは遠く離れてしまっているのです．その個々の過程の出現を予測するにあたっては，まさに事柄の本質からして，私たちはただもっぱら確率論的考察に頼るしかないのであり，そのことは，かつてアインシュタインが強調したように，〔原子核の〕自発的な放射性崩壊の状況との密接な類似性を示しています．

原子構造の問題にたいするこの攻略法の特異な特徴は，ほかでもない分光学の経験法則にも重要な役割を果たしてきた整数を広範に使用していることにあります．たとえば定常状態の分類は，原子番号のほかに，その体系的な研究にはゾンマーフェルトが大きく貢献したいわゆる量子数にも依存しています．このような見方にもとづいて，元素の諸性質や元素間の類縁関係を原子構造についての私たちの

一般的表象に依拠して説明することがかなりの程度可能となりました．原子の構成要素についての私たちのすべての知識がなんといっても物理学の従来から慣れ親しんできた表象にもとづくものであるということを考慮するならば，まさに従来の表象から大きく離反しているこのような説明がいったい可能なのかと，疑問に思われるかもしれません．実際，質量や電荷というような概念を使用するということは，それがどのような形で使用されるにしても，明らかに力学や電気力学の法則を援用していることに相当します．しかし，古典論が有効とされる以外の分野でもこのような概念を使用可能なものとするひとつの<u>根拠</u>(やり方)は，作用量子を無視することの可能な境界領域では量子力学的記述が従来の〔古典論の〕記述に直接つながってゆかなければならないという要求のなかに見出されました．古典論のそれぞれの概念を作用量子の分割不可能性の仮説に反することなくこの要求を満たすよう解釈し直して量子論の内部で利用するという努力は，いわゆる対応原理にその表現を見出しました．しかし対応原理にもとづく完全な記述が現実に果たされるに先だって，数多くの困難が克服されなければならなかったのであり，古典力学の自然な一般化と見なすことのできる首尾一貫した量子力学の定式化が可能となったのは，ごく最近のことです．そしてそこでは，因果的で連続的な<u>古典力学の</u>記述が原理的に統計的な記述様式にとってかわられています．

この目標の達成にむけての決定的な一歩は、ドイツの若い物理学者ウェルナー・ハイゼンベルクによって踏み出されました。彼は、従来の運動表象を古典力学の運動法則を形式的に適用することによって首尾一貫した形のものに置き換えるためには、どのようにすればよいかを示しました。そのさいに作用量子は、〔座標や運動量といった〕力学量にとってかわる記号にたいして成り立つある演算規則にのみ顔を出します。しかし量子論の問題にたいするこの巧妙な攻略法は、私たちに多大な抽象能力を要求するものです。それゆえ量子力学を発展させその意味を明確にするという点では、その形式的性格にもかかわらず、私たちの直観性の要求にもよりよく応えている〔ハイゼンベルクのものとは異なる〕新しい行き方の発見は、計り知れない重要な意味をもっていました。私がここで言っているのは、ルイ・ド・ブロイにより導入され、シュレーディンガーの手によってとくに定常状態を理解するうえできわめて有効であることが立証された、物質波のアイデアのことです。それによれば、定常状態の量子数は、その状態を記号的に表現している定常波の節の数として解釈されます。ド・ブロイの出発点は、古典力学の発展にとってすでにきわめて重要であった、光の伝播法則と物質的物体の運動法則のあいだの類似性にあります。実際、波動力学は、〔物質粒子にたいする物質波の関係が光量子にたいする光波の関係に相当するという意味で，〕先述のアインシュタインの光量子論の

自然な対照物になっています．このアインシュタインの光量子論においてと同様に，波動力学においても，私たちは，自己完結した概念領域を扱っているのではなく，むしろ，とくにボルンによって強調されたように，原子的現象を支配している統計的法則を定式化するための補助的手段を扱っているのです．物質波という表象にたいする確かな証拠は，金属結晶による電子の反射の見事な実験によって提供されました．そのかぎりでは確かにその証拠は，光の伝播についての波動表象の経験的証拠と同じように決定的なものであります．しかし私たちは，物質波の適用は，その記述にさいしては作用量子をどうしても考慮しなければならない，そのような現象に限られるということを心に留めておかなければなりません．それはつまり，私たちの通常の直観の形式に対応した因果的記述が実行可能であって，そこでは「物質の本性」であるとか「光の本性」というような言葉にこれまで通りの意味を与えることができる，そのような領域の外にある現象であります．

　量子力学の助けによって，いまでは私たちは経験の広大な領域に精通しています．とくに諸元素の物理学的・化学的諸性質については，私たちは数多くの事柄を事細かに説明することができます．最近では，放射性崩壊〔$α$ 崩壊〕の解釈を得ることさえ可能となりました．その解釈では，放射性崩壊の過程にたいして成り立つ経験的確率法則は，量子論に固有の統計的記述様式の直接的な帰結として現れま

す．この解釈は，波動表象の有効性と同時に，その形式的性格をも表す<u>特段に啓発的な</u>(すぐれた)例を提供しています．一方では，原子核から放出される破片〔α粒子〕のエネルギーが大きくて，そのためにその軌道を〔ウィルソンの霧箱の写真で〕直接観測することができるので，ここでは私たちは運動についてのこれまで慣れ親しんできた表象との直接的な繋がりを確保していますが，他方では，従来の力学の考え方では，原子核を囲んでいる力の場によってその粒子が原子核から逃げ出すのが妨げられるので，崩壊過程の経過を記述することなどはなから論外なのです．しかし量子力学では，事態はまったく異なっています．このときにも力の場はやはり障壁であり，それによって物質波の大部分は核内に閉じこめられますが，それでもそのわずかな部分が核外に漏れ出すことが許されるのです．このようにして，ある時間内に漏れ出る波動の部分は，その時間内に原子核が崩壊する確率の目安を与えます．上に述べた留保条件なしに「物質の本性」を云々することがどれほど困難なことであるのかをこれ以上にわかりやすく示すことは，ほとんど不可能でしょう．

　光量子の表象の場合にも，<u>直観的な補助手段</u>(概念的描像)と観測可能な光の作用の出現確率の計算のあいだに同様の関係が存在します．しかしながら，古典電磁気学の考え方にも一致することですが，物質に固有の性質を光にたいして付与することは不可能です．というのも光の現象の

観測はつねに物質粒子へのエネルギーと運動量の移動に依拠しているからです．光量子という表象の明確で具体的な内容は，むしろそれによってエネルギーと運動量の保存を語ることができるという点に限られます．古典力学と古典電磁気学の諸表象が限られたものであるにもかかわらずエネルギーや運動量の保存法則を維持することができるという点が，なんといっても，量子力学のもっとも特異な特徴のひとつなのです．ある点ではこれらの保存法則は，原子論の根底にあり，運動表象が放棄されている量子論にあっても厳密に維持されている物質粒子の恒存性という仮定の完全な対照物を形成しています．

　古典力学の場合と同様に量子力学もまた，その適用可能な領域内にあるすべての現象をあまねく説明すると主張しています．実際，原子的現象にたいしては原理的に統計的な記述様式を使用することが避けられないということは，これらの現象の直接的な測定によって得ることのできる情報や，この点に関連して物理学の基本的諸概念(の適用)にたいして与えることの可能な意味を掘り下げて調べるならば，おのずと判明することです．一方では私たちは，これらの概念の意味が通常の物理学の表象と完全に結びついていることを忘れてはなりません．たとえば，エネルギーや運動量といった概念のどのような適用にとってもその基盤にはエネルギーや運動量の保存法則があるのと同様に，時間・空間的関係へのいかなる言及も素粒子の恒存性を前提

としています．しかし他方では，作用量子の分割不可能性という仮説は古典論の考え方にとってまったく異質な要素を表しています．その異質な要素は，測定にさいして対象と測定装置のあいだの相互作用が有限であるということを要求しているだけではなく，この相互作用にたいする私たちの見積りにたいしてある大きさの不確定性さえ要求するものなのです．この事情のために私たちは，素粒子を時間と空間に座標付けようと意図するどのような測定のさいにも，基準系として使用される物差しや時計とその粒子のあいだに受け渡しされるエネルギーと運動量を(正確に)知ることができなくなります．同様に，粒子のエネルギーと運動量を決定しようとすれば，それがどのようなやり方であっても，その粒子の時間・空間内での正確な追跡を断念しなければならなくなります．それゆえそのいずれの場合でも，古典論の概念を使用することは，測定のまさに本質から必要とされることではありますけれども，とりもなおさず厳密に因果的な記述の断念を意味しているのです．このような考察は，ハイゼンベルクによって提唱され彼によって量子力学の論理的無矛盾性の委曲をつくした考察の根拠に据えられた(相反的な)不確定性関係へと一直線に導くものであります．ここで私たちが出会うであろう基本的な非決定性は，かつて私が示したように，私たちの直観的な表象を原子的現象の記述に適用する可能性の絶対的限界を，直截に表現するものと見なすことができます．その限界は，

光や物質の本性をめぐる問いにおいて直面する見かけ上の
ジレンマのなかにも顔を出しているものです．

　直観性と因果性の双方を断念するという，原子的現象の
記述においてこのように強いられることになった事態は，
原子という表象の出発点を形成していた希望が潰え去った
ものと見なされるかもしれません．にもかかわらず原子論
の現在の立場からでは，私たちは，ほかでもないこの断念
を私たちの認識における本質的な前進であると歓迎し（考
え）なければならないのです．実際，科学の一般的な基本
原理が通用するはずであると期待してよい領域においてそ
れらの原理の破綻が問題になっているというわけでは決し
てないのです．つまり，作用量子の発見は，古典物理学の
自然的限界を指し示しただけではなく，私たちの観測とは
独立な現象の客観的実在という古くからの哲学上の問題に
新しい光を当てることによって，自然科学においてはこれ
までまったく知られていなかった状況に私たちを直面させ
たのです．これまで見てきたように，〔量子論では〕いかな
る観測もかならずや現象の推移に干渉することになり，そ
のために私たちは，因果的な記述様式のための基盤を奪わ
れているのです．現象を客観的に実在するように語る可能
性にたいして自然自体がこのように私たちに課している限
界は，ほかでもない量子力学の定式化に表現されています．
しかしこのことを，さらなる前進にたいする障害であると
考えるべきではありません．私たちは，自然記述の直接的

な直観性というこれまで慣れ親しんできた要求から離れてよりいっそう抽象を進めてゆく必要性にたいして心の準備だけをしておくべきなのです．何よりも私たちは，量子論が相対論と出会う領域においては，あらたな驚きを期待できるでしょう．ただしそこではいくつもの未解決の困難が，拡大する私たちの知識をこれらの理論がこれまで私たちに与えてきた自然現象にたいする説明手段でもって完全に解き明かすことを妨げるものとして，いまなお立ちはだかっています．

　講演も終盤になりましたが，アインシュタインの作り出した相対性理論が，直観性の要求からの解放という点にかんして物理学の近年の発展において有している大きな意義を強調する機会が得られたことは，私の喜びとするところであります．相対性理論から私たちは，私たちの感覚が要求するように時間と空間を厳格に分離することが好都合なのは，ただもっぱら，通常見られる速度が光速にくらべて小さいという事実にのみもとづくものであるということを学びました．それとまったく同様に私たちは，プランクの発見によって，因果性の要求によって特徴づけられる（これまで慣習化されていた）見方（の全体）が適切なのは，ただもっぱら通常の現象において私たちがかかわっている作用にくらべて作用量子が小さいかぎりであるとの認識に導かれたと言うことができます．相対性理論は私たちにたいして，すべての物理現象が主観的性格のものであること，

つまり観測者の立場(運動状態)に本質的に左右されるものであることに，注意を促しましたが，量子論によって解明された原子的現象とその観測の結びつきは，私たちの〔物理学の〕表現手段を使用するにさいして，客観的内容を限定することの困難性につねに遭遇する心理学上の諸問題で必要とされるものに類似の慎重さを，私たちに強いています．次のように言うからといって，自然科学の精神とは相容れない神秘主義を持ち込むのが私の狙いであるというような誤解を受けないようにと願いたいのですが，私としてはこの点に関連して，因果性の原理の妥当性についての蒸し返された議論と自由意志をめぐる昔から連綿とつづいている議論のあいだの特異な平行関係を思い起していただきたいと思います．意志の自由の感情が心的生活を支配しているのと同様に，因果性の要求は感覚印象の秩序づけの基礎になっています[3]．しかしそれと同時に，いずれの場合にも私たちが問題にしているのは理想化であり，その自然的限界はなおたちいった考察の余地を残しています．そしてそれらは，意志の感情と因果性の要求は認識問題の核心を形成している主観と客観の関係におけるいずれも同様に欠かすことのできない要素であるという意味において，たがいに他に依存しあっているのです．

　話を終えるに先だって，私がここで述べた原子的現象にかんする私たちの知識の最近の発展が，生命ある有機体の諸問題にどのような光を当てることができるのかという問

いに触れることは，自然科学者のこのような合同の集まりにはふさわしいことでしょう．この問いにたいする包括的な回答を与えることはいまなお適いませんが，おそらく私たちは，これらの問題と量子論の考え方のあいだのある種の関係を垣間見るところまでは，すでに達しているでしょう．この方向にむけての最初の手掛かりを私たちは，感覚印象のもとにある有機体と外的世界のあいだの相互作用は，すくなくともある種の環境では，作用量子に近づく程度に小さくてよいという事情に見出します．しばしば認められてきたように，視覚印象を産み出すのにはわずかな数の光量子で十分なのです．それゆえ，有機体が独立してものを感じうるために必要な条件は，ここでは自然の法則で許されるぎりぎりの限界まで満たされていることが見てとれます．そして私たちは，生物学の諸問題を定式化するのに決定的に重要な他の諸点にたいしても，同様の事情に行き当たるものと思っていなければなりません．しかし，もしもその生理学上の現象が上に述べた限界に手が届くほど繊細なものとして現れたとしたならば，じつはこのことは，従来の直観的な表象の助けで曖昧さなく記述できる限界に近づいているということを，同時に意味しています．このことは，生命ある有機体がこれまで私たちに広範囲にわたって提供してきた諸問題が，私たちの直観の形式の適用範囲内にあり，かつ物理学的・化学的観点の適用にとって肥沃な一分野を形成してきたという事実と矛盾するものではな

く，あるいはまた，これらの物理学的・化学的観点の適用可能性にたいして直接的な限界が認められるということでもありません．原理的には水道管中の水の流れと血管中の血液の流れを区別する必要がないのとまったく同様に，神経中の感覚印象の伝播と金属導線中の電気伝導のあいだになんらかの深い原理的な相違があるものと，あらかじめ期待すべきではありません．もちろんこのような問題(現象)のすべてにたいしてよりたちいった記述(説明)を追究すれば，原子物理学の領域に踏み込むことになります．事実，電気伝導にかんするかぎり，導線内の金属原子のあいだを電子がどのように進むことができるのかを理解できるようになったのは，まさしく私たちの直観的な運動表象にたいする量子論に特有の制限のみによってであるということを，ごく最近私たちは知ったばかりなのです．しかしこれらの現象の場合，さしあたって観察される効果を説明することだけが問題であれば，記述の仕方におけるそこまでの洗練は必要とされません．しかし，外からの刺激にたいする反応において示される有機体の自由や適合能力にかかわるような，より深遠な生物学上の諸問題の場合，より広い視野で関係性を認識するためには，原子的現象の場合に因果的記述様式の限界を決定していたのと同様の事情が考慮されなければならないという事態にたちいたると期待すべきでしょう．そのうえ，意識が生命ある有機体とわかちがたく結びついているというよく知られた事実からして，まさに

生命あるものと死せるものの区別そのものが言葉の通常の意味での理解のおよばない問題であるということを見出すことになるかもしれないという事態にたいしても，私たちは心の準備をしておかなければならないのです．一介の物理学徒がこのような問題に口を挟むということにたいしては，物理学の新しい状況が，実生活という偉大なるドラマにおいては私たちは観客でもあれば同時に演技者でもあるといういにしえの真理を強く思い起させるものであるという事実を，その言い訳にさせていただきたいと思います．

6. 化学と原子構造の量子論*

　今日，物理学者と化学者が創り出しているものの共通の基盤のきわめて大きな部分を私たちはファラデーに負っていますが，その偉大なる天才を記念するこの講演を行うようにという化学協会からの親切な招待を，私は深い敬意の念でもって受け取りました．実際，ファラデーの業績は，物質の原子的構成への私たちの洞察が急速に発展していったことによってそのあいだの厳密な区別が今日ではことごとく消滅するにいたった私たちの科学，すなわち物理学と化学の緊密な関連を象徴するものと見なすことができるでしょう．この分野における近年の大きな発展の特徴は，物理学の研究と化学の研究がたがいに相手を豊かにしあっているということだけではありません．原子物理学の昨今の発展によって私たちが直面している状況を正しく理解するためには，物理学者と化学者が自然法則に接近するにあたっての精神的態度の融合をどうしても必要とする，ということさえ明らかになるでしょう．たしかに，物理学理論における主導的観念はすべての自然現象の究極的原因を物質

---

　　* 予期せぬ事情のために公表が遅れることになったこの論考は，著者の〔1930年の〕ファラデー講演に手を入れたものである．そのプランや内容は講演を踏襲したものであるが，口頭の発表では除かれていた幾つかの細部が付け加えられている．

的物体の相対的変位のなかに求めることにあったのにたいして，私が思うに，化学に固有の分野は，変位というような言葉では単純に直観化しえない実体の変化を研究することにあると言えるでしょう．よく知られているように，原子という観念は，ほかでもない，研究のこの二つの異なる道筋を橋渡ししようとする努力のなかから産まれてきました．そしてまた，現時点の科学においては，原子の存在はたんなる実り多い仮説以上のものであるということは，あらためて指摘するまでもないでしょう．私たちは，数多くの物理学上の発見や化学上の発見によって，個々の原子の効果の直接的な証拠をすでに手にしていますし，現在では，物体中の分子の数をきわめて正確に数えるためのいくつかの方法さえも持ち合わせています．とりわけ，ジョセフ・トムソン卿およびラザフォード卿という，原子内部の研究における偉大なるイギリスの先駆者のおかげで，私たちは，原子の構造にかんする詳細な情報を得るにまでいたり，その情報によって，化学的元素の諸性質を一般的な物理学の法則の帰結として解釈することがかなりの程度まで可能になっています．しかしながら同時に私たちは，この新しい分野において，自然哲学の従来の考え方の特異な欠陥に直面する破目に陥りました．そのことが初めて明らかになったのは，理論物理学の偉大なるドイツ学派の尊敬すべき巨匠マックス・プランクのおかげであります．私が名誉に思いまた嬉しくも思っているこの講演では，来し方を顧みる

ことによって，原子の構成にかんする基本的観念がどのように論理的に発展していったのか，そしてまた，原子的反応の説明にさいしては，ほかでもない自然現象の分析にとって欠かすことのできない原子構造の安定性が，時間・空間的描像の使用にたいして避けられない制限を課することになるのだということが，どのように徐々に認識されていったのか，このことを明らかにする所存であります．実際，ここで私たちは，調和を分析する私たちの能力とその知覚の広がりはつねにたがいに排他的で相補的な関係を示すであろうという，昔からの真理のひとつの実例に遭遇しているのです．

―――――――――――――――

ニュートンの偉大な著作〔『自然哲学の数学的諸原理』〕に続く二世紀ほどの科学文献のなかには，天文学的事実の巧みな説明にかんしてのみならず，化学反応の研究においてきわめて実り豊かな熱力学の諸法則を原子論にもとづいて解釈することを可能とした物質の運動論にかんしてさえ，「自然哲学の力学的体系」というような表現がしばしば見かけられます．もしも今日それと同様の包括的な表現がもちいられるとするならば，たしかに私たちは，「世界の電磁気学的記述」とでも言うべきでありましょう．そしてそれを言うさいに私たちは，ヴォルタ，エルステッド，ファラデーおよびマックスウェルの諸発見のうえに築き上げら

れた，現代の技術的発展にとっては不可欠な堂々たる建造物のみならず，それ以上に，物質の電気的理論の創出によってもたらされた原子的過程にかんする私たちの考え方の革命のことを念頭においています．そしてその物質の電気的理論の創出にとっては，**電気の要素的量子**〔素電荷〕の発見こそが基本的なものでありました．この発見は，ストーニーにより 1874 年の英国協会での挨拶によって指摘され，そしてとくにヘルムホルツにより 1881 年の有名なファラデー講演において強調されたように，化学結合にかんするドールトンの原子論の立場からは，ファラデーの電気分解の当量にかんする基本的な業績の直接的帰結と見なされます．電気化学の全体にとって，とくに電気分解の理論にとって，この発見のもつ大きな意義について，ここで深入りする時間的余裕はありません．その発展についてはアーレニウスが 1914 年に当協会で講演をされておられます．電気分解においては，私たちは化学物質中を輸送されるイオンを追跡しますが，しかしイオンの性質のよりたちいった調査は，クルックスやレナルトが大きく貢献した希薄気体の放電の研究によって与えられました．実際，放電管中での〔磁場や電場をかけられた〕荷電粒子線の曲がりによって，個々のイオンの質量と電荷の比を測定することが可能となり，そして，よく知られているように，このような測定は前世紀〔19 世紀〕末には，物質の普遍的な構成要素としての**電子**の発見という時代を画する発見へと導いたのです．

電子は〔電気の〕要素的量子〔素電荷〕に等しい負の電荷をもち，電気分解における化学的イオンにくらべてきわめて小さい質量電荷比をもっています．電気のこの原子的性格という考え方をマックスウェルの一般的な電磁理論に組み込むことは，この時代にローレンツとラーモアによってこれ以上ないくらいに首尾よく実行されました．しかし，基本的な実験的証拠の確立のみならず，物質の電気的構成についての問題の攻略においても，主導的な役割を担ったのはとりわけトムソンでした．レントゲン線〔X線〕の散乱や高速イオンの物質中への浸透にともなう効果にもとづいて原子内の電子の数を推定する巧妙な方法により，彼は，いくつもの化学元素内の電子数のほぼ正確な値を割り出すことに成功しました．おそらく，トムソンがこれらの結果にもとづいて1904年に概略を描き出した，諸元素のあいだの一般的な類縁関係の解釈の試みほど強烈な印象を与えた成果は，ほとんどないでしょう．実際，そのことは物理学者たちに，元素の原子的構成の中心にある問題がすばらしい展望を切り開くものであるということをきわめて示唆に富むかたちで気づかせることになったのです．その中心にある問題とは，原子量の順に並べられた元素の化学的性質が特異な周期性を示すという，1889年のファラデー講演においてメンデレーフが熱狂的にそして予言的に語った認識によって暴き出されたものであります．

　その時代には原子の構造という問題へのよりたちいった

知見は，負電荷の電子を原子内に保持している力について，言い換えれば**原子内の正電荷**の分布について，私たちが無知であるために，妨げられていました．しかし，この方向への決定的な前進は，ある種の元素が放射能を示すという驚くべき発見によって，やがて可能となりました．その歴史ではキュリー夫人によるラジウムの単離こそが特筆されるべき出来事であります．物質の従来知られていた物理学的ないし化学的諸性質とは顕著な相違を示し，当初はエネルギー保存則という一般原理を覆すおそれさえあったこの現象は，よく知られているように，ラザフォードとソディの崩壊理論によって一点の曇りもなく完全に解明されました．この崩壊理論によれば，問題の物質の放射能はその原子の自発的な崩壊によるものであり，その崩壊はその原子が置かれている物理学的ないし化学的条件にはまったく左右されることのない単純な確率法則に支配されているのです．ここにおられる聴衆の皆さんには，ラザフォードとその共同研究者たちが，原子構造という問題にたいするこの新しい手掛かりを追究したその比類のない成功を思い起していただくために，くどくど申し上げるにはおよばないでしょう．今世紀〔20世紀〕の初めの10年間にラザフォードは，物理学と化学のまったく新しい一分野の全体を築きあげました．その新しい分野には，原子の崩壊にともなう放射性物質の性質の顕著な変化，およびその崩壊によって放出され，よく知られているように，一部は電磁輻射（γ線）

よりなり一部は高速の電子（β線）と正電荷イオン（α線）よりなる放射線の性質もが研究対象として含まれています．しかしながらとくに強調されるべきことは，これらの研究の成果が，ラザフォードにより原子の内部構造の探索のための強力な道具として使用されたということです．こうして物質中を通過するα線の大角度散乱という驚くべき現象を注意深く調べることにより，ラザフォードは1911年に，原子内の正電荷は，通常の原子の大きさにくらべて極端に小さくしかも同時に原子の事実上全質量を占めているいわゆる**原子核**の内部に閉じこめられているという基本的な発見へと導かれたのであります．

とりわけ化学の観点からでは，ラザフォードの発見は，原子と分子の明確な区別をはじめて与えたということで，決定的に重要な意味をもっています．実際，原子はたった一つしか原子核をもたないけれども，分子とは二つないしそれ以上の原子核を別々の部分としてその内に含む構造物なのであります．ここからただちに私たちは，化合物とは区別される自然元素の顕著な安定性の起源を知ることになります．化学的な変化にとってはさまざまな構成原子を分離したり置換することで十分でありますけれども，いにしえの錬金術師の夢つまり**元素の変換**(transmutation of element)は，原子核それ自体の根源的な変化を意味しています．ところで放射性元素の自発的な崩壊において私たちが目にしているのは，まさしくこの原子核の破壊なので

す．実際，原子核から α 粒子や β 粒子が放出されて後には，物理学的・化学的性質のまったく異なる元素に対応する新しい原子核が取り残されます．このことに関連して，最初ラムゼイとソディにより観測されたラジウムから生成されたヘリウムが，じつは放射された α 線が二つの電子を捕獲することによって〔電気的に〕中和されたものにほかならず，それゆえ α 粒子はヘリウム原子核と同定されるということをラザフォードが証明したことは，大変に啓発的であります．周知のように，元素の人工的変換がはじめて実現されたのは，物質中の α 粒子の通過には高速で1価の陽イオンの生成がときたまともない，それは水素の原子核と同じものであることが示されるということを，約 10 年後〔1919 年〕にラザフォードが見出したときであります．この生成された水素原子核は，α 粒子がぶつけられた原子の原子核から放出されたものであり，この過程では新しい原子核が形成されていますが，その新しい原子核はもとの原子核の残りからなり，場合によっては衝突した α 粒子も加わったものであります．

　この講演のお仕舞に，私たちは，この最新の成果によって切り開かれた展望を論じることになるでしょう．それは科学の新たなる時代を画するものであります．しかし，私たちの主題から外れないように，当面のあいだは，原子の電気的構成という基本的観念がかたちをとりはじめた時代に戻ることにします．私自身のように，今から 20 年前に

ケンブリッジやマンチェスターの物理学の研究室を訪れ，その偉大な指導者のインスピレイションのもとで学ぶという幸運に恵まれた者すべてにとっては，自然のこれまで隠されていたいくつもの相貌がほとんど連日のように暴き出されてゆくのを目撃したのは，本当に忘れることのできない経験であります．原子核の発見によって切り開かれた物理学と化学の全体にとっての新たな展望が，1912年の春にラザフォードの門弟たちのあいだで議論されたときの熱狂を，私はまるで昨日のことのように鮮明に覚えております．とくに，原子の正電荷が実質的に無限小の広がりしかない領域に局所化されていることによって**物質の諸性質の分類**がきわめて簡単になるということを，私たちははっきりと理解しました．事実それにより，原子の諸性質のうち，原子核の全電荷と全質量によって全体的に決定されるものと，原子核の内部構造に直接的に依存しているものとの広範囲におよぶ区別が可能になりました．すべての経験によれば物理学的ないし化学的条件に左右されることのない放射能は，後者の性質の典型であります．他方で，物質の通常の物理学的ないし化学的性質は，もっぱら原子〔核〕の全電荷と全質量，および外からの影響にたいする原子の反応の原因である核のまわりの電子の配置に依存しています．そのうえ孤立した原子では，この電子の配置は，核の質量にはほとんど影響されず，核の電荷によってほぼ完全に決定されるはずであると考えられます．そのさい，核の質量

は電子の質量にくらべて十分に大きく,それゆえ第一近似では電子の運動にくらべて原子核の運動を無視することができます.実際,有核原子模型にもとづくこの単純な議論は,原子量が異なり放射能の性質もきわめて異なる二つの元素が,その他の諸性質においてはきわめて似ていて,そのため化学的な手段によっては分離不可能なことがありうるという事実を,端的に説明するものであります.

このような事例の最初の証拠は,その数年前〔1907年〕にボルトウッドによるイオニウム〔^{230}Thのこと〕の発見により得られていました.それは,ちょうどそのとき〔1912年〕にラザフォードの実験室でラッセルとロッシの実験により示されたように,化学的にはトリウムと分離できず,トリウム・スペクトルとは区別できない光学スペクトルさえ有しています.明らかに同一の核電荷を有する二つのこのような元素は,周期律表で同じ位置を占め,ソディの提唱により**同位体**(isotope)という旨い名前で呼ばれています[1].同位体現象(isotropy)の一般的重要性がはじめて認められるようになったのは,それに先だつ何年間にもおよぶソディによる放射性元素の化学的性質の手広く行われた研究によってであります.これからお話する周期律表と核の電荷の密接な関係は,マンチェスターにおけるへヴェシーとラッセルの研究により確かめられることになった化学的性質と放射能の関連性にかんする予測へと導くことになります.この問題にかんする実験的証拠の完全な整理は,

よく知られているように，すべての α 崩壊には周期律表での元素の 2 段階の降下がともない，すべての β 崩壊には 1 段階の上昇がともなうという，いわゆる変位法則の定式化によってまもなく達成されました．この変位法則にしたがう同位体現象のとりわけ教訓的な事例が，それらのあいだでは 1 回の α 崩壊と 2 回の β 崩壊が起る放射性元素の系列の二つの要素により示されます．実際，この三連の過程で原子核は正の 2 電荷をもつ α 粒子のほかに負に帯電した電子 2 個を失うということを理解するならば，このような二つの元素の核電荷が同じであることはただちに導かれます．一般的な変位法則の 1913 年のファヤンスとソディによる最終的な実験的確認が，ここで論じている原子構造についての考え方の発展とはまったく無関係に行われたのでありますから，この観点の確証はそれだけいっそう興味深いものです．トムソンにより先鞭をつけられたイオン線の分析法のアストンによる巧妙な改良によって，現在ではすでによく知られていることでありますが，同位体の存在は放射性元素に限られることではなく，ほとんどすべての通常の化学的元素は，原子質量の異なる同位体の混合物であります．したがって従来の原子量は，通常の化学的性質にかんしては二次的な意義しかもたない平均値なのです．さらに，すべての原子質量は水素の原子質量の整数倍にきわめて近いというアストンの発見は，すべての原子の原子核が水素の原子核と電子からできているということを

明らかにしました[2]．実際ここで私たちは，百年前〔1815年〕に化学者のあいだで大きな議論を引き起こしたプラウトのアイデアの興味深い復活を見ることになります．

電子および通常「陽子」と呼ばれている水素の原子核が原子構造の究極の構成単位であるということの認識は，物質が純粋に電気的に構成されているのではあるまいかという見通しを，私たちに与えるものです．さらには，これまで私たちが見てきたように，化学的経験と物理学的経験の大部分の解釈は，後に述べるように特異な側面を有している原子核の内部構造の問題とは無関係であります．大部分の物理学的・化学的経験の解釈にとっては，原子核を帯電した質点のように見なすことで十分であって，原子核の外にある電子の配置の問題のみを考えればよいのです．その核外電子[3]の数は，中性原子では，もちろん核の電荷により決定されます．さて，周期律表の第1の元素すなわち水素は，原子の中に1個の電子を有し，第2の元素ヘリウムは，2個の核外電子を有しています．それゆえ，電子数と周期律表の関係にかんするトムソンの一般的な考え方からすれば，任意の元素にとって，中性原子における核外電子の数が，しばしば「元素の自然体系」と称されているその表の位置を指定する**原子番号**(atomic number)と呼ばれる整数で与えられることになるという一般化は避けられません．この見方は，すぐにわかるように放射性変位法則にうまく符合し，そして，ガイガーとマースデンによるα線

6. 化学と原子構造の量子論　111

の散乱の測定から導き出された原子核の電荷のラザフォードによるもともとの推定と，誤差の範囲内で一致していました．それ以来その見方は，この現象についてのチャドウィックによる改良された測定や，トムソンの有名な公式で解釈された物質によるレントゲン線の散乱の追試によって，直接的に確かめられています．とりわけ，この基本的な点にかんする実験的証拠は，元素の特性レントゲン線スペクトルにかんするモーズリーの見事な研究をとおして，目覚ましく豊富にされたことを見るでしょう．以上を要約するならば，物質のすべての通常の性質を整理し秩序だてるという点について，ラザフォードの原子模型は，自然法則の解釈を純粋数の考察に還元するといういにしえの哲学者の夢を思い起させる仕事を私たちに提起していると言えるでしょう．

―――――――――――――

　しかしながら，この魅力的なプログラムの研究に乗り出すやいなや，ただちにきわめて厄介な困難に直面することになりました．一見したところその困難は，原子の電気的構成という考え方全体にとって致命的にさえ見えます．実際，古典論では，帯電した質点のどのような系も，物質の化学的性質や物理学的性質を説明するためには原子構造がどうしても有していなければならない**安定性**を呈することがありません．このような系は，通常の力学的な意味での

静力学的な安定平衡の状態を有さないだけではなく,そのいかなる動力学的な状態も要求されている条件を満たさないでありましょう.正に帯電した原子核と1個の電子からなる原子というもっとも単純なケースでさえも,このことはほとんど自明です.ニュートン力学によるならば,クーロンの法則によって支配されている力でたがいに引き合っている二つの粒子は,その共通重心のまわりにケプラー楕円を描くであろうということはよく知られています.しかしこの解は,惑星運動の安定性ならば首尾よく説明するものではありますけれども,電子と陽子の場合には,このような結合によって水素の化学的振る舞いに見合った諸性質をもち水素に特有のスペクトルを有する原子がどうして形成されるのかを理解することは適いません.地球軌道の大きさや1年の長さ〔すなわち地球の公転周期〕が本質的には初期条件で決定され,さらにいつの日にか隕石との衝突によって恒久的に変更されるかもしれないということは,太陽系の起源にかんする思弁に入り込むまでもなく,明らかなことです.他方では,まったく異なる条件のもとでも水素原子が一定であるということは,遠方の星からの水素原子のスペクトルと通常の放電管で得られる水素原子のスペクトルが同一であることによって,印象的に示されています.このスペクトルがどのように発生するのかをよりたちいって考察するならば,状況はもっと悪くなります.実際,従来の電磁気学の考え方によれば,ほかならぬ輻射エネル

ギーの原子からの放射には電子軌道の大きさとその回転周期の徐々の減少がともない，そのため鋭い単色スペクトル線の出現が妨げられることになり，最終的には電子が陽子と合体して現実の原子にくらべて桁外れに小さい中性の系になってしまうでしょう．もちろん同様のことは，考察しているどの原子の系にもあてはまります．実際，従来の力学と電磁気学からでは，原子の電気的構成要素が物質的物体の安定性にとっては破滅的なかたちでたがいに中和してしまうということが何故に起らないのか，このことの説明がどうしても得られないのです．

　究極的な電気的粒子にかんする発見が物質の一般的性質の解釈に適切に使用されるためには，それに先だってまったく新しいアイデアが必要とされていたことは明らかです．しかし，このようなアイデアを手に入れるためには，それほど遠くを探すにはおよびませんでした．その困難の解決のための手掛かりは，プランクによる基本的な**要素的作用量子**の発見によって提供されていたのです．それは，とりわけアインシュタインの手によって，きわめてさまざまな種類の物理学的経験を整序するうえで大変に有効であることがすでに立証されていました．実際には，この発見は，物理学の古典的な考え方とはまったく相容れず，ある意味では電気の原子的性質以上に異質な，自然法則における原子性(atomicity)の新しい特徴を暴き出したのです．もちろん，一般的な電磁理論にもとづいては，電気の要素的量

子〔素電荷〕の存在や電子や陽子の質量が特定の値をとることを説明することはできませんが，しかしこれらの粒子の質量や電荷の測定は，古典論の考え方で曖昧さなく解釈できる実験的証拠にもとづくものであるということは，忘れてはなりません．それに反して作用量子の存在は，従来の物理学の諸原理からの根底的な離反をともなうことなしには，説明不可能なのです．もちろん普遍的なプランク定数の決定もまた，古典論で定義された測定にもとづくものでありますけれども，電荷や質量の場合と異なり，これらの測定から作用量子を導き出す過程については，電磁気学の用語をもちいては合理的な解釈を与えることはできません．古典論の諸概念を曖昧さなく適用することの可能な分野は，電子線の曲がりの実験のように，かかわる力学的作用量が〔作用〕量子にくらべて十分に大きい過程に限られています．そしてこれらの〔古典論の〕表象が原子の反応を説明するのに不十分であるのは，原子内部の運動をくわしく分析するためには，それにたいしては作用が〔作用〕量子と同程度かそれ以下ですらありうる電子軌道の要素の考察を要するという，まさしくその事実によるものであります．たしかに，電気と作用の要素的量子〔すなわち素電荷と作用量子〕により象徴されている原子性の二つの基本的側面は，密接に関連しあっているのであり，原子核の構造という問題を考察するにあたっては，電子の電荷や質量という表象を曖昧さなく使用することがもはや不可能であるという事情を後ほ

ど見ることになるでしょう．しかし，核外電子の配置にかんしては，古典的な意味で定義された構成粒子の大きさが原子全体の大きさにくらべて無視しうるくらいに小さいと見なしうるという事実から，議論を著しく簡単にすることができます．実際，原子の諸性質の単純な分類が依拠しているのはこの理想化なのですが，原子核の外部では電子の固有の性質を作用量子とは独立なものと見なすことが可能なのは，この理想化の結果なのです．

　原子の有核模型の確立に先だって，プランクの発見が原子構造にたいしてもつ意味についての問いがすでにさまざまな側面から論じられ，原子の諸定数のあいだの近似的な関係も提唱されていました．しかし，〔ラザフォード〕以前の原子模型は，力学的な安定性の観点から構成されたものであって，元素の固有の性質の満足のゆく解釈には明らかに不適切であり，またその大きさや振動数にかんしてはそれ自体で十分に決定されていたので，その点で作用量子の導入が決定的な改良をもたらすことにはなりませんでした．ラザフォードの発見により，状況は一変しました．実際，原子の安定性の解釈にかんしては単純な力学的表象が明らかに不十分であるということは，古典論の諸原理からの根底的な離反を避けられないものとしただけではなく，それと同時に，元素の物理学的・化学的諸性質にかんする直接的な証拠によって与えられている道標を利用するにあたって，十分な自由度を残したのであります．私は，この証拠

を利用するのに適した基盤を，二つの単純な「〔量子〕仮説」に見出しました．その第一のものは，原子の状態のはっきり定義されたいかなる変化も，原子のいわゆる**定常状態**のひとつからいまひとつの定常状態への完全な遷移よりなる要素的過程と考えられなければならない，というものです．一方では，この仮説は一般的な化学的証拠によって暴き出された原子構造の著しい安定性の明確な定式化以上のものではありませんが，他方では，それは作用量子の存在によって直截に示唆されているものです．**遷移過程の要素的性格**という見方は，量子の本質的な分割不可能性に直接に関係しているだけではなく，そこからただちに，単一不可分な輻射過程のエネルギーと振動数のあいだのプランクの有名な関係〔$E=h\nu$〕を，分光学の基本法則すなわちいわゆる結合原理を単純明快に解釈するための基礎として利用する手立てが与えられます．バルマー，リュードベリそしてリッツのすぐれた研究をとおして確立されていったこの結合原理は，任意のスペクトル線の振動数は，考察しているスペクトルに特有の項系列に属する二つの項の差として表されうるというものです．実際，これらの項に作用量子を掛けたものが原子の定常状態のエネルギーに量的に等しいと仮定することによって，結合原理は，遷移過程で放出ないし吸収される輻射は本質的に**単色**であり，二つの〔定常〕状態間のエネルギー差をプランク定数で割ったものに等しい振動数を有するという，〔私の〕第二の仮説と等価

であることが見てとれます．

スペクトル線の起源にかんするこの見方は、アインシュタインの光化学当量の法則[4]とは明らかに調和しており、スペクトルの出現のための条件を問題の物質の化学的状態と密接に関連づけるものです．実際、放出スペクトルと吸収スペクトルにおけるスペクトル線の出現の見かけ上の気紛れさは、二つの定常状態間の与えられた遷移に対応するスペクトル線の放出は原子が高いエネルギー状態に存在していることを前提とし、他方、吸収のための条件は原子が低いエネルギー状態に存在することであるということが考慮されたならば、キルヒホッフの法則と折り合いのつくかたちで完全に説明されます．私たちがここでかかわっている個々の原子的反応を逆転させてみることは、とりわけ教訓的であります．というのも、かかわっている遷移過程は本質的に要素的であり、通常の力学的な可逆性の外にあるからです．実際、結合原理のこの解釈によれば、ある定常状態にある原子は一般には他の複数個の定常状態にむかういくつかの異なる遷移過程のあいだで選択を行うのであり、これらの要素的過程のうちのどれが出現するかは必然的に**アプリオリな確率**の問題になるからです．輻射過程にたいする確率法則の定式化にかんしてきわめて重要な一歩は、よく知られているように、1916年にアインシュタインが上述の仮説にもとづいてプランクの黒体輻射の法則を簡単に導き出したときに、踏み出されました．その仮説のもっ

と直接的な裏づけは，自由電子と原子の衝突についてのフランクとヘルツによるよく知られた実験により，その数年前〔1914年〕に得られていました．彼らは，まったく理論的な予言通りに，原子と電子のあいだでは，標準状態〔基底状態〕にある原子が衝突によってより高いエネルギーの他の定常状態に遷移することがないかぎり，エネルギーの受け渡しが不可能であることを見出したのです．問題の衝突過程は，実際，原子が最初の不活性な状態〔基底状態〕から，輻射の放出をともない一般にはひとつないしそれ以上の過程を経由してもとの状態にもどるであろういわゆる活性な状態〔励起状態〕にもたらされるという，特別に単純なタイプの化学反応と考えることができます．しかし化学反応の理論にとっては，原子のその標準状態への帰還は，活性化のエネルギーが衝突によって自由電子かあるいは他の原子に運動エネルギーないし化学的エネルギーのかたちで受け渡される，そのような輻射をともなわない過程としても起り得るということは，とくに重要です．このようないわゆる逆散乱〔第2種衝突〕の発生の可能性は，最初，クラインとロスランにより熱平衡の考察から指摘されました．そしてこのような過程の化学反応にとっての重要性は，フランクと彼の共同研究者による最近の研究によって，きわめて教訓的なかたちで示されています．

---

6. 化学と原子構造の量子論　119

　原子の安定性と作用量子のあいだのこれまで論じてきた関係はきわめて一般的なものであって、原子模型とはもっぱら間接的にかかわっていたのにすぎません。私たちの議論の基盤にある仮説と原子の構成粒子の電荷や質量の定義にもちいられる力学や電気力学の従来の考え方のあいだの食い違いを鑑みるならば、この後者の考え方が原子構造の問題を直接的に攻略するにあたって与えることのできる指針は、限られたものでしかないことがわかります。実際には、この問題の掘り下げた扱いのための適切な基礎は、首尾一貫した量子力学の発展をとおして過去数年間に確立されたばかりなのです。そして、その量子力学のなかには上記の二つの仮説が合理的に組み込まれています。しかしながらこれらの仮説の定式化と直接に関連して、化学的元素の諸特性とその相互的関係を有核原子模型にもとづいて解釈するという、先に述べたプログラムの実現にむけて最初の一歩を踏み出すことが〔量子力学が形成される以前に〕可能となっていました。その出発点は、**水素スペクトル**が並はずれて単純であることによって与えられました。よく知られているバルマーの公式〔$\nu=c/\lambda=cR(1/n^2-1/n'^2)$〕によれば、このスペクトルは、そのそれぞれがある定数を項番号〔主量子数〕と呼ばれる整数の2乗で割ったものに等しい項〔cR/n^2; $n=1, 2, \cdots\cdots$〕よりなる一系列から導き出されます。さて、結合原理の上記の解釈にしたがうならば、各スペクトル項にプランク定数を掛けたもの〔hcR/n^2; $n=1, 2,$

……〕は，その項に対応する原子の定常状態にある電子を陽子から無限大の距離遠ざけるのに要する仕事を表すものとされます．こうして，水素の項系列は，電子の陽子への段階的な結合による原子の形成にかんする貴重な情報を提供してくれます．従来の力学表象では，この結合過程の諸段階は，その長径と回転振動数がケプラーの法則にしたがってそれぞれ項番号の2乗と逆3乗に比例する，そのような一連の電子軌道〔楕円軌道〕によって図式化されていました．こうして項番号1の標準状態〔基底状態〕の軌道の大きさと振動数にたいして得られた値は，気体の力学的性質や光学的性質の古典論にもとづく解釈から導き出された原子の直径や振動数と同程度であります．とはいえ，このような古典論の解釈は考察している原子の安定性についての見解とは相容れないので，もちろんこのような比較は近似的なものでしかありえません．しかし，定常状態についてのこのように力学的な描像と水素原子の現実の性質の定量的な関連は，項番号が大きくなるにつれて，軌道の大きさや振動数のあい続く値のあいだの相対的な差が零に接近するという事情によって提供されました．実際，ここで私たちは，〔項番号が大きくなった〕極限では軌道の諸特性の連続的可変性という従来の力学の特徴が現れてくるのを見ることになります．そして私たちは，この極限では，個別の遷移過程の要素的性格が無視しうるかぎりで，一般的な電磁気学の諸概念〔の使用〕がしだいに正当化されてゆくであろ

うと期待できるでしょう．このいわゆる**対応論**から，結合過程のこの極限の段階で放射された輻射は，古典論の表象によって記述しうるということが導かれます．とくに，可能な遷移過程から先述の仮説にもとづいて計算されたスペクトルの振動数は，この極限の段階では，回転する電子から放射される古典論の輻射が分解されて得られる調和成分の振動数に一致する方向にむかわねばなりません．しかしながらこの条件が，バルマーの公式の定数〔リュードベリ定数 R〕を電子の電荷と質量とプランク定数で表すある決まった関係の存在と等価であるということは簡単な計算で示すことができます[5]．この関係は，その当時使うことのできたそれらの諸量の実測値によって説得的に確かめられていたのであり，ミリカンの改良された測定によって十二分に裏づけられました．そのミリカンの測定は，たとえば1924年の彼のファラデー講演で語られています．

　水素のスペクトルと原子模型のこの関連を確立したことは，**諸元素のスペクトル間の関係**がそれまで考えられていた以上に緊密なものであるということを直接的に認めさせることになりました．事実，ある与えられた電荷をもつ原子核に束縛されている1個の電子から放出されるスペクトルの項系列は，水素の項系列とはその原子核の電荷と陽子の電荷の2乗に等しい因子だけ異なるということが，上に述べた計算から導かれます．言い換えればそのスペクトルは，バルマーの公式の定数〔リュードベリ定数〕に原子

番号の2乗を掛けておきさえすれば,バルマーの公式によって与えられるのです.そこで,原子番号2にたいするこの一般化された公式によって表されるスペクトル系列は,最初にピカリングによりある星のスペクトル中に観測され,大変な労力の後に,強い放電に晒されている水素とヘリウムの混合物を含む管から放出されたスペクトル中にファウラーによって得られました.この新しいスペクトル系列は,通常の水素スペクトルの系列と数値的にきわめて密接に関連しているので,それまで天文学者によっても物理学者によっても水素スペクトルのものとされていたのです.しかし私たちの議論によれば,それはヘリウム原子からひとつの電子が完全に取り去られ,残された電子が活性的な状態〔励起状態〕に移ったときのヘリウム・イオンから発生したものと考えられます.この見方は,星のスペクトルに問題の系列が気紛れに現れるということや,特別の実験条件のもとでのその励起を説明するものであり,まもなくマンチェスターの実験室でエヴァンスの実験によって確かめられました.エヴァンスは水素のスペクトル線の跡が検出できないくらいに純度の高いヘリウムにおいて件の系列を励起するのに成功したのです.一般化されたバルマー公式のさらなる立証は,遠紫外線領域の分光学において目覚ましい進歩をなしとげたシーグバーンの実験室で,ごく最近得られています.実際,この公式の原子番号3,4および5に対応するスペクトルが,それぞれ,リチウム,ベリリウムお

よびホウ素が強い電子線で照射されたときに放出されることが、エドレンによって発見されたのです．

諸元素に固有のスペクトルのあいだのこの緊密な関連性は、原子模型のおどろくべき単純性を私たちに教訓的に思い起させるものではありますが、これまでのところは、核外電子が1個という場合に限られているのであり、いくつもの電子を含む原子の性質は、当然のことながらはるかに複雑なものであります．それでも、一般的な性格のおどろくほど単純な関係が、スペクトルの研究から明らかにされてゆきました．最初にリュードベリによって認められたように、現在ではリュードベリ定数として広く知られているバルマーの公式に現れる定数 $[R]$ は、通常の条件のもとで諸元素から放出されるスペクトルが分解される、しばしばきわめて込み入った項系列の数値的表現にはきわめて一般的に現れるものなのです．とりわけ、すべてのこのような項系列は、水素の項によく一致している項を含むことが見出されました．ときにはむしろ困惑の原因にもなったこの観測は、しかし、このような水素原子類似項は中性原子のひとつの電子が残りの電子の配置を表す寸法よりも大きい距離だけ原子核から引き離されたそのような活性状態に対応していると仮定するならば、原子構造についての私たちの見方にもとづいて直截に解釈されることになります．実際、この外側の電子はその再結合のあいだに単一の陽子によるものとほぼ同一の力を受けているでしょうから、この

過程の各段階は，水素原子の定常状態と非常に似ているであろうと期待しなければならないのです．この見方は，やがて興味深いやり方で確かめられました．実際，ファウラーは先に述べたイオン化されたヘリウムのスペクトルについての1913年の『ネイチャー』誌上での議論の過程で，彼がマグネシウム・スペクトル中で最近観測したある系列は，リュードベリ定数のかわりにその4倍のものを使用するならば，単一の単純な系列にまとめあげられることを指摘しました．ところでこの系列こそ，1個の電子が原子核から比較的大きな距離に結合されている1価イオンの活性状態にたいして期待されるものにほかなりません．とくに，ファウラーの研究によって，このタイプのスペクトルは元素が強力な放電に晒されたときにはまったく一般的に生じるものであることが示されました．このスペクトルの分類のさらなる拡張は，アルミニウム・スペクトル中に，明らかに2価にイオン化された原子から発生したものと考えられる，リュードベリ定数の9倍に対応する系列を発見したパッシェンによって，数年後に達成されました．近年になって，原子の構造にかんするこの一般的なスペクトルの証拠にたいする価値のある追加が，ミリカンによるきわめて強い放電の研究によって得られています．そこでは，さらに多価にイオン化された原子のスペクトルが見出されているのであります．

　元素の自然体系〔周期律表〕内での化学的諸性質の周期的

変化の問題にたいして光学スペクトルの証拠がもつ意味について，より踏み込んだ議論にはいるに先だって，原子の構造にかんするこの一般的な考え方が**レントゲン線スペクトル**の研究によって素晴らしいかたちで裏づけられたことを，私たちは見ておかなければなりません．原子の外側に結合されている電子から生じる光学スペクトルと異なり，このレントゲン線スペクトルは，原子の内側に結合されていた電子がその標準状態から除去されたときに電子配置が再編成されることによって放出されます．この問題はほんらい込み入ったものであるにもかかわらず，原子の内部領域では電子相互の斥力よりも原子核による引力が圧倒的に優っているために，元素のレントゲン線スペクトルと原子核に単一の電子が結合していることによって放出されるスペクトルが非常に似ていると期待することができるというのが，私たちの原子模型の特徴なのです．このような見方は，元素の特性レントゲン線輻射についてのバークラの基本的な研究により暴き出された顕著な規則性ともよく調和しています．そして，一般化されたバルマー公式の確立に関連して，この輻射を励起するのに必要な陰極線〔電子線〕の速度についてのウィディントンの経験則をその公式がよく説明することを，私は指摘しておきました．さらには，そのわずか数カ月後には，レントゲン線のスペクトル構造についてのモーズリーの広範な研究によって，この問題にかんする実験的証拠が非常に豊富になりました．その研究

は，結晶でのレントゲン線の回折というラウエの発見と，それにひきつづく結晶構造についてのブラッグ父子の基本的な研究によって可能となったものです．ラザフォードの実験室で働いていてその新しいアイデアを決定的なかたちでテストすることに意欲的であったモーズリーは，おどろくほど短期間に，高振動数領域の分光学の基礎を形成することになるいくつもの重要な発見を成し遂げたのです．とりわけ，元素の特性レントゲン線スペクトルが原子番号の増加とともにきわめて規則的に変化することが見出されたので，周期律表で元素が欠けている場合にはそのことがすぐに判明するだけではなく，自然体系のすべての周期の元素の数を一意的に導き出すことすら可能になりました．ここでは，化学者たちが自分たちの広大な分野をいかに徹底的に探索したのか，その点について感心させられますが，それとともに，とりわけ欠落している元素についてのメンデレーフの予言や，原子量にのっとって分類されたときには順序が逆転するような対にたいする正しい並べ方についてのメンデレーフの予想が，モーズリーの研究によって完全に裏づけされたのを見るならば，メンデレーフの眼力を称賛しないではおれません．そしてまた，メンデレーフの時代には化学的な証拠がきわめて乏しかった長周期における元素の数にかんするモーズリーの推論が，化学的証拠からユリウス・トムセンによって，またスペクトルの証拠からリュードベリによって多少なりとも直感的に予測されて

いた注目すべき規則とも，完全に一致しているということもまた，興味深いことであります．

　やがて見るように，原子の安定性にたいする量子論的な解釈によって私たちは，有核原子によって直接的に示唆されている元素間の類縁関係の単純な規則性を明らかにすることができただけではありません．その解釈は，その原子模型と結びつくことで，周期律表に具体的に表されているそれらの関係のより込み入った特徴を理解するための手掛かりでもあることが判明しました．元素の物理学的・化学的諸性質を原子番号の増加する順に並べたときに見られる顕著な周期性は，原子の電子的構成にかんするトムソンの先駆的な仕事によってすでに説得的に示されていたように，明らかに電子配置の**殻構造**(group structure)の漸次的発展から生じたものであります．実際，このトムソンの研究は，化学的証拠の解釈にかんして独創的で実り豊かなアイデアを豊富に含み，それらはまた，とりわけコッセルやルイスの手により示唆に富むかたちで敷衍されることになりました．とはいえ，トムソンが電子の殻構造についての彼の議論の基礎にすえた力学的安定性についての考え方をラザフォードの原子模型に直接的に転用することは適いません．この殻構造の研究のための適切な基礎は，この目的のために一般的なスペクトルの証拠の使用を可能にした，原

子内での電子の結合の段階的〔離散的〕性格を認めることのなかに見出されました．重要な出発点は，レントゲン線スペクトルを仔細に調べることによって提供されました．実際，これらのスペクトルの特有の構造にたいしては，最初にコッセルによって指摘されたように，そのスペクトル線が次に述べるような要素的遷移過程によって放射されると仮定することで，簡単な説明が可能です．すなわち，その要素的遷移過程は，原子から電子が取り除かれたことによって内側の電子殻のなかに残された空席が，もっとゆるやかに結合されている電子殻から落ちてきた新しい電子によって占められることよりなる，というものです．そしてこの後者の電子殻のなかに残された空席は，今度は，さらにゆるやかに結合されている電子殻からの電子によって占められ，そのさい他のレントゲン線の放射がともなう，等々となります．結合原理とは明らかに調和しているこの見方によれば，元素のレントゲン線スペクトルの各項は，原子の標準の電子配置におけるさまざまな電子殻から電子を1個取り除くのに要する仕事について，直接的な情報を与えるものです．モーズリーが主レントゲン線の振動数についての彼の観測をまとめあげた経験則は，このように解釈されるならば，最初にヴェーガールによって注目されたように，各主要電子殻の結合の強さが原子核にたいする1個の電子の結合の定常状態のそれに近似的に等しい，という結果に導くことになります．たとえばバルマーの公式に現れ

る項番号は，量子論の用語では「主量子数」と呼ばれていますが，標準の電子配置での殻構造の分類に直接的に入り込むことがわかります．実際，元素間の類縁関係を説明するにあたって，原子番号のほかにそれとは別の整数が基本的な役割を果たすということは，ここで論じている原子の構成についての私たちの考え方の特徴なのです．

とはいえ水素原子の定常状態のような単純な分類では，複数個の電子をもつ原子の殻構造のよりくわしい研究にとっても，あるいはそのような原子の込み入ったスペクトルのより精密な解釈にも，不十分であります．定常状態の分類の大きな前進と，それに対応する量子数の分類法の改良が達成されたのは，リュードベリ定数を導くには十分であった単一周期のケプラー軌道以外の，より複雑なタイプの軌道運動にまで力学的描像の使用を拡張することによってであります．多重度のより高い周期性をもつこのような軌道にたいしては，力学的に可能な運動の連続無限個の集合から定常状態を選び出すいわゆる量子化規則には，運動の独立な振動数の数だけの量子数の使用が必要とされます．この重要な前進は 1915 年にウィルソンとゾンマーフェルトによって〔多重周期系の量子化規則で〕達成され，このように得られた体系が形式的に矛盾を含まないことは，定常状態の断熱不変性についてのエーレンフェストの原理によりかなりの程度保証されていました．その後の発展では，ゾンマーフェルトが，とくにスペクトル線の微細構造にか

んする広範な分光学的データをきわめて成功裡に解明するのに貢献しました．その微細構造は，複雑なスペクトルに示されているだけではなく，水素の場合でさえも，分解能のよい機器で調べたならば認められるものなのです．すでに強調したように，力学的表象や電磁気学的表象が根本的に限界があるにもかかわらず，このようにして得られた結果が本質的に現実的なものであるということは，結合原理から予言されるスペクトル線が実際に出現するかどうかを支配している注目すべき選択規則の説明によってもまた，確かめられることになりました．その選択規則は，水素スペクトルにかんする私たちの議論において指摘しておいたような対応論的な議論で与えられます．この発展に勇気づけられて，私は1921年に原子の電子的構成を包括的に概観するために分光学上のすべての実験的証拠を利用することを試みました．もちろん当時は，細部については説明できない点も多々残されていましたが，それでも原子番号の増加とともに電子殻がどのように順を追って発展してゆくのかについてのいくつかの曖昧さのない結論を導き出すには十分な程度に量子論の原理が進んだ段階に達していることは，すでに明らかでした．考え方の基本は，付随するスペクトルの構造によって与えられる各電子の結合過程についての情報をもちいて電子をひとつずつ順に加えてゆくことにより，この電子殻を組み立ててゆくことにあります．スペクトル項の分類にあたって主量子数のほかにいわゆる

6. 化学と原子構造の量子論　131

副量子数(subordinate quantum number)が現れるということに対応して，完全に閉じた原子構造においては，それぞれの主電子殻の内部に，原子番号の増加とともにしだいに埋められてゆくいくつかの**副殻**(sub-group)を区別することができます．どの原子においても，この二つの量子数のどちらが増しても，電子の結合の強さは規則的に減少してゆきます．そして通常は，副量子数の値がいくらであれ主量子数が低い〔小さい〕電子ほど強く結合されています．しかし，殻構造が作りあげられてゆく過程では，ある与えられた量子数の副殻の電子が，主量子数はそれより低いけれども副量子数はそれより高い〔大きい〕副殻の電子よりも強く結合されるということが，ときたま生じます．そのときには，前者の〔主量子数が高く副量子数が低い〕副殻が後者の〔主量子数が低くて副量子数が高い〕殻よりも先に現れますが，しかし原子番号が増すとともに，さまざまなタイプの電子の結合の強さのあいだの正常な関係がやがて回復されて，低い主量子数の殻が埋められてゆき，他方，高い主量子数の殻の発展が一時的に足踏みをするということになります．このことが，鉄や白金金属や希土類の元素などの族の周期律表における特異な位置を説明します．それらは，内部殻の発展のある一時的な段階で生じる，原子番号の増加にともなう外部電子殻の規則的な発展の一時的な停滞によるものなのです．この事情は，その問題の元素の磁気的な性質やその固有の色にかんする特異な振る舞いをも

説明するものであり,ラーデンブルクとバリーによりとくに強調されました.その理論によるならば,原子の殻構造の規則的な発展におけるすべてのこのような一時的な段階は,現在では,部分的にしか完成されていない主電子殻に新しい副殻を付け加えることで,簡単に説明されています.そしてそれゆえ,周期律表の見かけの不規則性は,量子論のきわめて基本的な特徴の直接的な帰結であることがわかります.

原子内での殻構造の段階的な発展についてのこれらの結論は,この年月にシーグバーンとその共同研究者たちによって達成された高振動数スペクトルにかんする私たちの知識の長足の進歩によって,まもなく,教訓的に確かめられることになりました.これらのスペクトルの項とその分類にかんする経験的データが目にみえて増加し,それによって,任意のレントゲン線の項が原子番号の増加とともに変化する様子を詳細な図式に表現することが可能となったのは,とりわけコスターの功績です.ところでこの図は,理論によれば内側の電子殻の発展において新しい段階の最初かその完成が生じる原子番号のすべての値で,モーズリーの項曲線の一様な傾斜からの明白な偏差が生じることを示しています.その理論的な考え方のさらに重要な裏づけは,ジルコニウム鉱石のレントゲン線分析をもちいた,1922年のコスターとヘヴェシーによる原子番号72の新しい元素の発見によって,提供されました.この原子番号の元素

の性質は化学者のあいだではそれまで議論の的になっていて，それは希土類のひとつに違いないという見解が主張されていました．しかしこの見解は，件の殻構造の理論とは真っ向から食い違っていました．殻構造の理論によれば，その新しい元素は，その後の理論的観点を説明するのに大変適していることの判明したユリウス・トムセンによる周期律表の昔の図にはっきりと示されていたように，チタンやジルコニウムと同性質なのです．事実，ハフニウム[6]と名づけられたこの新しい元素は，ヘヴェシーの研究が証明してみせたように，すべての化学的性質においてジルコニウムとの親密な関連を示しているだけではなく，そのうえ，すべての通常のジルコニウム鉱石には，これまで検出されてこなかったけれども，じつはこの元素がかなりの割合で含まれていることがわかったのです．実際，ハフニウムは地殻には非常に豊富な元素に属し，その点において，モーズリーの発見によって提供された強力な手段によって最近になって見出され，そして自然体系〔周期律表〕のほとんどすべての空席を埋めることになったその他の新しい元素とは異なっています．

　たしかに原子の殻構造と一般的なスペクトルの証拠のあいだの確定的な関係を，上に述べたような手続きで追跡することは可能でありますけれども，しかしその根底にある原理は，明らかにいろいろな方向に限界を有しています．ここで私が念頭においているのは，これからすぐ後に論じ

る量子論の方法の抜本的な改訂のことばかりではなく,その時点では今なお未解決に残されていた細部にかんする数多くの問題のこともあります.実際,その当時与えられていた原子内の電子の殻状分布の表は,その後の発展によって改良されることになるさまざまな仮説的特徴を示していました.この点では,スペクトル線の顕著なゼーマン効果のパターンについての結合原理と対応論にもとづくランデの分析は,決定的に重要でした.実際,この分析の結果にのっとってストーナーは,これまで殻の分類にもちいられた二つの量子数のかわりに電子の結合の特徴づけのために三つの量子数をもちいることにより,殻構造の分類法を拡張することができたのです.この改良が,化学的証拠の包括的な吟味にもとづいてメイン・スミスが行った副殻の分割の提案と驚くほど似ていることは,興味深いことです[7].
この問題の解明にむけての最終的な寄与は,1925年にパウリによってなされました.パウリは,4番目の量子数を導入することにより,電子殻の完成にかんするすべての証拠を,単一の規則すなわち原子内の二つの電子が四つの量子数によって定義される厳密に同一の結合状態をとることはけっしてないという,いわゆる**排他原理**にまとめあげることに成功したのです.パウリがその新しい量子数に導かれたのは,パッシェン‐バック効果として知られている,磁場の強さを強くしていったときにゼーマン・パターンが示す顕著な変化を分析することによってであります.その

変化は，結合されている電子どうしの相互的な影響にくらべて外部磁場が空間的な方向づけの効果としてしだいに支配的になるために生じるものであります．しかしここで私たちは，力学的描像を適法的に使用できる限界を越えたことになります．そしてこの点に関連して，電子のスピンという概念によって4番目の量子数を解釈するために大変に実りの多い試みがなされたのでありますけれども，しかし，古典論の表象にもとづいては電子スピンの概念にたいしていかなる明確な解釈も与えることができないということ，このことに留意することが肝要です．実際，あとで論ずる予定の一般的な議論によるならば，この表象にのっとって電子に付帯させられる磁気モーメントを，原子の全体としての磁気モーメントを測定したシュテルンとゲルラッハの巧妙な方法と類似のあるはっきり決められたやり方で測定することは不可能なのです．電子の電荷や質量とは異なり，スピンは原子模型の古典論で定義される諸性質に属するものではないと言えます．他方では，通常のスペクトルの証拠でさえ，原子核を単なる帯電した質点と見なす理想化された模型がもはや維持できないことを示しているのです．実際，最初パウリによって提唱されとくにハウトスミットにより証明されたように，スペクトル線のいわゆる超微細構造を分析することによって，複合体としての原子核の磁気モーメントと角運動量にかんする明快で重要な結論を導き出すことができます．

原子内の電子の結合の分類法の完成によって，周期律表のすべての規則性をそのもっとも細部にいたるまで説明することが可能となりましたが，その完成をとおして，一般的な化学的証拠と原子構造についての私たちの考え方のあいだに包括的な性格の結びつきが確立されることになりました．しかしこの証拠のたちいった説明にとって，電子の結合の軌道描像による分類が適切な指針となるのは，化学結合が**極性結合**[8]による場合に限られます．とくにコッセルによって強調されたように，このような結合の結果として作られた分子は，そのそれぞれが単独であったときと同一の結合状態に電子を保持している，そのようなイオンの凝集と考えられます．たしかに電子の結合についての力学的な描像では，孤立したイオンや原子にたいしてさえ，結合エネルギーを定量的に説明することは適いません．そのことは中性ヘリウム原子の場合にもっとも明白に見てとれます．中性ヘリウムの場合，電子軌道の量子化規則では，ヘリウムの紫外線スペクトルの分析によって非常に正確に予言されているイオン化エネルギーを説明することができないのです．このことは，極性分子の一般的な記述のさいには深刻な欠陥ではけっしてありませんが，力学的描像が旨くゆかないということは，ときには，**等極結合**によるような化学結合の理解を進めるうえでの障害となりました．等極結合分子では，価電子の結合のあり方が孤立した原子におけるものとは大きく異なっているので，それらの電子

をその分子に入り込む個々の原子に一意的に割り振ること
さえ不可能であります．その典型的な例は，二つの電子に
よって結びつけられている二つの陽子からなる水素分子に
よって与えられます．水素スペクトルの最初の議論に関連
して，1913年に私は水素分子の単純な模型を提唱しまし
たが，それは，その二つの陽子にかんして対称的に置かれ
た共通の軌道を二つの電子が周回するというものです．こ
の模型は水素ガスのイオン化ポテンシャルや解離熱の値に
たいして正しいオーダーの大きさを与えましたが，これら
の値の厳密な計算には適していませんでした．こうしてふ
たたび直面することになった，定常状態を図式化するにあ
たって力学の使用が限界を有するという事実は，ここでは，
量子化規則にもとづく定常状態の分類そのものがその一意
性を喪失するために，それだけいっそう深刻になります．
ルイスによってきわめてわかりやすく示されたように，
〔二つの〕原子による等価な電子対の共有という一般的な見
方は，とくに有機化学における分子の形成においては，等
極結合を記号化するうえで実り多いことは立証されたもの
の，私たちはここでは，静力学的な配置によるものであれ
あるいは軌道運動によるものであれ，いずれにせよ明らか
に〔時間・空間的な〕直観化の限界を越えているのです．事
実，力学の従来の表象にもとづいて化学反応の要素的過程
をこと細かに説明しようとしても，これらの従来の表象と
量子仮説によって表現されている原子の安定性の考え方が

相容れないために，旨くゆかないのです．しかしこの説明のための適切な基礎は，作用量子の存在に旨く適合させられた新しい記号的方法〔量子力学〕が開発されたことによって，この数年のあいだに与えられることになりました．

　本来の**量子力学**の確立にむけての決定的な歩みは，1925年にハイゼンベルクが，対応論の精神にのっとって，従来の運動学的諸概念を要素的過程とその出現確率にかかわる記号(symbol)でどのように置き換えればよいかを明らかにしたときに，踏み出されました．実際，この記号体系(symbolism)は，ローレンツによる光学的分散現象の古典論のクラマースの手になるスペクトルの量子理論への改造によって特徴づけられるアイデアが目指していたものを，きわめて巧妙に完成させたものと考えることができます．とりわけ，分散のこの対応論的な取り扱いは，化学の諸問題の解明にとって近年きわめて重要な役割を果たしてきたラマン効果を自然なかたちで説明するものでした．実際，その存在が最初にスメカルによって量子仮説にもとづいて示唆されたこの効果は，古典論で期待されるものとはまったく異なっています．古典論では，スペクトル線は調和振動子から生じると考えられているので，スペクトル線は正常分散しか示さないはずなのです．一般的な理論的観点からでは，ハイゼンベルクの記号体系，とりわけボルンとヨ

ルダンそしてディラックの重要な貢献によって拡張されたものは，その範囲内ではきわめて満足すべきものでした．しかしながら，個々の問題の取り扱いにとってきわめて強力であるだけではなく，量子力学の一般原理の解明にも大きく役だつことになるいまひとつの方法が，シュレーディンガーによって開発されました．この方法は，その根っこをたどれば，ド・ブロイのアイデアに由来するものです．ド・ブロイは1924年に，物質粒子の運動にたいして，その振動数と波長が輻射量子〔光量子〕にたいするアインシュタインの基本公式〔$E=h\nu$, $p=h/\lambda$〕によって，〔粒子の〕エネルギーと運動量に結びついている波連を付随させることを提唱しました．その公式は，コンプトン効果の説明にとってたいへんに有効であったものです．よく知られているように，このいわゆる「物質波」というアイデアは，レントゲン線の回折とおどろくほど似ている結晶による電子線の回折という，デヴィソンとガーマーおよびG. P. トムソンによる注目すべき実験を完全に説明するものでした．デバイによるレントゲン線をもちいた構造解析の巧妙な方法と同様に，この電子線の回折は，有機物質の分子構造の研究にさえたいへんに役だつことが最近になって判明しました．しかし，電子の振る舞いを説明するにあたって波動像がなみはずれて有効であるからといって，物質媒質中での通常の波動の伝播や電磁波における非物質的エネルギー移動との完全なアナロジーにまったく問題がないわけではあ

りません．ここで私たちがかかわっている物質波は，しばしば「光子(photon)」と呼ばれる輻射量子の場合と同様に，古典物理学の表象をもちいてはそれ以上分析することのできない要素的過程の出現を支配している確率法則の定式化に役だつ記号なのです．この意味において，「光の粒子的性質」であるとか「電子の波動的性質」というような言い回しは，曖昧なところがあります．というのも，粒子とか波動というような概念は古典論の範囲内でのみよく定義されているのですが，その古典論においては，もちろん光および電子はそれぞれ電磁波および物質粒子とされているからです．

　シュレーディンガーの方法の化学の問題への適用について言うならば，なによりもその方法の利点は，その節の数がスペクトル項の分類にもちいられた量子数に直接に関係している定常波で定常状態が表されるという啓発的な描像にあります．実際，ド・ブロイのもともとのねらいは，ほかならない，電子軌道の量子数を振動の節によって直観的に表すことにありました．それでも，シュレーディンガーの波動関数が記号的なものであるという側面は，複数個の電子をもつ原子系の場合にその表現にとって多次元座標空間〔配位空間〕の使用が不可欠であるという事実に直接的に見てとれます．この事情は障害であるどころか，まさにこのことによってパウリの排他原理を単純で一般的なかたちで定式化することが可能になるのです．排他原理のこの定

式化では，複数個の電子よりなる系の場合，それらの電子はたがいに区別できずそのために波動関数のなかでは等価な役割を担っていますが，それらの電子よりなる系の波動関数は空間座標とスピン座標の両方にたいしてけっして対称になることはありません．パウリの原理のすでに仄めかしておいた非直観的な性格は，この定式化において電子のスピンという表象が演ずる役割にも，明白に見てとれます．実際，新しい発展にむけてのもっとも傑出した寄与のひとつはディラックによる電子の量子論でありますが，そこでは，作用量子のほかには古典的な相対論的電子論の諸概念のみをもちいた記号的手続きでもって，それまでは電子の磁気モーメントや角運動量〔スピン〕に帰せられていたすべての効果が説明されています．排他原理の量子力学的な解明を私たちはディラックとならんでハイゼンベルクに負っていますが，ハイゼンベルクは，中性ヘリウム原子の波動関数に二つの電子の空間座標がそれぞれ対称的なものと反対称的なものの二つがあることに対応してそのスペクトルには二つのたがいに結合しない項の系列が現れること〔ヘリウム・スペクトルの二重性〕が，排他原理に由来するものであることを示しました．じつは，このいわゆるオルソ系列とパラ系列の存在は，ヘリウム気体をオルソ・ヘリウムとパラ・ヘリウムという二つの仮説的な成分に分離しようとした化学者の努力が頓挫して以来の難問なのでした．ヘリウム原子の標準状態〔基底状態〕はパラ系列に属してい

ますが，オルソ系列の第1項は，その注目すべき性質がフランクによってはじめて指摘された，ヘリウム原子のいわゆる準安定状態に対応しています．ヘリウム原子の構成という問題についての非常に興味深い最近の寄与は，ヒレラスによるものです．彼は波動力学にもとづいて波動関数の厳密な数値的評価の方法を開発し，スペクトルの証拠から得られるものと実験誤差の範囲内で一致するイオン化ポテンシャルの値を導きました．実際この結果は，複数個の電子を含む原子の構成に依存した定数のはじめての定量的な導出なのです．ごく最近になって，ヒレラスの計算は，ベリリウム，ホウ素，炭素のそれぞれの1価，2価，3価に帯電したイオンから放出されるスペクトルについてのエドレンの分析によって，さらに見事に確かめられました．三つ以上の電子をもつ原子やイオンにたいしては，スペクトル項の厳密な計算はこれまでのところはまだ行われておりません．それでも，このような原子にたいしてもハートリーの近似法で導かれた波動関数が有用なこと，とりわけレントゲン線の分散を決定する原子内での電子の空間的分布の説明に役だつことが判明しています．

　排他原理が組み込まれた量子力学という秀逸な道具は，孤立した原子の諸性質のたちいった扱いにとってぜひとも必要とされるだけではなく，分子構造の問題にとっても欠かすことのできないものであります．この問題にとっては，いわゆる**バンド・スペクトル**の研究が基本的でありますが，

それは，原子構造にとってスペクトル系列の研究が基本的なのと同断であります．後者のスペクトルが私たちに原子内での電子の結合状態にかんする情報を与えてくれるのと同様に，バンド・スペクトルの分析によって，私たちは分子内での電子の結合についてだけではなく，さらには原子核の相対的な振動や分子全体の回転の状態について，知ることができます．この問題が一歩一歩段階的に解明されていった過程は，理論分光学の一般的発展の興味深い実例を与えてくれます．極性分子の赤外吸収バンドは，構成イオンの相対的振動の結果として，古典電磁理論によりすでに満足のゆくかたちで説明されていました．そしてこの説明は，〔原子における〕電子の結合状態の変化の結果としてのスペクトルの場合と異なり，量子論においても手直しの必要はほとんどありませんでした．というのも，イオンの質量が十分に大きいため，いくつもの量子を含む振動でさえ平衡点の近傍での微小な調和振動と見なしうるからなのです．原子系の全体としての並進運動や回転運動のスペクトルへの影響にかんする古典論の予測は，最初はレイリーによって議論されました．気体分子の熱的並進運動の励起の結果としてのスペクトル線の広がりにかんする彼の議論は，〔そのスペクトルを〕放出する原子系の質量を調べるためには今なお有効ではありますが，熱的回転運動の影響にかんする予測は，原子の質量の本質的な部分がその慣性モーメントに寄与しない有核原子模型が提唱されるまでは，原子

のスペクトル線の観測される鋭さを説明するには根本的な困難を有していました．しかし分子の場合には，1912年にビエルムによってはじめて認められたように，熱的回転運動は赤外吸収バンドの形状にとっては本質的でした．彼の考察は，原子の構造についての特定の考え方とはまったく無関係で，彼は，アインシュタインの比熱の量子論にならって，考察しているバンド・スペクトルはその各成分が異なる回転量子数に相当する微細構造を示すはずであるという，重要な予測をしたのです．スペクトル線の起源にかんする現在の考え方にもとづけば，微細構造についてのこの解釈は，スペクトルの各成分が単一の回転状態に関連づけられるのではなく回転や振動量子の変化をともなう遷移過程から生じるという意味では，手直しされなければなりません．にもかかわらず，結果として得られた赤外吸収バンドの微細構造は，このような遷移過程にたいする対応論から導かれた選択規則のおかげで，ビエルムにより予測されやがて観測で立証された一般的なタイプのものでした．量子力学の洗練された方法によってはじめて可能となったこのバンド・スペクトルの完全な分析によって，いくつもの異なる振動状態における分子の慣性モーメントの一意的な決定が可能となり，その結果，原子核の空間的配置を精密に読み取ることができるようになりました．光学領域のバンド・スペクトルの場合には，化学反応におけるエネルギー交換の原因となる電子結合の本質的な変更をともなう

遷移を扱わねばならず，結合原理と対応論にもとづくこのスペクトルの分析は，このような反応にかんする貴重な情報を与えてくれました．ここでは量子力学の方法は，最初にハイトラーとロンドンによって示されたように，等極結合の理解にとってとくに有効でした．このように化学「結合」は，原子の安定性の時間・空間的描像による明白な直観化を許容しない側面に，本質的に関連していることがわかります．この分野では，これまでのところはいかなる定量的な結果も得られてはいませんけれども，その根底にある考え方は，バンド・スペクトルの分析に関連して，化学者たちが誤ることのない洞察力に導かれて解きほどいてきた有機化合物にかんするおびただしい量のデータを議論するための信頼するにたる基礎を提供するのに十分な程度には，発展してきています．

　それ自体が化学と量子論についての講義の恰好の主題であるこの点をさらにくわしく敷衍するというのは，はなはだ心惹かれることではありますが，そうすればもっと技術的な面で細部に踏み込まざるをえなくなり，今回の講演の計画で許される範囲を越えてしまうでしょう．しかし他の諸問題に話題を移すに先だって，いわゆる**量子統計**の原子核との関係にかんして分子スペクトルの解釈から導き出される重要な結論について，簡単に論じておくことにしましょう．ここでの出発点は，ハイゼンベルクとフントによって，二つの同一原子よりなる分子のスペクトルの回転バン

ド内に生じる特異な強度交代のなかに見出されました．このような対称な分子の回転は，古典論では回転振動数のいかなる輻射ももたらさずただ２倍の振動数の輻射のみをもたらすという事実に対応して，量子論では回転状態は回転量子数がそれぞれ偶数か奇数かで特徴づけられる二つのたがいに結合しない組に分かれます．デニソンによって示されたように，この結果は，長いあいだ量子統計にもとづくいっさいの解釈の試みを拒んできた低温での水素の比熱のオイケンによる測定によって，印象的に確かめられました．実際，水素分子の二つのタイプの回転状態のあいだの遷移が不可能であるために，このような測定条件では，熱平衡は状態の二つの組のそれぞれの内部でのみあり，それらの組のあいだにはありません．そのため，きわめて低温でさえ分子は両方の組の回転状態にあり，それらはヘリウム原子の定常状態の分類とのアナロジーから，オルソ状態，パラ状態と呼ばれます．ごく最近になってボンヘッハーとオイケンは，すべての分子をヘリウムの標準状態と類似の最低のパラ状態にもたらすのに成功しましたが，それは，熱平衡の確立を促進する特別な条件のもとでのみ可能となったのです．これらの注目すべき現象の定量的解釈のためには，水素分子のすべての波動関数は，その電子の波動関数が位置座標とスピン座標にかんして反対称であるだけではなく，同じように定義された陽子の座標にたいしても反対称であるという意味で，陽子が電子のものと同じ排他原理

にしたがうと仮定することが必要となります．この結論は，水素の回転バンドの内部での強度変化と完全に一致しています．さらにその回転バンドの分析は，分子の慣性モーメントにたいして比熱の理論から導かれたものと同一の値を与えています．しかし，〔過渡的に存在する〕ヘリウム〔分子 He_2〕のバンド・スペクトルの研究の結果，新しい重要な特徴が明らかになりました．じつはこの場合には，二つの原子核の空間座標にかんして波動関数が対称であることが判明したのです．原子核にたいしては，スピンは考慮されていません．ここで私たちは，プランクの黒体輻射の法則を光子表象にもとづいて説明するために，最初にボースによって導入された統計と同様の統計に出会うことになります．この形式的な類似性にもかかわらず，ここで私たちが扱わなければならない統計の古典論の考え方からの顕著な離反は，対応論の観点からは，光子の場合とヘリウム原子核のような物質粒子の場合で重要な違いを示しています．前者の場合には，すでに強調しておいたように，この離反は光子という表象の記号的性格に結びついています．実際，作用量子を無視することができ，それゆえこの表象のいかなる痕跡もが消滅する極限では，考察している種類の統計は古典論による電磁輻射の場の扱いに帰着します．それに反して古典論の観点からははっきり定義された概念である物質粒子の場合には，作用量子の存在が無視され粒子が個別の力学的存在物として扱われる従来の統計力学の範囲内

では，新しい量子統計はいかなる一意的な適用も見出すことはありません．この事情は，量子力学においては，私たちは根本的に異なる2種類の統計，すなわちボース統計のほかに排他原理にもとづくいわゆるフェルミ統計を有しているという，まさにそのことからも明らかです．これらの統計が本質的に非直観的な性格のものであることは，原子にかんするきわめて広範な問題においてそれらがきわめて有効であることを妨げるものではありません．たとえばゾンマーフェルトの手により，フェルミ統計は，金属中での電気伝導やそれに類似の現象の理解にとって欠かせないことが示されましたし，また，最近モットによって示されたように，ヘリウム中での α 線の散乱の説明には，ボース統計が必要とされます．

このかなり駆け足での説明では，新しい量子力学の美しさや整合性について，それにふさわしい印象を与えることは適いません．新しい量子力学をもっとも喜ぶことができたのは，私がこの講演で素描した考え方の発展をその初期の段階からたどってきた者でありましょう．この発展が，古代の原子論の学派の哲学者たちを鼓吹しました物理学と化学の発展にとってきわめて実り豊かであった理想から私たちをしだいしだいに引き離していったことは，たしかに否めません．しかしこの幻滅は，その見返りとして，自然現

6. 化学と原子構造の量子論   149

象についてのより包括的であえて言うならばよりとらわれのない見方へと，私たちを導きました．実際，私たちは，作用量子が存在しているということは，古典物理学のすべての観念のみならず日常的経験についての私たちの説明のもとにある諸観念すら，原子の構造の問題にかんしては本来的な限界を有しているということを意味しているのだと認めます．事実，要素的量子の存在の結果，すべての測定には対象と測定装置のあいだに有限の相互作用がまつわりつくために，時間や空間というような基本的な概念さえその曖昧さのない適用は本質的に制限されることになります．この点を理解するためには，現象を記述するにあたってこの相互作用をもれなく考慮に入れることができないという事情を思い起す必要があります．というのも，時間と空間の座標系の定義そのものが，対象の測定装置への反作用を無視するということを暗黙のうちに含意しているからです．たとえば，原子の構成粒子の時間・空間座標を確定しようとする試みには，どうしても測定用の時計や物差しとの本質的に制御不可能なエネルギーと運動量の受け渡しが避けられず，そのことは，その原子的粒子の測定以前の動力学的振る舞いと測定以後の振る舞いの一意的な関連づけを妨げることになります．逆に，たとえば原子の反応におけるエネルギー保存のような保存法則のどのような適用も，個々の原子的粒子の時間・空間的な追跡の本質的な断念をともなっているのです．言い換えれば，〔エネルギーの定

まった〕定常状態という表象の使用は，時間・空間的描像の適用とはたがいに排他的な関係にあります．この事情は，二つの〔共役な〕力学変数の値は一般には同時に決定できず，それが曖昧さなく評価される限界はハイゼンベルクの**不確定性原理**として知られている特異な相反関係で与えられるという，量子力学の形式と正確に対応しています．この原理は，古典論の諸概念を適用しうる範囲を定めるもので，古典論の諸概念の手の届く範囲の外にある原子の安定性についての基本法則を理解するために必要とされるものなのです．それゆえ問題の本質的な不確定性を，自然現象のすべての説明のもとにある因果性の理想からの一方的な離反を意味するものと受け取ってはなりません．たとえば，定常状態の観念に関連してのエネルギー保存の使用は，ほかでもない古典論での運動エネルギーの定義の基礎にある運動という表象が原子構造という分野では曖昧になるということを私たちがはっきり理解するならば，とくに著しいことではありますが，因果性の維持を意味しています．上に述べた議論で強調してきたように，時間・空間的な座標付けと動力学的保存則は，**従来の因果性の二つの相補的側面**であり，それらはこの分野では，そのどちらもがその固有の有効性を失うことはないけれども相互にある程度排除しあうものである，と考えることができます．この意味において，私がこの講演の最初に述べたように，物理学者と化学者のそれぞれのまさに態度のなかに，自然法則の理解の

ためには同じように欠かすことのできない二つの相補的な観点を，私たちは認めるのです．

　原子論における確率概念の役割を正しく理解するためには，古典論での自然現象の記述において意図されていた出来事の経過の全体にわたる完全な掌握なるものは，初期条件の選択が完全に自由であるということを必須の前提として含んでいることを思い起すことが，とりわけ重要であります．しかし，古典論の意味での初期条件を定義する可能性すら持ち合わせていない要素的遷移過程の出現のような場合には，対応論の意味での確率論的考察に頼ることで満足しなければなりません．作用量子の発見によって創り出された状況は本質的に新しいものであるにもかかわらず，ここで私たちがかかわらなければならない固有の特徴は，原子論において馴染みがなかったわけではありません．典型的な例は熱の統計理論によって与えられていますが，それによるならば，まさに〔諸物体の〕温度という概念そのものが，問題としている物体中の原子の振る舞いについてのたちいった記述と排他的な関係にあるのです．ボルツマンによる確率をもちいたエントロピーの解釈に含まれていた，個々の力学的過程の一般的な可逆性とエントロピー増大則のあいだの見かけ上の矛盾を解決することを可能としたのは，ほかでもない，マックスウェルの速度分布則に暗に含まれそして統計熱力学のギブズによる取り扱いにとくに顕著に見てとれるこの点なのです．実際，温度の均等化に示

されているような熱力学的非可逆性は, 出来事の経過の逆行が不可能であることを意味しているのではなく, このような逆行の予言はさまざまな物体の温度の知識を含む記述の一部ではありえないということを意味しています. この状況は, 量子力学の記述に固有の特異な非可逆性との注目すべき類似性を示しています. 実際, 量子論の記号体系においては, 古典論の運動法則の可逆性は形式的には維持されていますが, 与えられた時刻における系の状態を定義するにあたっての古典論の諸概念の使用における不確定性は, この記号体系の物理学的解釈における本質的な非可逆性を意味しています. 量子力学においても熱力学においても, その記述は, 従来の力学の意味での明確に定義された現象を云々することが不可能であるということに関連して, 出来事にたいする私たちの制御に課せられている本質的な制約をともなっています. もちろん, この制約の由来は, その二つの場合でまったく異なっています. 実際, 統計熱力学では, そもそも力学的諸概念が出来事をたちいって説明しえないということなのではなく, このようなたちいった説明が温度の定義とは両立しえないということが問題なのです. それにたいして量子力学では, 原子の安定性についての基本的法則とすべての測定の解釈が依拠しなければならない古典力学の諸概念とが本質的に両立しえないということが問題なのです. 実際, すでに見てきたように, 原子的現象を記述するにあたって「相補性」の観点が必要とさ

れるのは作用量子の存在によって私たちに強いられていることであり、それはちょうど、古典物理学においては相対性の観点がすべての電磁的相互作用の伝播〔速度〕の有限性によって強いられているのと同断なのです．この意味において量子力学は、自然現象の適切な記述のための私たちの道具の発展における一歩進んだ段階を表すものであるということができます．

しかしながら、量子力学の記号体系を適用しうる範囲は、古典電子論の場合と同様に、要素的電気的粒子〔電子〕の特有の安定性を〔与えられた事実として受け入れ〕考察の範囲外に留めておくことの可能な問題に本質的に限られています．この点にかんして言うならば、古典論においてさえ、電子の存在は力学的概念や電磁気学的概念の適用可能性に本質的な制限を課すものである、ということを忘れてはなりません．実際、電磁力の伝播〔速度〕が有限であるということは、それにともない、電子を帯電した質点と見なすという理想化が正当化される領域の広がりの下限を定義するものとしての基本的長さ、すなわちいわゆる「〔古典〕電子直径」が存在することを意味しているのです．電子の電荷をさらに小さい空間領域に凝集させることは、その質量を本質的に変化させることになるだけではなく、ここで私たちは慣性質量という観念の曖昧さのない使用の限界にすら直面することになります．実際私たちは、〔古典〕電子直径と同程度の経路長の内部で電子が光速と同程度の速度変化

を行うような過程を考察するならば, ポンデラモーティブ力と輻射の反作用を厳密に区別するためのどのような単純な根拠をも喪失するのです. このような考察は, 運動の分析に本質的な制限を課する作用量子の存在のために, その意味をかなりの程度失うことは, 確かです. 原子の安定性の問題に適用されたときに量子力学が実り豊かである所以は, 核外のもっとも強く束縛された電子でさえ, それに割り当てられている領域の寸法〔10^{-8} cm〕が古典電子直径〔10^{-13} cm〕にくらべればはるかに大きいという, まさにその事実にあります. それと同時に, すでに言及した, そして量子力学の記号体系の相対論的不変性という観点への適合にむけてのもっとも重要な一歩を表しているディラックの理論は, 電子の固有の安定性を作用量子の存在と折り合わせることにともなう基本的な困難の今まで知られていなかった側面を暴き出しました. 実際, ディラックの理論形式には, 正常の状態に対応する電子の状態から比電荷の符号が逆転するいわゆる負エネルギー状態への遷移確率が含まれ, その遷移にともなうエネルギー変化は, アインシュタインのよく知られた関係によれば, 電子の慣性質量に相当する臨界エネルギーを上まわっています. このタイプの遷移は理論上はきわめて頻繁に起り, 水素原子でさえきわめて高い振動数の輻射を放射して瞬間的に壊れてしまうことになります. ディラック自身は, 原子構造における完全な電子殻と同様に, 負エネルギーのすべての状態は通常は

完全に埋まっていると仮定することで,望ましくない遷移過程が排除されるようにその形式を拡張し,こうしてこの困難を克服するという興味深い試みを行っています.しかしこのような考察は,対応論を適用しうる限界を越えているように思われます.そして,電子を帯電した質点と見なす理想化にもとづくどの記号体系にも固有のこの困難は,量子力学の路線にそった電磁場の理論〔すなわち電磁場の量子論〕を作りあげようというハイゼンベルクとパウリの最近の試みにおいても,きわめて教訓的なかたちで現れています.事実,彼らの理論形式は,スペクトルにかんする証拠を定常状態という考え方にもとづいて解釈するさいの基礎にある,電磁輻射の場と電子の結合が小さいという事実や,電子の質量が有限であるという事実とは矛盾する結果に導きます.このような事情にあるので,原子の問題にたいする対応論に依拠したすべての攻略法は**本質的に近似的な手続き**であるということを,私たちは強く思い知らされます.その近似的な手続きが可能になったのは,素電荷〔e〕の2乗の光速〔c〕と作用量子〔h〕の積にたいする比が小さく〔$e^2/hc=1/(2\pi\times 137)\ll 1$〕,そのために核外電子の振る舞いを考察するにあたって相対論的量子力学の困難性をかなりの程度回避することができるという,そのことのみに負っています.電子と陽子の質量比と同様に,この比〔e^2/hc〕は,原子的現象についての私たちの描像全体にとって基本的な無次元の定数であり,理論的にそれを導き出

すことはこれまできわめて興味深い思索の対象でありました．これらの定数の決定は，そこには要素的電気的粒子の存在や作用量子の存在がともに自然なかたちで組み込まれている，そのような一般的で内部矛盾のない理論の必須の部分であろうと私たちは期待しなければなりませんが，ともあれこれらの問題は，量子論の現在の形式の手の届く範囲の外にあるように見えます．量子論の現行の形式では，原子性のこの二つの基本的側面の完全な独立性は，欠かすことのできない仮定なのです．

―――――――――――――

　この事情は，**原子核の構造**という問題に眼を転ずるときには，とりわけ心に留めておかなければなりません．すでに見てきたように，原子核の質量や電荷についての経験的証拠やあるいは原子核の自発的な崩壊や励起状態からの崩壊にかんする証拠によって，私たちはすべての原子核が陽子と電子から構成されているという仮説へと導かれました．それにもかかわらず，もっとも単純な原子核についてさえ，その構造をよりたちいって吟味するならば，そこでは量子力学の現在の形式がどうしても旨くゆかなくなることがわかります．たとえば，四つの陽子と二つの電子とが一体となってどうして安定なヘリウム原子核が形成されるのか，このことの説明すらお手上げなのです．明らかにここでは私たちは，点状の電子という仮定にもとづくすべての理論

形式の適用可能な範囲の外におります．そのことはまた，ヘリウム中での α 線の散乱から導かれるように，ヘリウム原子核の大きさが古典電子直径と同程度であるということからも見てとれます．まさにこの事情が，ヘリウム原子核の安定性は，電子そのものの安定性とその存在によって古典電気力学に課せられた限界に不可分に結びつけられていることを示唆しています．しかしこのことは，通常の対応論にもとづくこの問題へのいかなる直接的な攻略も核内電子の振る舞いにかんするかぎりは非力である，ということを意味しています．陽子の振る舞いにかんしては，その質量が比較的大きいために，原子核の大きさ程度の寸法の内部でさえ空間座標という観念の一意的な使用が許されるので，事情はまったく異なります．もちろん，電子の安定性を説明する一般的で内部矛盾のない理論が存在しないという現状では，ヘリウム原子核内に陽子を閉じこめておく力を直接的に見積ることはできません．しかし，〔質量とエネルギーにかんする〕アインシュタインの関係をもちいていわゆる質量欠損から計算された原子核の形成のさいに解放されるエネルギーが，知られている原子核の寸法から量子力学にもとづいて期待される陽子の結合エネルギーと近似的に一致していることは，興味深いことです．実際，この一致は，電子の質量と陽子の質量の比が原子核の安定性の問題において基本的な役割を果たしていることを指し示しています．この点において，原子核の構造という問題

は核外電子配置の構造の問題とは，特徴的な違いを示しています．というのも，この後者の電子配置の安定性はその質量比とは本質的に無関係だからであります．ヘリウム原子核からより重い原子核に眼を転じると，もちろん原子核の構造の問題はさらに複雑になってゆきますが，それでも α 粒子〔ヘリウム原子核〕が他と区別された実体としてこれらの原子核の構造に入り込んでいるとかなりの確度で考えられるという事情のため，問題はある程度は簡単になります．このことは，放射能の一般的事実から示唆されているだけではなく，同位体の原子量にたいするアストンの整数法則によって表されている付加的な質量欠損の小ささからも見てとれます．

　原子核の構造にかんする知識の主要な源泉は，その崩壊の研究にありますが，通常のスペクトル分析からも，重要な情報が得られます．すでに述べたように，スペクトルの超微細構造からは，原子核の磁気モーメントと角運動量にかんするいくつかの結論を導き出すことができ，そして，バンド・スペクトルの強度変化からはその原子核がしたがっている統計を推測することができます．予想されたことですが，これらの結果の解釈は大部分は現在の量子力学の守備範囲の外にあり，とくにスピンという表象は，最初にクローニヒによって強調されたように，核内電子には適用できないことが見出されています．この事情は，核の統計にかんする証拠からは，とくに明白に見てとれます[9]．す

でに述べたように，ヘリウム原子核がボース統計にしたがうということは，電子や陽子のようなパウリの排他原理を満たす粒子の偶数個よりなる系にたいして，まさに量子力学から期待されることであります．しかし，統計にかんするデータが使用可能な次の原子核，すなわち窒素原子核は，奇数個の粒子すなわち14個の陽子と7個の電子から構成され，それゆえフェルミ統計にしたがうはずなのに，実際にはこれもボース統計にしたがっています．じつはこの点にかんする一般的な実験的証拠は，偶数個の陽子を含む原子核はボース統計にしたがい，奇数個の陽子を含む原子核はフェルミ統計にしたがう，という規則に服しているように思われます．一方では，統計を決定するにあたっての核内電子のこのいちじるしい「受動性」は，実際，独立した力学的実体という表象は電子に適用されたときには本質的な限界をもつということを，きわめて直截に示しております．厳密に言うならば，原子核が一定数の電子を含むということさえ是認されないのであり，ただ単に，その負の電荷は素電荷の整数倍に等しく，この意味で，原子核からの β 線の放出は力学的実体としての電子の生成と見なしうる，としか言えないのです．他方で，核の統計にかんするすぐ上に述べた規則は，この観点からでは，核内の α 粒子や陽子の振る舞いにかんしては量子力学的な扱いが本質的に妥当であるという事実を支持するものと見なすことができます．実際，このような取り扱いは，自発的なものである

と制御されたものであるとを問わず，原子核の崩壊を説明するという点においても大変に有効でした．

　ラザフォードの基本的な発見〔1919 年の原子核の人工的変換〕以降の 10 年間に，とくに彼の指導のもとにキャヴェンディッシュ研究所で遂行されたこの新しい分野での精力的な研究によって，この問題にかんするきわめて重要なデータが大量に蓄積されてゆきました．理論的な観点からでは，それが提唱された時点では他とまったく無関係できわめて大胆な仮説であった基本的な**崩壊法則**の定式化にさいしての確率論的考察の使用が，量子力学の一般的な考え方に完全に合致したものであるということの発見が，原子論の最近の発展におけるもっとも興味深い成果のひとつであります．この観点は，すでに量子論のきわめて初期の段階に，アインシュタインにより，要素的輻射過程についての彼の確率法則の定式化に関連して先鞭をつけられており，さらにロスランによって，その逆散乱〔第 2 種衝突〕についての実り多い研究で強調されたものです．しかし，放射性崩壊の踏み込んだ，そして α 線の散乱からラザフォードが導き出した原子核の大きさと完全につじつまのあう解釈のための基礎をはじめて提供したのは，波動力学の記号体系なのです．コンドンとガーネイにより，そして独立にガモフにより指摘されたように，波動力学の定式化は，原子核の単純な模型と結びつけられることで，α 崩壊の法則とそしてまたガイガー‐ヌッタルの法則として知られている

親元素の寿命と放出される α 線のエネルギーのあいだの特異な関係にたいして，啓発的な説明を与えたのです．とくにガモフは，原子核の諸問題の量子力学的な扱いを α 線スペクトルや γ 線スペクトルのあいだの関係の一般的な定性的説明にまで押し広げるのに成功しました．そこでは定常状態や要素的遷移過程という表象が通常の原子の反応や光学スペクトルの放出の場合と同一の役割を果たしています．この考察においては，α 粒子はボース統計にしたがいそれ自体の相互作用によって核内に閉じこめられているのにたいして，電子はフェルミ統計にしたがい原子核の引力によって原子内に束縛されているという違いを別にすれば，原子核のなかの α 粒子は原子における核外電子と同様に扱われています．このことは，その他のいくつもの原因のなかで，励起した原子核からエネルギーが γ 線として放出される割合の小さいことの原因になっています．その割合は，そのような原子核とそれを取り巻く電子の集団との内部転換と呼ばれている力学的エネルギーの交換の割合とくらべられる程度の小ささなのです．実際，別々の正と負の粒子から構成される原子とちがって，α 粒子のみから構成された原子核のような系は電気的モーメントをもつことはけっしてありません．そしてこの点にかんしては，現実の原子核でのように陽子や負の電荷がさらに追加されても，それほど大きな違いが生じるとは期待されません．対応論のこのような単純な適用を別にすれば，負電荷に本

質的に依存しているにちがいないと想定される核内の α 粒子や陽子に働く力についてはまだわかっていないために，現時点では，理論的にこれ以上の定量的な予言をすることは不可能です．しかし，この力を調べる有望な手段が制御された崩壊やそれに類似した現象によって提供されています．それゆえ，α 粒子や陽子の振る舞いにかんするかぎりは，量子力学によって原子核の構造についてのくわしい理論を段階的に作りあげてゆくことが可能であり，逆にそこから私たちは，原子核の負の電荷〔核内電子〕の問題によって原子論に提起されている新しい側面についてのさらなる情報を得ることができるでしょう．

　この最後の問題にかんして言うならば，**β 線の放出**のさいに示される奇異な特徴に，ごく最近おおきな理論的関心が寄せられています[10]．一方では，親元素は，α 崩壊の場合とまったく同様の単純な確率法則で表されるきまった崩壊の割合を示しています．他方では，一回の β 崩壊で放出されるエネルギーは広い連続領域のあいだに変化することが見出されていますが，それにたいして α 崩壊で放出されるエネルギーは，付随する電磁輻射や力学的なエネルギー変換をしかるべく考慮するならば，同一の元素のすべての原子にたいして等しいことがわかっています．それゆえ，原子核からの β 線の放出が予想とちがって自発的過程ではなくてなんらかの外的な影響によって引き起こされるというのでないかぎり，β 崩壊にたいしてエネルギー保

存原理が適用されるのであれば，与えられた放射性元素の原子は原子ごとに異なるエネルギーを含有しているということになります．個々の原子ごとのこのようなはっきりしたエネルギーのばらつきは，それに対応する質量変化はあまりにもわずかで現在の実験技術では検出不可能ではありますが，しかし，原子のそれ以外の性質と折り合わせるのがきわめて困難です．第一に，非放射性元素の領域では，そのようなばらつきに類似のものはまったく見られません．事実，核の統計にかんするかぎり，同一の電荷をもち実験誤差の範囲で同一の質量を有するどのタイプの原子核も，量子力学の意味できまった統計にしたがうことが知られていますが，そのことは，そのような原子核が近似的に等しいのではなく本質的に同一であることを意味しています．この結論は，私たちの議論にとってはさらに重要です．というのも，核内電子については理論がなにもない状況では，考察しているその同一性が，与えられた定常状態にある元素のすべての原子の核外電子の配置の同一性のような，量子力学の結果なのではけっしてなく，原子の安定性の新たな基本的特徴を表すものであるからです．第二に，ある放射性系列の β 線発生にひきつづくないしはそれに先行する成員からの α 線や γ 線の放出にかかわる放射性原子核の定常状態を調べてみても，ここで問題にしている種類のエネルギーのばらつきの証拠はまったく見つかりません．最後に，β 線放出によって解放されるエネルギーがばらつ

いているにもかかわらず，崩壊の割合が一定であるという α 崩壊や β 崩壊の共通の特徴は，β 崩壊の生成物にたいしてさえ，その親原子のすべてとの本質的な類似性を示しています．電子や陽子の特有の安定性と電気および作用の要素的量子の存在のあいだの関係をも包摂するような一般的で内部矛盾のない理論がいまだ存在しない状況では，この問題にかんしてはっきりした結論を語ることはたいへん困難です．しかし原子論の現段階では，β 崩壊の場合にエネルギー原理を維持すべしという論拠を私たちは理論的にも実験的にも持ち合わせておらず，それを維持しようとするならばむしろ混乱と困難に陥りさえする，と言うことはできるでしょう．もちろん，この原理からの根底的な離反は，その過程が可逆な場合には奇異な結論をもたらすことになります．実際，もしも衝突過程で電子が原子核に取り付いていったんその力学的な個体性を喪失しその後にあらためて β 線として再生されるということが可能ならば，この β 線のエネルギーは，一般にはもとの電子のエネルギーと異なることになるでしょう．物質の通常の物理学的・化学的諸性質の説明にとって本質的な原子構造の特徴を説明するためには，因果性という古典論の理想を断念せざるをえなかったのとまったく同様に，原子核の諸性質や存在の根拠となるより深層にある原子的安定性の特徴のために，私たちはエネルギー保存というまさにその観念を放棄せざるをえないのかもしれません．私は，このような思弁や，星

のエネルギー源についての激しく論じられてきた問題にとってそれがもつかもしれない意味については，これ以上はたちいるつもりはありません．ここで私がそれらの問題に触れたのは，主要には，原子論においては，最近の全面的な発展にもかかわらず，今なおさらなる驚きに直面する用意ができていなければならない，ということを強調したいためであります．

　原子論の現状を判断するにさいしては，古典論にもとづく自然現象のすべての記述は通常の物質的物体には本来的に安定性が備わっているということに依拠しているのであり，それゆえ，この安定性それ自体が考察の対象となるような科学の領域では自然哲学の新しい側面に出会うであろうということに驚いてはいけない，ということを認識するのが本質的であります．この状況にかかわる未解決の困難を追究するにあたっては，私たちは誰よりも，未踏の領域を歩き回るさいに自然の秘密を解明するための信頼するに足る導きを自然そのもののなかに見出してゆく術を知悉していた，ファラデーのような人物の例により力づけられます．このような努力に導かれて得られたものの見方が馴染みの薄い性格のものであるために，それはしばしば神秘的なもののように見えますが，ヘルムホルツが力強く強調したように，他の誰にもましてファラデーが「科学を形而上

学の最後の残渣から純化する」という大きな目的に寄与することができたのも，まさしくファラデーの普遍的な科学的方法に負っているのです．この講演をしめくくるにあたって，原子論の近年の努力が，この点においてファラデーが私たちに提示している偉大なる範例を裏切ることはなかったし，また化学者と物理学者がそれぞれの分野で蒐集してきた知識を調和させる方向にむかっている自然哲学のこの新しい側面は，科学的精神とは無縁な神秘主義を宿しているどころか，偉大なる共通の目標に寄与してきたことがやがて判明するであろうという希望を表明することを，許していただきたいと思います．

7. 原子の安定性と保存法則*

　原子の安定性という本質的特徴を説明するということは古典物理学理論の射程を越える問題ではあるが，よく知られているように，原子的現象の説明において従来の力学や電磁気学の概念をひろく使用すること，そしてなによりも古典物理学において際だった役割を果たしているエネルギー保存則を維持することは，これまでのところは可能であった．ところがごく最近になって，原子核から電子が放出される放射性崩壊〔β崩壊〕にたいしてエネルギーの概念が一意的に適用しうるのかという点について，重大な疑念が提起されている．その過程は，その他の点においても現在の原子論の適用を拒んでいるのである．以下の所見は，この問題をめぐる議論への導入として役だつであろう．

§1. 原子力学の基礎

　原子的現象にたいする現時点での扱いの基礎は，究極的な電気的粒子〔電子〕と要素的作用量子の発見にある．それらはまったく異なる方面の実験的証拠によるものであり，

＊　本稿は，会議での議論の過程で著者によってなされた論評に手を入れて仕上げたものである．ここで披露されている見解は，*Journal of Chemical Society*, 1932, p. 349 に公表された化学と量子論についての講演〔本書論文6〕においても論じられている．

現段階の原子論では，本質的に異なるそしてまた独立なやり方で導入されている．

粒子の固有の性質〔つまり電荷や質量〕の定義は，古典力学と電気力学の直接的適用にもとづいている．もちろんこれらの古典論においては，電子や陽子の存在やその特有の安定性を説明することは不可能であるが，しかしこの安定性を所与の事実として受け入れることで，粒子の存在が電磁場の古典論と結合されている，そのような高度に整合的な体系を築きあげることはこれまでのところは可能であった．いわゆる古典電子論と呼ばれているこの体系は，エネルギーと運動量の保存法則を満たすように作られていて，輻射効果を包摂するように古典力学を適切に拡大したものであると言うことができる．それでも，この古典電子論はいわゆる〔古典〕電子半径[1]

$$d = \frac{e^2}{mc^2} [= 2.8 \times 10^{-13} \text{ cm}] \qquad (1)$$

に象徴される本質的な限界に服している．ここに e と m はそれぞれ電子の電荷と質量であり，c は光速である．よく知られているようにこの半径は，電子の電荷をその質量に本質的に影響をおよぼすことなく集中させることの可能な領域の下限を定めるものであり，それゆえ帯電した質点としての電子という理想化の許される限界を表している．そして力学的諸概念の一意的な使用は，まさにこの理想化にもとづいているのである．

粒子という表象は古典力学と両立可能であるばかりか，古典力学の基盤を形成するとさえ言うことができるが，その粒子の表象とちがってほかならぬ作用量子という観念は，従来の力学の立場からではある非合理(an irrationality)なのである．もちろんプランク定数の決定は，電子の電荷や質量の測定と同様に，古典論の諸概念で記述される証拠にもとづいている．しかし，後者の場合には私たちは古典論の一意的な使用にかかわっているのにたいして，作用量子の場合には，そのどの見積りにも原子的現象の統計的記述が欠かすことのできないものとしてともなっている．この状況を適切に表現したものこそが量子力学の理論形式である．量子力学の理論形式では，力学の基礎方程式は古典論の正準形式の形で維持されており，作用量子が顔を見せるのは正準共役変数のいわゆる交換規則のなかにのみである．このように量子力学は，作用量子が無視できる極限では対応論にのっとって古典力学を包摂してはいるが，しかし一般の場合にはその記述は，二つの共役変数の不確定性の積はけっしてプランク定数以下にはなりえないというハイゼンベルクの不確定性原理に定性的〔定量的?〕に表されているように，本質的に統計的な性格のものである．

　しかし量子力学が統計的性格のものであるからといって，そのことはエネルギーや運動量の保存法則がその有効性を失うということを意味するものではなく，ただその適用が粒子の運動の分析〔すなわち運動の時間・空間的記述〕にた

いして排他的ないわゆる「相補的」な関係にあるということ，このことのみを意味している．このことは作用量子の存在の直接的な帰結である．というのも粒子の時間・空間座標のどのような測定も，測定装置としてもちいられる，そして考察中のその系には含まれない，固定された物差しや時計への有限でかつ本質的に制御不可能なエネルギーと運動量の移動をともなうからである．逆に，保存法則の確定的な使用にさいしては，時間・空間的分析の断念が避けられなくなる．構成粒子の運動によっては説明することのできない原子の定常状態の諸性質のような原子の安定性の特徴を記述するにあたって，エネルギー保存則の適用を可能としているのは，まさにこの事情なのである．ここではまた，冒頭に触れた放射性崩壊〔β崩壊〕のさいのエネルギー保存にまつわる困難は，ときに提唱されているような量子力学的記述の相補的不確定性によっては説明できない，ということは強調されてよいであろう．実際，この過程では，原子の定常状態間の自発輻射遷移の場合とまったく同様に，外部の測定装置とのなんらかの相互作用を考える必要がないからである．

　素粒子〔の存在〕と作用量子〔の存在〕を原子の電子的構成の理論の独立な基礎として扱うことが可能なのは，量子力学から導き出された水素原子の「半径」[2]，すなわち

$$a = \frac{h^2}{4\pi^2 me^2} \, [= 5.3 \times 10^{-9} \, \text{cm}] \qquad (2)$$

で象徴される原子の大きさが，(1)で与えられる電子半径にくらべて十分に大きい〔$a/d = (hc/2\pi e^2)^2 = 137^2 \gg 1$〕という事実に本質的な根拠を有している．明らかにこのことが，力学の基礎方程式において電子を帯電した質点と見なすための必要条件である．しかしながらこの点に関連して付け加えるならば，いわゆる電子スピンによって説明される効果は，古典論の表象によるいかなる解釈をも受けつけない量子力学の記号体系に特有の特徴であるということを忘れてはならない．それゆえ電子の電荷や質量と異なり，その固有の角運動量〔スピン〕や磁気モーメントについてはいかなる一意的な決定も不可能である．このことは，固定軸のまわりの粒子の角運動量は方位角と正準共役であるという事実に端的に表されている．その粒子の位置のいかなる知識も，それが方位角の 2π 以下の不確定性を要求するものであるとしたならば，軸のまわりの角運動量の定義に $h/2\pi$ 以上の不確定性をもたらすことになる．しかし角運動量におけるこれだけの大きさの変化は，電子の回転軸の反転の結果ということであり[3]，それゆえ運動表象にもとづくいかなる方法をもってしても，それを測定することは不可能である．

　同様にして，自由電子の磁気モーメントの決定も不可能であることが導かれる．実際，動いている電子がある点でおよぼす磁気力は，古典電気力学にもとづけば，その軸がその点での電子の角運動量に平行で，さらにこの角運動量

に $e/2mc$ を掛けた値に等しいモーメントを有する磁気双極子によるものと等しい．したがって，角運動量の不確定性のために，電子の運動によって生み出される磁気力と，固有の磁気モーメント

$$\mu = \frac{he}{4\pi mc}, \qquad (3)$$

すなわちいわゆる〔ボーア〕磁子から生じるであろう力を区別することは，不可能である．電子たちと原子核から構成されるある原子系の磁気モーメントをこの磁子でもって測定することが可能であるということは，このような測定においては，経路という表象はこの系全体の運動にたいしてのみ適用されるのであり，原子核の質量が大きいためこの系の電荷と質量の比が自由電子のものにくらべて十分に小さいという事実に全面的にもとづくものである．

　角運動量とスピン変数の観念が定常状態の分類とパウリの排他原理の形成のための適切な基礎を提供したということは確かであるが，ここでは私たちはこの分類の古典論の概念でもってしては一意的に記述することのできない特徴にかかわっているのであるということ，このことを忘れてはならない．とりわけ，排他原理のどのような適用においても，私たちは個々の粒子の振る舞いを考慮する力学的描像によっては解釈することのできない複合系の性質を問題にしているのであるということ，このことが本質的である．しかしながら，つまるところ量子統計の定式化が，古典力

学においても現在の量子力学においても共通に言えることであるが，運動の基礎方程式において粒子の固体性が厳密に維持されているという事実に依拠していることは，私たちの議論にとって重要である．

§2. 相対論的量子力学の困難

原子の諸問題を攻略するにあたって粒子表象と作用量子を独立な基礎と考える行き方は，実り豊かではあるけれども，本質的には近似的性格のものである．というのもそれは，相対論的不変性の要請を厳密には満たしていないからである．〔そのような攻略法でも〕輻射現象やその他の力の有限伝播の効果をかなりの程度まで扱うことが可能なのは，まったくのところ，微細構造定数

$$\alpha = \frac{2\pi e^2}{hc}\left[= \frac{1}{137}\right] \tag{4}$$

および電子質量と陽子質量の比

$$\beta = \frac{m}{M}\left[= \frac{1}{1840}\right] \tag{5}$$

という原子論に現れる二つの無次元定数が小さいという事実にもとづいている．たとえば，(1), (2) から見てとれるように，d と a の比はちょうど α^2 に等しく，その比が小さいのは α の値が小さいからである．さらに，電子にたいする輻射の反作用と原子核からの引力の古典論で見積られた比は，水素原子にたいしては，もっとも強く結合して

いる状態においても，α^3 と同程度である[4]．微細構造まで問題にする〔つまり α^2 まで考慮する〕定常状態の記述においても輻射の反作用を無視することが正当化されるのは，まさにこの事情にある．さらに言うならば，力の有限速度での伝播に依存する効果の扱いにおいては，原子の内的諸性質とその全体としての運動を相当程度分離してもよいのは，もっぱら β の値が小さいことのみにもとづいている．理論の現段階においては，この二つの定数 α と β は，いかなる理論的導出も不可能に見える経験的に与えられた量として受け取られなければならないのである．

量子力学の記述の本質的な限界は，原子の諸問題の相対論的に適切な扱いを展開しようとする試みにおのずと登場する特異な困難に強調されてきた．たとえば，スピンの効果を非常に手際よく説明しているディラックの電子の量子論には，よく知られているように，電子の安定性とは相容れない遷移過程の出現を含んでいる．この過程には臨界値 mc^2 を越えるエネルギー変化がともない，電子はエネルギーと質量が負になる状態へと導かれる．そのうえ，原子と電磁場を閉じた量子力学系と見なすことによって輻射効果を厳密に扱おうとする試みは，原子と場の結合のエネルギーに無限大が現れるというパラドックス〔発散の困難〕をもたらすことになる．これらの困難を解決するためには，素粒子と作用量子が不可分な特徴として現れるようなある形式がたしかに必要であろう．しかしこの状況を，とりわ

7. 原子の安定性と保存法則　175

け原子論におけるエネルギーと運動量の保存法則の適用可能な限界という問題との関連で検討するのであれば，そのときには，現象の分析にとって現在の理論がどの程度まで信頼にたる道標を提供しているのか，この点をより綿密に吟味することが肝要である．

　まず第一に，典型的な相対論効果である輻射現象がいわゆる対応論の方法でかなりの程度まで説明しうるという事実は，強調されてよい．この方法は，個々の輻射過程の効果を無視しうる極限の場合には，電磁場の古典的記述が有効でなければならないという議論にもとづいている．したがって電磁場の古典的描像は，場の古典論にも量子力学にも共通の一般的な重ね合わせの原理にのっとり，原子における誘導輻射遷移や自発輻射遷移の確率を見積る記号的な手段としてもちいられるのである．輻射場が考察中の系の部分とは考えられていないこの手続きでは，輻射過程におけるエネルギーと運動量の保存は，その表現を光子の表象のなかに見出すことになる．原子系の定常状態という表象が素粒子の古典的に定義された諸性質にたいして相補的関係にあるのと同様に，この光子という表象は，場の概念にたいして相補的関係にあると言うことができる．とりわけ箱のなかの熱輻射のエネルギーの揺らぎについてのアインシュタインのもともとの分析からは，場の古典論の限界について確定的な結論を引き出すことができないと言ってよい．というのも箱のなかのエネルギー分布の空間的不連続

性を検出しようとするならば測定装置の使用が必要になるが，そのためにその議論が無意味になるからである．きわめて一般的に私たちは，電磁場の古典的記述にとって欠かすことのできない量について一意的な知識を得ることができる場合には，光子という表象はいっさいの意味を喪失する，と言うことができる．

　輻射現象のもっとも単純な特徴を説明するさいには，私たちは遷移確率の計算において輻射の反作用を完全に無視することができる．それでも量子力学の形式を適切に適用することにより，保存法則に反しないようにしながら，原子内に束縛されている電子の相互作用におけるスペクトル線の幅や遅延効果のような問題の扱いにまで対応論の方法を拡張することは，これまでのところは可能であった．ちなみにこのような適用の条件は，問題の効果がもしも力の有限伝播が無視されたとしたならば期待されるであろう現象にたいする小さい摂動として扱いうるということにある．上に述べた定数 α が小さいために，原子構造の問題においてはこの条件は広い範囲にわたって満たされている．というのも，高い核電荷の原子においてもっとも強く結合されている電子においてさえも，「軌道」の大きさやスペクトルの波長は古典電子半径にくらべてはるかに大きいからである[5]．

　この点にかんして言うならば，作用量子が考慮されるときには，〔古典〕電子半径によって象徴されている限界をあ

7. 原子の安定性と保存法則

まり杓子定規に受け止めるべきではないとしてよいであろう．たとえば自由電子による輻射の散乱を考えてみよう．輻射の振動数が散乱によって変化しない古典論による扱いでは，光〔輻射〕の波長が〔古典〕電子半径より大きいということは，輻射の反作用の見積りはもとより入射した輻射が電子におよぼす力を見積るための自明な条件でもある．しかし量子論では，〔輻射の〕波長が d/a〔$=h/2\pi mc$〕と同程度のいわゆるコンプトン波長

$$\lambda = \frac{h}{mc} \tag{6}$$

に近い値になると，個々の散乱過程において電子が得る速度が光速に非常に近くなるという事実から，本質的な手直しが必要になる[6]．それゆえ，対応論を単純に適用するためには，電子の速度がはじめはゼロとなる座標系で考えるのではなく，光子と電子の運動量の和がゼロになり輻射の振動数が散乱によって変化しない座標系で考えなければならない．高い振動数にたいしては，この座標系での波長はもとの波長とコンプトン波長の2倍との幾何平均に近似的に等しいので，もとの座標系での波長が ad にくらべて大きくありさえすれば，それは(1)で定義された臨界の長さにくらべて大きいことがわかる[7]．この議論から私たちは，コンプトン効果にたいするクライン‐仁科の公式を波長が d と同程度の宇宙線の吸収にたいして適用するという一見疑わしくみえる試みが，実際にはまったく正当であるとい

うことが見てとれる．このことはまた，長波長にたいしては量子論でもそのまま成り立つ古典論のトムソンの公式によって与えられるものにくらべて，短波長では散乱強度が小さいという事実によっても，示されている．

　自由電子の散乱は，すくなくとも光がそれほど強くなくてその過程にいくつもの光子が同時にかかわるというようなことのないかぎり，エネルギーと運動量の保存のために負エネルギー状態への「臨界」遷移が排除される特別に単純な事例である．原子に束縛されている電子の場合には，状況はもっと複雑である．というのも，現在の理論形式では，負エネルギー状態への自発輻射遷移が現実の輻射過程の確率にくらべて無視できない確率で生じるということが含まれているからである．しかしながら，私たちはここでは対応論にもとづいては一意的に解釈することのできない理論形式の帰結にかかわっているのだということは，強調されなければならない．実際，場という概念の記号的な使用には，電気力や磁気力〔電場や磁場〕の曖昧さのない測定が可能な程度に十分多くの数の「光子」を含む輻射場の原子系への作用が，それでも小さな摂動として扱いうるということが，暗黙のうちに仮定されているのである．この仮定は通常のスペクトル現象では広く満たされているけれども，臨界遷移の場合にはそれと同程度には満たされていない．さらには，原子と輻射の結合にかんして先に述べたパラドックス〔発散の困難〕のために，この点にかんして確定

的な結論を引き出すのは困難である．そのパラドックスは，輻射場を系の観測可能な部分として扱おうとするときには出現し，そして量子力学では大変に成功した路線にならって量子電気力学を合理的に発展させることを妨げるものである．

この点に関連して言うならば，相対論的量子力学の困難は，輻射や遅延の効果が第二次的な重要性しかもたない場合における臨界遷移の出現によって，新たな光をあてられることになる．とくに教訓的な例は，コンプトン波長 λ と同程度の範囲でその値が mc^2 にまで上がるポテンシャル障壁に高速で突入する電子によって与えられる．実際，クラインが示したように，ディラック理論によればこのような電子はその質量の符号を変化させて障壁を通り抜けるかなりの確率を有しているであろう．λ は d にくらべて大きい〔$\lambda/d = 2\pi/\alpha \gg 1$〕ので，このパラドックスは，相対論的原子論においては力概念の使用に根底的な見直しが必要なことを示している．非相対論的量子力学は任意の力の場にたいして矛盾のない枠組みを形成しているけれども，素粒子の固有の性質が作用量子と不可分に結びついているであろう本来の相対論的な理論では，このような自由度はほとんど正当化されないであろう．この点にかんして，原子的現象の記述に入り込むすべての場はその究極的な源泉を荷電粒子にもつということをあからさまに考慮することにより，困難をある程度まで制限することが可能なように

見えることは,興味深い.このことは,クラインのパラドックスの記述で想定されているような強さや広がりをもつ電場を電子と原子核から構成される荷電物体によって実際に作り出すことはできない,という事実によって示唆されている.輻射や遅延の効果が無視しうる場合の,もっとも強い原子の場のなかにおいても電子の振る舞いの現在の相対論的記述が近似的に有効であるということのより直接的な論拠は,実験的証拠により見事に裏づけられた水素類似原子のエネルギー準位の微細構造にたいする一般公式の,ディラックによる導出によって提供された.実際に観測される核電荷の最大の値でも十分に小さくて,そのためゾンマーフェルトの公式において虚数が現れることはないということは,いずれにせよきわめて示唆的である[8].

すべての測定装置が原子的構成を持つものであるということは,力の有限伝播が無視されているかぎりでは,議論にとって本質的ではなかったが,相対論的量子力学の困難の解決がどのようなものになるにせよ,理論形式の首尾一貫性を問題にするときには,すべての測定装置の原子的構造を考慮に入れることは避けられないように見える.このような考察とは無関係に,電子の振る舞いの記述においては量 λ〔=コンプトン波長〕と λ/c が空間と時間のそれぞれの概念の使用にたいする絶対的な限界を定めるという見解が,これまで各方面から主張されてきた.そしてこの限界が保存法則が適用可能な範囲を決定するかもしれないとさ

え提唱されてきた．しかし，時間・空間座標とそれに共役な運動量の不確定性のあいだの相補的関係が相対論的に共変的であることを忘れてはならない．このことは，当初からプランク自身によって彼の発見の定式化の一般的妥当性のための議論として強調されていた作用の相対論的不変性から直接的に導かれることである．したがって，相対論的運動学からは，時間・空間概念の適用にかんして，通常の不確定性原理によって表されている限界や古典電子半径によって象徴されている限界以外の限界を導き出すことは不可能である．もちろん，相対論的量子力学の困難が考察している系にたいしてと同様に測定装置の記述にたいしてもあてはまることを考慮するならば，状況は本質的に変化する．とはいえ，まさにこの状況によって持ち込まれる複雑さは，現時点では理論形式にとって必要とされる変更にかんしてはっきりした結論に達することを困難にする．

　首尾一貫した相対論的な理論をいまだ持ち合わせていない状況では，原子内の核外電子にかんするかぎりは，エネルギーと運動量の保存法則が成り立たなくなることを指し示している実験的証拠はないという事実を強調することは，重要である．なかんずく，原子スペクトルにかんするすべての証拠は結合原理を支持しているが，その結合原理は輻射過程にたいするエネルギー保存則の適用ときわめて密接に関連しているのである．さらには，排他原理にもとづくすべての結論は，非相対論的な理論の適用可能な範囲をは

るかに越えている原子内にもっとも強く束縛された電子にたいしてさえ，いっさいの例外なく確かめられている．したがって，原子に関連した問題のうちで原子核を独立した実在と見なすことが可能な範囲のすべての問題では，電子の個体性は古典論の保存法則の定式化において仮定されている程度には維持されるように思われる．

§3. 核内電子の問題[9]

原子核の電荷と質量およびその崩壊にかんする実験的証拠は，よく知られているように，すべての原子核が陽子と電子から構成されているという見解によって直截に説明される．しかし，核のこれらの構成要素をどの程度まで独立した力学的実在として扱いうるのかは，原子の構成にかんする通常の問題で原子核と電子を別々の粒子と見なす可能性にくらべて，はるかに限定されている．この点は，統計にかんする基本的な量子力学の規則が原子核にうまく適用できないという事実に，もっとも顕著に示されている．実際，実験的証拠によれば，同一原子核の集合の統計はそれぞれの原子核に含まれる陽子の数のみによって決定され，そのさい，核内電子は排他原理に反して統計にまったく関与しないのである．

これまでの議論からするならば，原子核内の構成電子の扱いが現在の原子力学の適用可能な範囲をはるかに越えているということもまた，明らかであろう．原子核の大きさ

〔〜10^{-13} cm〕が古典電子半径と同程度であるから，実際私たちは，古典力学の表象や現在の量子力学のように本質的に古典力学の表象にもとづいている理論形式を一意的に適用できる基盤を，ここではすでに踏み越えているのである．ここにおいてもっとものっぴきならない形で現れる相対論的量子力学のいくつものパラドックスは，原子核内に束縛されている電子の研究においては，このような理論形式が道標としての信頼性に欠けるということにたいする重要な警告としても，受け取られなければならない．とりわけ，核内の電子と陽子のあいだの力の見積りにおいては，固有磁気モーメントの観念のいかなる使用もまったく理論的根拠を欠いていることを強調することができる．実際，核の電子的構成という問題においては，私たちは原子の安定性についてのまったく新しい側面に直面しているのであり，私たちが頼れる道標としては，これまでのところでは私たちは電荷の保存と電荷の原子性しか持ち合わせていないのである．この状況において私たちは，核による電子の捕獲や放出をそれぞれ力学的実体としての電子の消滅や生成と単純に考えるように導かれる．したがって私たちは，その定式化が本質的に物質粒子という表象にもとづいているエネルギー・運動量保存則のような原理にかりにこの過程が服していないことが見出されたとしても，そのことは驚くにはおよばないのである．

　核内電子の諸性質が核外の配置に属する電子のものと根

本的に異なっているのにたいして、核内の陽子は、量子力学の通常の適用のさいに原子の構成粒子にたいして想定されているものとほぼ同じ状況にある。たとえば、陽子にたいしてある決まった質量をもつ物質粒子という表象を適用するさいに、本質的な制約があると期待する理由はまったくないし、相対論的量子力学による限界でさえ二義的な重要性しかもたない。実際、質量欠損から導き出された原子核内部の陽子の結合エネルギーは、陽子の質量を M として臨界値 Mc^2 よりはるかに小さい。言うまでもなく、原子構造をめぐる従来の問題とちがって、結合力〔核力〕についての私たちの知識は、核のエネルギーを直接計算するにはもちろん、もっとも単純な複合核の安定性を説明する目的にさえ、不十分である。しかし、原子核の経験的に決定された大きさや質量欠損が近似的にせよ量子力学と矛盾しない関係を示していることは、おおいに満足すべきことである。事実、ヘリウム原子核内の陽子にたいして軌道の大きさが(1)で与えられる〔古典〕電子半径 d と同程度であるとし、さらに各陽子の結合エネルギーが角運動量 $h/2\pi$ の軌道運動に相当する運動エネルギーに等しくとられるならば、α 粒子の質量欠損とその全質量の比が(5)と(4)で表される無次元定数 β と α の比の2乗に近似的に等しいことが簡単な計算で示され、現実にもその結果は実測で得られた値にほぼ等しい[10]。もちろん、このような計算は定性的な意味しかもたないけれども、質量比 β が小さいとい

う事実は,核外配置の安定性にとってよりも原子核の安定性にとってより基本的であることを,きわめて強く指し示している.実際,もしも電子と陽子の質量の比がもっと大きければ,いくつもの陽子を含んでいる原子核の存在などはほとんど想像できないであろう.

より重い原子核の扱いは,多くの目的にとっては,それらの原子核は α 粒子を独立な構成粒子として含んでいると見なしうるという事実によって,たいへん簡単になる.この機会に,α 粒子が放出される原子核の崩壊〔α 崩壊〕の解釈にたいする量子力学のあざやかな適用を思い起すためには,多言を要しないであろう.よく知られているように,この理論は放射性崩壊の基本法則を説明するだけでなく,崩壊定数と放出された α 粒子のエネルギーのあいだの著しい関係〔ガイガー-ヌッタルの法則〕をも説明するものである.それでも原子核の構成要素間の相互作用を私たちはいまだに知らないために,現時点では放射性元素の各系列のなかでのこれらの定数の特徴的な変化を理解できていないということは,忘れてはならない.この点にかんして,いま論じている放射能の諸性質の説明が,元素の物理学的・化学的諸性質の周期的変化の説明に見られるような定量的完全性を欠いてはいるものの,この説明が定性的に有効であるということは,原子核の内部に束縛されている α 粒子のエネルギー準位と γ 線スペクトルのあいだに示されている関係に,もっとも示唆に富む裏づけを見出してき

た．実際ここでは，定常状態や単一不可分な輻射遷移過程という観念は，光学スペクトルの解釈と軌を一にした適用領域を見出してきたのであり，光学スペクトルの場合と同様に，単純な対応論的考察からその放出系の構成についてのよりくわしい情報を導き出す可能性をも提供しているのである．

β 崩壊の研究によって上記のものとはきわめて異なる特徴が明らかにされたことは，よく知られている．α 崩壊の生成物と同様に，すべての β 崩壊の生成物ははっきり決まった崩壊確率を有しているが，にもかかわらず，放出された β 粒子のエネルギーは個々の β 線の発生ごとに広い範囲にわたって連続的に変化している．もしもこれらの過程でエネルギーが保存されているとするならば，与えられた放射性生成物の個々の原子は本質的に異なることになり，そうするとその共通の崩壊確率を理解するのが困難になる．他方で，もしもエネルギーが保存しないとすれば，同一の生成物のすべての原子核が本質的に同一であると仮定することで，崩壊法則を説明することが可能である．この結論は，同数の陽子と電子を含む二つの原子核の本質的同一性を明らかにした非放射性元素の核の統計についての一般的な証拠とも合致している．このことに関連して，このような二つの原子核の同一性は，原子論の現段階ではいかなる説明も与えることのできない経験的事実であり，かつ原子の特有の安定性という普遍的性格をもっとも顕著に示すも

のであるということ，このことは強調されてしかるべきであろう．

　結論として，以下の事を記しておく．原子核の崩壊においてエネルギー保存則が成り立たないという事実は，この過程の逆行というおそらく星の内部では起っているであろうと思われる状況では，きわめて奇妙な結果をもたらすことになるということは，強調するまでもないであろう．それでも，原子の本質的な安定性は結局のところ自然現象のすべての古典論での記述における暗黙の仮定である[11]ということは忘れてはならず，それゆえ私たちは，たとえ古典論の諸概念がそれ自身の基礎を説明できなかったとしても，そのことは驚くにはおよばないのである．物質の通常の物理学的・化学的諸性質を原子論的に解釈するにあたっては，私たちは因果性の理想を放棄せざるを得なかったのであるが，それとまったく同様に，原子の構成要素それ自体の安定性を説明するためには，さらなる断念に導かれるかもしれないのである．

8. フリードリッヒ・パッシェンの
古希の祝いによせて

　1935年1月22日のフリードリッヒ・パッシェンの70歳の誕生日の祝いは，すべての物理学者に，私たちの科学の進歩にとってきわめて重要な，そして半世紀にわたって途切れることなく遂行され，いまなお衰えることなく継続されている彼の研究活動を称賛し，かつ感謝の念をこめて回顧する機会を与えてくれました．

　パッシェンは，その研究においては，実験的方法をより完全なものとしさらに新しい領域の開拓でもって私たちの経験を豊かにしようとする努力にきわめて大きな成功を収めることによって，実験的手腕における巨匠であることを示しましたが，それだけではありません．彼が実験的に追究したのは，つねに，その研究が一般的・理論的なアイデアの形成にとって決定的な意義をもつということがやがて判明する，そのような問題であって，なによりも彼の業績を特徴づけているのは，そのような問題を嗅ぎ当てる彼の恵まれた洞察力にあります．

　このことは，さまざまな圧力の気体に火花放電をとおす研究で，気体放電の理論の発展にとってきわめて重要な，彼の名を冠する法則〔パッシェンの法則(1888)〕を発見することになったはじめての仕事にたいしても，彼が科学者と

しての活動のほとんどすべてを費やし，彼の仕事仲間のあいだで大きな名声を博することになった，あの原子構造の理論にとって基本的な領域のスペクトルの研究にたいしても，同様にあてはまります．

ルンゲとの実りの多かった共同研究〔パッシェン‐ルンゲ・マウンティングの考案(1902)〕以来，パッシェンは，その正確さという点では物理学全体のなかで無比のスペクトル線の経験的法則性を確かめさらに押し広げることに，おそらく他のどの研究者以上によく寄与したといえるでしょう．そのさい，彼によるスペクトル構造中の新しい系列の発見〔パッシェン系列の発見(1908)〕こそは，原子の可能な状態についての量子論的分類法の漸次の発展を促したのであり，そのことが合理的な量子力学の誕生を準備することになりました．そしてまた，磁場を連続的に強めてゆくことによってゼーマン効果が変化するという，パッシェンのバックと共同での発見〔パッシェン‐バック効果の発見(1919)〕が，電子論の根底にある諸問題の解明にとってどれほど重要であったのかということは，いくら高く評価してもしすぎることにはなりません．

全力で不断に前進をめざすパッシェンは，その研究においてつねに新しい途に踏み込んでゆき，最近では，その熟練の手腕でもってスペクトル線の超微細構造の研究に従事しているのが見られますが，その研究は，今では自然研究者の関心の中枢に位置している原子核の構造という問題に

ついてのすぐれた情報源なのであります．

　パッシェンの活動の影響は，彼自身の科学的な業績にかぎられるものではありません．彼は，彼の研究領域においては個人的な助言や忠告をとおして，他の物理学者たちに有効に影響をおよぼしてきました．そして，パッシェンによって作り出された伝統の助けをなんらかのかたちで日々享受していない物理学の研究所を見出すことは，ほとんど不可能であります．

　今日，彼と同じ仕事に従事している世界中の仲間たちはこぞって，フリードリッヒ・パッシェンが私たちの科学に仕えてさらに長く幸せで実り多い研究の年月を過ごされるようにと，心から願っております．

9. ゼーマン効果と原子構造の理論

　輻射を放出や吸収する物質が磁場の中に置かれたときにその放出スペクトルや吸収スペクトルの線の構造が変化するという 1897 年のゼーマンの発見は，掛け値なしに，原子論の発展における新しい時代の幕開けを告げたものと言えよう．その発見は，物質の光学的諸性質は原子内の電気的粒子の運動に由来するという，ファラデーとマックスウェルの研究にもとづき，とりわけローレンツにより発展させられた理論的観点にもっとも決定的な確証を与えるものであったが，それだけではない．それは，これらの〔原子内の〕粒子の性質についての直接的な情報の源泉をはじめて提供するものであった．実際，ゼーマン効果の一般的特徴とローレンツの計算にもとづく予言の驚異的な一致は，この理論によりゼーマンの測定から導かれた原子内粒子の電荷と質量の比の値〔比電荷〕が，陰極線の実験によってその当時発見され，現在では電子として知られている電気的粒子にたいするその比の値とよく一致しているという事実にこの上なく印象的に示されている．電子を原子の基本的構成要素として認めるうえでこの一致が何を意味しているのかということは，その後の年月に物質の一般的電子論の発展に誰よりもよく貢献した J. J. トムソンが一貫して強調してきたことである．

原子構造の電子論においてゼーマン効果が果たした役割は，その基礎を築いたという点もさることながら，それ以上に重要なのは，それがその理論の一歩一歩の発展の過程で不断に道標を提供しつづけてきたということにある．実際，ローレンツ理論では説明できないもっと複雑なタイプのゼーマン・パターン〔異常ゼーマン効果〕の発見をもたらした磁気・光学現象のさらなる探究は，スペクトル現象を細部にわたって説明するには電子論の古典論によって基礎づけられた形のものでは本質的に不十分であることを，やがて明らかにすることになった．とりわけ，プレストンにより指摘されたスペクトル系列の規則性とその系列線のゼーマン・パターンのタイプのあいだに見られる顕著な相関は，これらのパターンの起源とその当時はまったくわかっていなかった線スペクトル放出のメカニズムのあいだに緊密な関連性のあることを鮮明に指し示していた．それと同時に，すべての込み入ったゼーマン・パターンのあるいくつかの特徴とローレンツが予言したいわゆる正常3重項のあいだのルンゲが着目した特異な相似性，および，磁場を強くしてゆくとともにすべての「異常」ゼーマン・パターンが正常3重項に移行してゆくという，パッシェンとバックにより見出された効果〔パッシェン-バック効果〕は，将来これらの謎が電子論にもとづいて解決されるであろうことを約束していたのであった．

　しかし，1911年にラザフォードが原子核を発見し，思

いもよらない仕方で私たちの原子像を完成させた後には，原子内の力の性質を適当に仮定することによってこの目的を達成しようとするすべての希望は放棄されなければならなかった．たしかに有核原子は，放射能や元素の変換という驚くべき現象を解明してゆくうえでは当初から的確な指針を提供してきたけれども，他方では，古典電子論にもとづいて扱うならばこの模型ではスペクトル現象を説明できないということがあまりにも明白なために，すぐさま，従来の電気力学の考え方から根底的に離れてゆく必要性を示唆することになった．こうしてスペクトル放出の問題を，プランクによる作用量子の発見で暴き出された物理学のなかに潜んでいた非古典的要素に基礎づけるように促されたのである．作用量子が光電効果の説明には大変に有効であることは，すでにアインシュタインの手で立証されていたことである．なるほどこの観点[1]は，スペクトル系列を支配しま古典論によるいかなる説明をも拒んできたリュードベリ‐リッツの結合原理にたいする直截的な解釈を提供するものではあったが，しかし，異常ゼーマン・パターンをどのように理解すればよいのかという点は，長期にわたってよくわからないままに残されてきた．つまり，古典論の描像を制限してもちいることで原子構造の量子論を作り上げようという比較的初期の努力においても，あるいは，しだいに確立されていったそして他の多くの面ではきわめて強力であった量子論に固有の方法においても，当初は古

典論の場合と同様に，正常ゼーマン効果のローレンツ3重項以外のどのタイプのゼーマン・パターンも出現の余地がないように思われていた．現に，ゼーマン効果にかんするこれらの方法の結果と，よく知られていたラーモアの定理に具体的に表されている従来の電子論の帰結が一致していることは，表面的にはいわゆる対応原理の明快な例を提供していたのである．対応原理は，古典論の諸概念が限界をもつにもかかわらず量子論で維持されるその仕方を特徴づけるものである．

　まさにこの事情のために，ゼーマン・パターンのより踏み込んだ研究が促されたのであり，その結果，このパターンを，スペクトル線の一般的な結合原理にもとづいて，かつ原子構造の量子論の基本的仮説とも調和した形で完全に分析することの可能性がまず第一に明らかになった．とくに，ゾンマーフェルトやランデの手によるこの分析が本質的に確かで健全なものであるということもまた，磁場中での分子線のふれについてのシュテルンとゲルラッハの巧妙な実験や，あるいはリチャードソン，アインシュタインとド・ハース，そしてバーネット等によって予言されていたその他の顕著な磁気・力学効果〔磁気回転効果〕の研究によって，きわめて劇的に裏づけられることになった．事実，これらのすべての研究をとおして，電子スピンというアイデアによって象徴される古典電子論からのこの次の基本的な離反のための土台が徐々に準備されていったのである．

この新たな発展は、パウリがほかならぬパッシェン‐バック効果の分析をとおして一般的な排他原理の確立へと導かれたことにより、その第一歩が踏み出され、さらには、ウーレンベックとハウトスミットが固有の磁気モーメントをともなった自転する(spinning〔スピンを有する〕)電子という図式的表象を原子構造論に持ち込んだことをとおして、ひとまずの完成を見出すことになった。それは、異常ゼーマン・パターンにたいしてだけではなく、磁場の強化とともに異常ゼーマン効果が正常3重項に移行する現象〔パッシェン‐バック効果〕にたいしても、対応論の意味において、その本質的特徴を驚くほど単純に解釈したのである。電子スピンの問題の完璧に合理的な解は、最終的にディラックの巧妙な理論によって与えられることになった。それと同時にこのディラックの理論は、適当な条件下では逆符号の電荷の電子対が発生するというその後の実験によってあざやかに確認されることになる予言により、電子論をきわめて驚くべき形で完成させるものであった。

　ディラックの電子論では、固有の電子磁性は天下り的に仮定されてはいないけれども、ゼーマン・パターンのすべてのディテールは、豊富なスペクトル現象全体と同様に、作用量子の存在によって古典電子論に課せられた力学的模型では図式化できない手直しの直截的な帰結として現れる。この点にかんして、ゼーマン効果につきまとっていた古くからの謎は、量子力学においては時間・空間的描像の使用

が本質的に制限されているという，ハイゼンベルクによる不確定性原理の定式化がきわめて明快に明らかにした事実を，とりわけ教訓的な形で示すものである．古典物理学に遠大な調和を与えることになったアインシュタインの一般相対性理論と同様に，この〔ハイゼンベルクによる〕最新の発展は，直接的な観測からはいかなる結論を得ることができるのかの分析にもとづくものである．相対性理論は測定の解釈が時間・空間座標系の選択にいかに左右されるのかという問題にかかわっているけれども，量子論において私たちが直面するのは，対象と測定装置の相互作用が避けられないということによってもたらされるまったく新しい状況である．観測の本性からしてこの相互作用が本質的に制御不可能であるということは，時間・空間概念と動力学的保存法則のそれぞれの曖昧さのない使用がたがいに排他的であるという，これまで知られていなかった特徴を意味しているのであり，そのために，因果性という古典論の理想を相補性というより広い観点で置き換えなければならなくなるのである．

　このようにゼーマンの発見は，物質の電子的構成が最初に認められて以降，原子内に束縛されている電子の振る舞いの取り扱いにおいて古典物理学の方法が本来的に限界をもつということが近年になって解明されるまでの，現代原子論のすべての発展段階において，この上なく貴重な道標であった．しかしその重要性は，原子の分野に限られてい

るものではなく，スペクトル線の超微細構造や磁気・力学現象のもっとも精妙な特徴への磁場の影響の研究によって，原子核の諸性質にかんする重要な結論さえ導き出すことが可能となったのである．実際この情報源は，原子核の構造を支配している諸法則を私たちが理解するうえでもっとも役に立つであろうことを約束している．その原子核の構造の探究は，華々しい実験的発見がますます多く収穫されてゆくことをとおして，近年になって物理学のまったく新しい展望を切り開いているのである．

10. 量子論における保存法則

コンプトン効果における散乱と反跳の相関にかんするボーテおよびマイヤー・ライプニッツ,そしてまたヤコブセン博士による上に述べられている[1]新しい実験は,そのような相関は存在しないというシャンクランドが得た結論と矛盾するものであるが,その新しい実験に関連して,原子的現象においてはエネルギーと運動量の保存法則が成り立たないかもしれないという,シャンクランドの実験によって蒸し返された議論*にたいして,以下の簡単な所見を述べたい.

輻射の粒子性と波動性という頭を悩ませたジレンマに適合するように古典輻射理論を一般化するという初期の試み**において,個々の量子過程にたいしては保存法則は妥当しないのではないかとの疑念が表明されたときもあったが,そのときの状況は今日とはまったく異なっていた.その後の実験的発見によって,電子やその他の物質粒子の振る舞いにかんして私たちは同様のパラドックスに馴染んだだけではなく,とりわけ量子力学と量子電気力学の合理的

---

* P. Dirac, *Nature*, 137(1936), p. 298. E. J. Williams, *Nature*, 137(1936), p. 614. R. Peierls, *Nature*, 137(1936), p. 904.

** N. Bohr, H. A. Kramers and J. C. Slater, *Phil. Mag.*, 47 (1924), p. 785.

な方法の確立は、作用量子の存在と電子の回折やコンプトン効果のようなすべての現象における保存法則の厳密な妥当性がたがいに両立するということを証明した。のみならず、量子論における力学的諸量や電磁場成分の測定の相補的な制限にかんするハイゼンベルクによって口火を切られた検討*は、この点にかんするすべてのパラドックスを完全に解決したのである。その議論のエッセンスは次のことにある。すなわち、量子現象における一意的な時間・空間的座標付けの試みは、考察中の対象と時間・空間的な基準系を定める剛体や時計とのあいだに本質的に制御不可能なエネルギーと運動量の受け渡しがともなうために、保存法則の厳密な適用の断念をもたらすことになり、逆に、量子現象に保存法則を確定的に適用することは、時間・空間的座標付けにかんする断念が避けられないということを意味しているのである**。

光や物質の波動的側面と粒子的側面のあいだの基本的関係〔$E=h\nu$, $P=h\sigma$〕を相対性原理に完全に適合したかたちで表すことができるので、この議論に関連してディラックによって強調された量子電気力学のいまなお未解決の困難は、量子論の基礎と相対論が両立しないというようなことに帰されるものではまずありえないであろう。むしろこの

---

　* N. Bohr and L. Rosenfeld, *Mathematisk-fysiske Meddelelser det Kongelige Danske Videnskabernes Selskab*, 12, no. 8 (1933).
　** N. Bohr, *Phys. Rev.*, 48 (1935), p. 696〔論文集 1, 論文 6〕.

困難のルーツは，作用量子と同様に古典物理学の理論には異質な電気の原子的性格(atomistic nature of electricity)に探し求めることができよう．原子の諸問題のこのような異なる側面を一個の包括的な理論に合理的に組み込むためには，おそらく，すべての測定装置が本質的に原子的な構造をもつものであることを考慮に入れた，あるまったく新しい観点を必要とするであろう．しかし現時点では，このことがエネルギーと運動量の保存法則からのなんらかのかたちでの現実的な離反をもたらすであろうと予期する根拠はないように見える．

最後に，原子核からの β 線の放出の問題では保存法則が厳密に妥当しないのではないかという深刻な疑念[*]は，β 線現象にかんする急速に増加する実験的証拠と，フェルミの理論によって目覚ましく発展させられたパウリのニュートリノ仮説の結果との示唆に富む一致によって，今日では大部分払拭されていることを指摘しておきたい．

---

[*] N. Bohr, Faraday Lecture, *Jour. Chem. Soc.*(1932), p. 349〔本書論文6〕.

11. 原子核の変換*

　物質粒子による打撃で引き起される原子核の変換の典型的な特徴を理解するためには，そのようなすべての衝突過程の第一段階は，もとの原子核と入射粒子により構成される中間状態の準安定な系の形成よりなると仮定する必要があるということを，筆者は以前に指摘しておいた**．この中間状態では，余分なエネルギーは，複合系におけるすべての粒子のある複雑な運動のなかに一時的に蓄えられていると仮定されなければならない．そして，その系のその後ひき続いて起りうる分解によって原子核の要素的構成粒子ないしはその複合物が放出されるのであるが，その分解は，この観点からでは，衝突過程のその最初の段階とは直接には結びつくことのない独立した出来事と見なすことができる．それゆえ衝突の最終的な結果は，その複合系からの，保存法則に反しないさまざまな崩壊と輻射のすべての過程のあいだの競合に左右されると言ってよい．

　原子核衝突のこの特徴を説明する単純な力学的モデルは，浅い鉢とその中に容れられたいくつかのビリヤードの球を表している図1に描かれている．もしも鉢が空であれば，

---

　*　合衆国のいくつもの大学で1937年春になされた講演の要旨．付図はこれらの講演で示された三枚のスライドの複製である．
　**　N. Bohr, *Nature*, 137 (1936), p. 344.

そこに投げ込まれた1個の球は斜面を下り降り反対側からもとのエネルギーで出てゆくであろう．しかし，鉢の中に他の球がいくつもあるときには，投げ込まれた球は自由に通過することができず，初めにそのエネルギーを中の球の一つに分け与え，そしてこれらの二つがそのエネルギーをまた他の球に分配し，というようにして，ついにはそのもともとの運動エネルギーがすべての球に分配されるであろう．もしも鉢と球が完全になめらかで弾性的であると見なしうるのであれば，衝突は，たまたまその運動エネルギーの大部分が縁の近くにいる1個の球にふたたび集中するまで，継続されるであろう．そしてそのときこの球は鉢から脱出し，そして入射粒子のエネルギーがそれほど大きくないならば，残りの球は全エネルギーがそれらのどの一つの球も斜面を登るのに足らない状態に残されるであろう．しかし，きわめてわずかな摩擦が球と鉢のあいだにあれば，

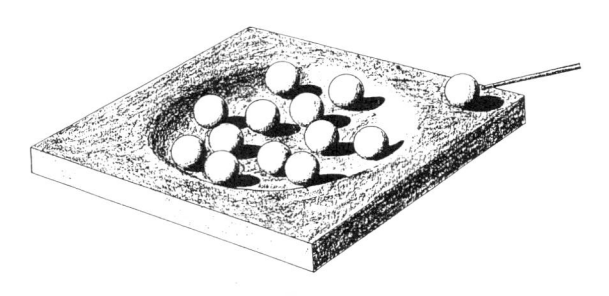

図 1

ないし球が完全に弾性的ではないならば，どの球も脱出する機会がないままに運動エネルギーの多くの部分が摩擦によって熱として失われてしまい，全エネルギーがどの球の脱出にとっても足らなくなるということは大いにありうることである．

このような比較は，速い中性子が重い原子核に衝突したときに何が生じているのかを，はなはだ適切に説明するものである．この場合には，その複合系を構成する粒子が多くてそのあいだの相互作用が強いために，実際私たちは，この単純な力学的アナロジーから，速い中性子が原子核を〔自由に〕横切るのに要する時間にくらべて中間原子核の寿命がはるかに長いと期待しなければならない．このことはまず第一に，重い原子核がこのような時間に電磁場を放射する確率はきわめて小さいにもかかわらず，複合核の寿命が長いために，その系が中性子を放出するかわりにその余分のエネルギーを電磁輻射〔γ線〕の形で放出するであろう確率はけっして無視できないということを説明する．このような描像から容易に理解できるいまひとつの実験的事実は，入射中性子にくらべてずっと低いエネルギーの中性子の放出をもたらす非弾性衝突のおどろくほど大きい確率である．実際，上述の考察から，単一の粒子に比較的わずかなエネルギーの集中しか必要としない複合系の崩壊過程は，すべての余分なエネルギーが脱出する粒子に集まらなければならない崩壊にくらべてはるかに起りやすいことは，明

らかである．

このような単純な力学的考察は，原子核は原子と同様にとびとびのエネルギー準位の分布をもつという，γ線スペクトルの研究によって十分に確立されている事実とは，一見したところ矛盾していると考えられるかもしれない．というのも上述の議論においては，入射中性子の運動エネルギーが実質的にいくらであっても複合系が形成されるであろうということが本質的だからである．しかし私たちは，高速中性子の打撃においては，通常のγ線準位の励起にくらべてはるかに高い複合系の励起にかかわっているのだということを理解しなければならない．後者はせいぜいが数 MeV〔数百万電子ボルト〕程度であるが，前者の場合の励起は，原子核の標準状態〔基底状態〕から1個の中性子を完全に取り除くのに要するエネルギー——その大きさは質量欠損の測定から約 8 MeV と見積られる——をかなり上回るであろう．

さて，図2は，重い原子核のエネルギー準位分布の一般的な特徴を図式的に示すものである．平均エネルギー差が数 100 KeV〔数十万電子ボルト〕のより低い準位は，放射性原子核において見出されるγ線の準位に対応する．励起がさらに高くなると準位は急速に接近し，原子核と高速中性子の衝突に対応する約 15 MeV 程度の励起にたいしては，準位はほとんど連続的に分布しているであろう．その準位構成の上のほうの部分の性格は，その準位図の上に

図 2

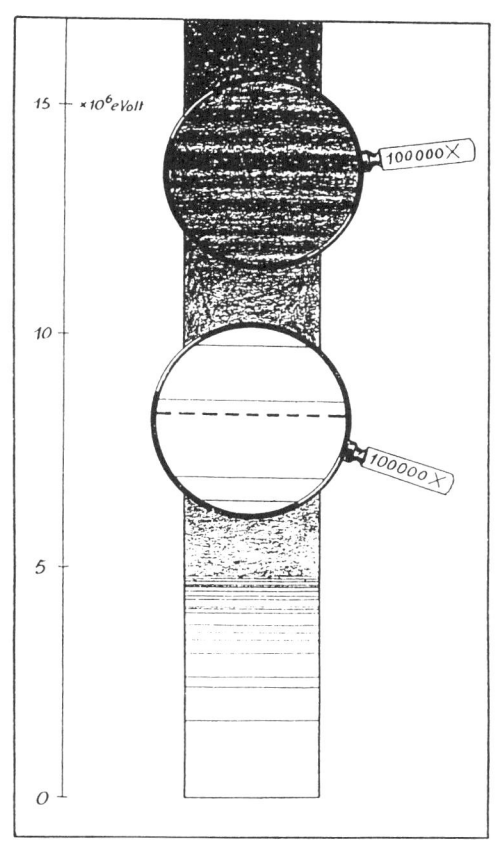

置かれた倍率の大きい二つの虫眼鏡によって示されている．その虫眼鏡は，一方は上に述べた連続エネルギー分布の領域に，そしてもう一方は，もとの原子核にきわめて遅い中性子をぶつけたときに形成される複合系の励起に対応するエネルギー領域におかれている．下側の虫眼鏡の視野のなかほどにある点線は，入射中性子の運動エネルギーが正確に零の場合の複合核の励起エネルギーを表していて，それゆえこの線から基底状態までの距離〔約 8 MeV〕は，その複合系における中性子の結合エネルギーにちょうど対応している．

この〔点〕線の近くのエネルギー領域における準位分布についての情報は，数分の 1 eV のエネルギーのきわめて遅い中性子の捕獲の実験によって得られる．たとえば入射中性子の運動エネルギーが複合系の定常状態のひとつのエネルギーにちょうど等しければ，量子力学的共鳴効果が生じ，そのためその中性子捕獲の有効断面積は通常の核断面積の数千倍の大きさになるであろう．このような選択的効果はいくつもの元素において実際に見出されているし，さらには，これらすべての場合において共鳴領域の幅は 1 eV のわずか数分の 1 でしかないことも見出されてきた*．重い

---

* 光学的共鳴との興味深い形式的類似性を示している遅い中性子の選択的捕獲という現象は，とくに G. Breit と E. Wigner の論文で調べられている (*Physical Review*, 49 (1936), p. 642)．準位の幅の実験的証拠からの推定は，O. R. Frisch と G. Placzek によってはじめて与えられ (*Nature*, 137 (1936), p. 357)，H. Bethe と

元素のあいだでの選択的捕獲の発生の割合とその共鳴の鋭さから，このエネルギー領域での準位の平均間隔がおおよそ 10～100 eV の程度であることが推定される．図2の下側の虫眼鏡の視野のなかには，このような準位がいくつか表示されている．そして，この準位のひとつが点線のすぐ近くにあるという事情は，この特別な場合にはきわめて遅い中性子にたいする選択的捕獲が可能だということに対応している．

図2に示されているエネルギー準位分布は，通常の原子の諸問題において私たちがよく知っているものとは，かなり性格が異なる．原子の問題では，原子核のまわりの場に束縛されている個々の電子のあいだの結合が弱いために，原子の励起は一般に単一の粒子〔電子〕の量子状態の上昇によるものと考えてよい．しかし原子核の準位の分布は，エネルギーが系の全体としての振動の形で蓄えられる弾性体にたいしてまさに期待されるタイプのものである．というのも，系の全エネルギーが増加するとともにこのような運動の固有振動の結合の可能性がおびただしく増加するために，高い励起状態にたいしては隣り合うエネルギー準位の間隔が急速に狭まってゆくであろうからである．じつはこのような性格の考察は，低温での固体の比熱の議論からよく知られているものである．

G. Placzek の最近の論文でくわしく論じられている(*Phys. Rev.*, 51 (1937), p. 450).

熱力学的なアナロジーは，物質粒子の放出をともなう複合系の崩壊の議論にたいしても，うまく効果的に適用することができる．とくに，〔電荷をもたないために〕原子核に固有の領域の外部ではいかなる力も働かない中性子の放出の場合には，低温での液体や固体の蒸発とのきわめて示唆に富む類似性を示している．事実，低い励起状態での原子核の準位についてのおおよその知識から複合核の「温度」の見積りが可能になり，それによって中性子の蒸発の確率が算出されたが，それは，実験の分析から得られた速い中性子の衝突における複合系の寿命とよく合っていたのである*．

図3は，速い中性子と重い原子核のあいだの衝突の過程を説明するものである．議論の概略を見やすくするために，原子核に仮想的に温度計を挿入しておく．図に示されているように，温度計の目盛りは摂氏 10^{10} 度単位であるが，その温度のエネルギーにたいするもっとわかりやすい尺度として，温度計には温度を MeV〔百万電子ボルト〕の単位で示す目盛りを記しておいた[1]．図には，衝突過程の異なる段階が描かれている．最初〔図①〕は，もとの原子核が

---

* 複合核からの中性子の脱出の確率にたいして通常の蒸発の公式を適用するというアイデアは，最初 J. Frenkel によって提唱された(*Physikalische Zeitschrift der Sowjetunion*, 9(1936), p. 533)．一般的な統計力学にもとづくより掘り下げた考察は，V. Weisskopf の論文で与えられている(*Phys. Rev.*, 印刷中〔52(1937), p. 295〕)．

図 3

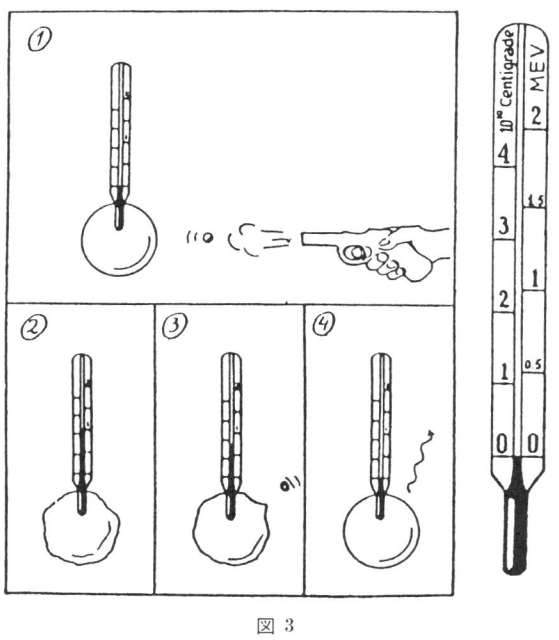

標準状態にあり,温度は零度である.約 10 MeV〔千万電子ボルト〕の運動エネルギーの中性子が原子核に衝突してのち〔中性子の結合エネルギー 8 MeV を加えて〕18 MeV のエネルギーの複合核が形成され〔図 ②〕,その温度〔つまり 1 自由度あたりの平均運動エネルギー〕は零度からおおよそ 1 MeV にまで上昇する.〔図 ② に描かれた〕その原子核の不規則に歪んだ輪郭は,その温度で励起されるさまざまな振動に対応する振動の形を象徴している.次の図〔③〕には,1 個の中性子が系から脱出し,励起とそれゆえ温度がいくぶん低くなる様子が表されている.過程の最後の段階〔図 ④〕では,残されたエネルギーが電磁輻射の形で放出され,温度が零度に下がる.

　上に描かれた衝突の過程は,入射中性子のエネルギーが大きいときに生じる確率のもっとも大きいものであるが,中性子のエネルギーが小さいときには,中性子の脱出の確率と輻射の確率は同程度となり,そのため中性子が捕獲されてしまう確率がかなりのものになる.最後に,きわめて遅い中性子の領域にまで降りるならば,輻射の確率が中性子の脱出の確率よりはるかに大きくさえなるということが,実験的に知られている.しかしこの場合には,中性子の脱出と蒸発のアナロジーがまったく不適切なことは明らかであろう.というのもこの場合には,脱出のメカニズムは,複合系の形成と同様に,このように簡単なやり方で分析することの不可能な量子力学に特有の特徴をともなっている

からである．

　実際，通常の蒸発と中性子の脱出のあいだの定量的な比較が可能なのは，単一の中性子を取り除くのに要するエネルギーにくらべて複合系の励起エネルギーが十分に大きいときに限られる．というのもその場合にのみ，1個の中性子の脱出後に残された原子核の励起がもとの複合系の励起とほぼ等しく，それゆえ，単一の気体分子の脱出のあいだをとおしてその物体の含有熱量の変化が無視できるほど小さいという，通常の蒸発現象において想定されている条件を満たしているからである．したがって上述の考察をこのように単純な形で適用しうるのは，図3の第二段階から第三段階に移行のさいの温度変化が比較的小さい場合に限られるのである．

　蒸発とのアナロジーが適用できるこの条件は，これまで行われてきた速い中性子の衝突の実験では一般には厳密に満たされているわけではないけれども，それでも，そのアナロジーからこのような衝突過程の議論においてきわめて有用なより定性的な結論をかなり多く導き出すことができる．たとえば，上に述べた速い中性子と原子核のあいだの衝突におけるエネルギー損失の大きな確率は，通常の蒸発において放出される分子たちは熱い物体の全エネルギーを持ち去るのではなく，それらは一般には蒸発する物体の温度に対応する自由度あたりのはるかに少ないエネルギー〔つまり平均の熱運動のエネルギー〕を持って脱出するとい

う事実に対応している．熱力学とのアナロジーからは，さらに，放出された粒子はこの平均値のまわりにマックスウェル分布に対応するエネルギー分布を有していると期待される．そのうえ入射中性子のエネルギーが粒子1個あたりの結合エネルギーよりも数倍大きいときには，1個の粒子ではなく，それぞれが入射粒子のエネルギーにくらべて小さいエネルギーをもつ数個の粒子が，あい続く別々の崩壊過程をとおして複合系から離れてゆくことも予言される．そしてこのタイプの核反応は，実際にいくつもの事例で実験的に見出されているのである．

　上述の考察はまた，陽子やα粒子のような荷電粒子が複合系から放出される場合にも適用することができる．ただしその場合には，蒸発の潜熱はただ単にその荷電粒子の結合エネルギーだけではなく，脱出する粒子と残された核のあいだの斥力による静電エネルギーをそれに加えておかなければならない．そのうえこの斥力は，その粒子が原子核からの脱出した後にもその粒子を加速し，それゆえ〔放出された〕荷電粒子の平均運動エネルギーは，中性子のものにくらべてこの斥力に相当するエネルギーだけ大きいであろう．それゆえ私たちは，放出された粒子のもっとも可能性の高いエネルギーは，近似的には，熱エネルギーと静電斥力〔のエネルギー〕の和に等しく，それよりも大きいエネルギーをもった荷電粒子の放出の確率は，中性子の場合と同様に，マックスウェル分布にのっとって指数的に減少

すると期待される．脱出する荷電粒子が利用可能なエネルギーの一部のみを持ち去り，その後に励起状態にある核を残す，そのような核過程が優先されるのは，実際，陽子やα粒子が複合系から放出される数多くの反応のもっともおどろくべき特徴のひとつである．

　これまでのところ私たちは，主要に中性子の打撃によって引き起こされた原子核過程にかかわってきた．しかし中間状態の形成にかんする同様の考察は，荷電粒子と原子核のあいだの衝突にたいしてもあてはまる．とはいえその場合には，正に帯電した原子核と入射粒子のあいだに働く静電斥力のために，入射粒子の運動エネルギーが小さいときには複合核の形成に必要な接触が妨げられる，ないしはその確率が低くなる，ということを考慮しなければならない．実際，原子核の構成粒子のあいだの遠距離で働くこの静電斥力と短距離で働く強い引力〔核力〕の組み合わさった作用は，原子核はいわゆる「ポテンシャル障壁」で取り囲まれており，入射する荷電粒子が原子核と接触するためにはその障壁を通り抜けなければならないということによって，単純に言い表すことができる．放射性原子核の自発的なα崩壊を支配している法則の説明からよく知られているように，荷電粒子は，たとえその粒子のエネルギーが不足しているために古典力学では障壁の表面で止められてしまうような場合でも，量子力学ではこのようなポテンシャル障壁を通り抜ける確率を有しているのである．よく知られてい

るように，この量子力学的効果〔トンネル効果〕によれば，それほど重くはない〔したがって電荷もそれほど大きくはない〕原子核に遅い陽子が衝突した場合に，たとえ古典論では電気的斥力によって標的原子核との接触が妨げられるであろうようなエネルギーしかもたない場合であっても，原子核崩壊を引き起こすかなりの確率を有しているという実験的事実も説明されることになる．

荷電粒子と軽い原子核の衝突のいまひとつの興味深い特徴は，陽子や α 粒子の打撃によって引き起される崩壊にたいして顕著な共鳴効果が見られることである．遅い中性子の選択的効果の場合と同様にこのような共鳴は，入射粒子ともとの原子核のエネルギーの和が複合系のそのすべての構成粒子のある量子化された集団的な運動に対応するある定常状態〔のエネルギー〕に一致するということで説明されるはずである*．とくに α 粒子による打撃の場合には，軽い原子核における高い励起状態の分布にかんする多くの情報は，このような共鳴効果から導き出されてきた．この場合の準位の間隔は，重い原子核において見られる準位の密な分布とちがって，10 MeV〔千万電子ボルト〕よりかな

---

* 複合系の全エネルギーのほかに，そのスピンやその他の対称性もまた，しばしば指摘されるように，共鳴現象の分析にとっては重要である．このような考察がここで提起された核反応の一般的描像とどのように関係づけられるのかは，*Physical Review* にやがて掲載される F. Kalckar, J. R. Oppenheimer and R. Serber の論文〔*Phys. Rev.*, 52 (1937), p. 279〕に論じられている．

り高い励起にたいして数 100 KeV〔数十万電子ボルト〕程度になる．しかしこの結果は，軽い原子核の場合きわめて低い励起状態は重い原子核の場合にくらべてたがいにより離れており，それゆえ，与えられたエネルギー領域でのこれらの準位の可能な結合の数は前者の場合は後者にくらべてずっと少ないということを考えれば，容易に理解できることである．

共鳴準位のあいだの距離だけではなくその半値幅もまた，軽い原子核では重い原子核にくらべて一般にずっと大きく，そのことは複合系の寿命が前者の場合は後者にくらべてはるかに短いことを示している．このことは，まず第一に，重い原子核の共鳴はきわめて遅い粒子の場合にのみ見出され，そこでは粒子の脱出の確率が極端に小さくそのため複合系の寿命は電磁輻射の放出の確率のみで限られるが，それにたいして軽い原子核では，寿命は一般には比較的速い粒子の放出の可能性によって完全に決定されるという事情による．しかしこのこととはまったく別に，——たとえ原子核が速い粒子を放出するのに十分なだけ高く励起されていたとしても——与えられた励起エネルギーにたいして軽い原子核よりも重い原子核では低い温度が与えられるはずであるから，重い原子核の寿命は軽い原子核のものにくらべてずっと長いであろうと，私たちは期待すべきである．

実際，ここに概略をスケッチしたようなまったく単純な考察によって，衝突によって引き起される核反応の特徴的

な側面を一般的に説明しうることがわかる．そしてまた本質的には，原子内のそれぞれの電子が近似的には他の電子たちと無関係に〔原子核に〕結合されているのにくらべて，密に詰め込まれた原子核の構成粒子のあいだではエネルギー交換がきわめて容易であるということにもとづいた同様の考察により，原子核の輻射の性格と原子の輻射の性格の特徴的な違いを説明することが可能なように思われる．このような問題にかんするより掘り下げた議論は，しかし，よりたちいった考察を必要とし，それはこの簡単な報告の範囲を越えるものである*．

---

* ここで提唱されたアイデアの発展についてのもっと包括的な説明は，F. Kalckar 氏と筆者により，コペンハーゲン・アカデミーの *Proceedings* に公表される予定である〔*Math.-fys. Medd. Dan. Vidensk. Selsk.*, 14, no. 10 (1937), p. 1.〕．

12. 作用量子と原子核

　物理学において，プランクによる要素的作用量子の発見とラザフォードによる原子核の発見以上に，その性質においてもその発端においても相異なる二つの決定的な成果を想像することは，ほとんど不可能である．前者は，物質的物体のいかなる特定の性質にもまったく左右されないことがすでにキルヒホッフによって認められていた熱輻射の法則の，熱力学の一般原理にもとづいた分析の最終的帰結を表しているのにたいして，後者は，現代における実験技術の目覚ましい発展によって経験のまったく新しい領域が切り開かれたことに負うところの，物質の原子的構成についての精密な表象の完成を意味している．ひとつ前の世代において私たちが経験した原子的現象の探究の急速な開花の背景をなしていたのも，ほかでもない，私たちの物理学の認識のこのような根本的に異なる拡大がたがいに補いあっていたことによる．

　作用量子が私たちに提供してきたものが原子の不可解な安定性の解明にとってどれほど欠かすことのできない鍵であったのかということがはじめて完全に明らかにされたのは，有核原子模型に総括されることになった物質の構成粒子についての経験に照らしてであった．有核原子模型によって私たちは，諸元素が示している一般的な物理学的・化

学的規則性，とりわけいくつもの元素間の類縁関係および元素の不変性の起源にたいするかくも深い洞察を得ることが可能となったのである．実際，この模型がとびぬけて簡単であるために，原子の安定性にとっての新しい根拠を探し求め，さらには原子によって放出される輻射の本質と電子のなんらかの運動のあいだの直接的な関連性を放棄することがどうしても必要になった．そのことはそれゆえ，定常状態が存在しさらに遷移過程に付随する輻射が要素的性格のものであるということを仮定することによって，作用量子に依存し自然の古典論的記述には異質な特徴である単一不可分性を正しく評価するように私たちを促すと同時に，そのための自由度をも与えるものであった．このいわゆる量子仮説は，アインシュタインによる光電効果の解釈をも包摂し，その後まもなくフランクとヘルツによる衝突実験で直接的な裏づけを得ることになるのであるが，それによってスペクトル法則が単純に解釈できるようになっただけではなく，それと同時に，分光学上の諸結果を原子模型にもとづいて合理的に活用することも可能になった．

　この発展の最初の段階は，関与する全作用が単一の〔作用〕量子にくらべて大きい極限ではその取り扱いは古典論の記述の様式に接近してゆかなければならないという要請に導かれたものである．このいわゆる対応論の要請が適用可能であるということは，原子全体にくらべて原子核がきわめて小さいので，点電荷にたいする従来の力の法則を

〔原子の内部でも〕よい近似として維持しうるということに決定的に依存している．そしてまた有核原子がこのように疎な構造をもつということは，それぞれの電子の原子内への束縛はたがいに他と独立であって，ひとつの電子にとって他の電子たちの存在は第一近似ではたんに核の電荷を部分的に遮蔽するだけであると見なすことが相当程度まで許され，そのことによって見通しが大幅によくなるということをも意味している．分光学のデータの不断の増加と，とくにゾンマーフェルトによって発展させられた原子の状態を表す量子数の分類法の進展にたすけられて，原子内への個々の電子の束縛の対応論に依拠した記述が，このようにして一歩一歩作りあげられていった．それは，周期律表に表されている元素間のその物理学的・化学的諸性質にかんする類縁関係のすくなくとも主要な特徴については，完全な説明を与えるものであった．

　その後まもなくウーレンベックとハウトスミットによる電子のスピンという属性の認識と，とくに電子による量子状態の占有にたいするパウリの排他原理の確立が，素朴な対応論の方法にひとまずの完成をもたらすことになった．とはいえ古典力学の諸表象の，もちろん制限つきではあるが，ひきつづいての使用が不適切であるということは，とりわけ原子内の電子の相互作用をたちいってくわしく考察しようとするさいには，ますます痛感されるようになっていった．原子構造論の量子論的性格と古典論的性格を調和

的に矛盾なく融合させることは，よく知られているように，合理的な量子力学の方法の形成によってはじめて達成されたのである．その量子力学の形成を私たちは，一方では，アインシュタインやド・ブロイおよびシュレーディンガーによる光量子や物質波という新しい直感的な表象の幸運な導入に，他方では，クラマースの仕事にもとづく対応論の改善のハイゼンベルク，ボルン，ヨルダン，ディラックによるひきつづいての彫琢と輝かしい完成に，負っている．この発展のハイライトは，おそらくディラックの相対論的電子論であろう．それは，スペクトルの微細構造の厳密な説明を可能としただけでなく，後になって実験的に確かめられることになる輻射エネルギーの正と負の電子対への転換〔すなわち陽電子と電子の対発生〕の可能性をも予言したのである．

　ここでの私たちの目的にとっては，次の事実をざっと思い起すだけで十分である．すなわち，量子力学が個々の原子の諸性質の記述を相当程度まで完成させただけではなく，分子のさまざまなタイプの化学結合を理解するためのまったく新しくて豊穣な視点や，以前にはまったく理解するすべのなかった固体——とりわけ金属——の多くの典型的な性質の説明をも提供した，という事実である．このことは，たんなる原子物理学の理論的方法の完成にとどまるものではなく，まさに観測概念それ自体の重大な改訂をも必要とするような，私たちの自然記述の概念的手段の深遠な改造

という問題をも提起していたのである．とりわけ，考察している原子的対象とその現象の定義のために必要とされる測定装置のあいだの相互作用は，作用量子の存在の結果として避けることができず，そのため，さまざまに異なる実験条件のもとで得られたいくつもの結果は，対象の振る舞いが〔観測からは〕独立しているという見方にもとづく従来の記述形式での統合を受けつけず，それらはたがいに新しい相補的な関係を取り結ぶのである．ハイゼンベルクの不確定性関係に表現されている量子力学の原理的に統計的な性格は，原子的な出来事の分析にたいする暫定的な制限なのではなく，むしろ相補性という観点に合理的に対応するものである．相補性の観点は，因果性の理想よりもさらに包括的であり，作用量子の存在に条件づけられた数多くの経験を正しく考慮するためには欠かすことのできないものである．

さてここで，これらの導入的な所見から私たちの本来のテーマ，すなわち原子核の構造と安定性にとって作用量子がどのような意味をもっているのかということに話を転ずるならば，基本的な問題が上に述べた原子の諸問題を攻略するときに直面したものとはちょうど逆になっていることがすぐに眼に止まるであろう*．原子の問題では，原子の

---

* ここに強調した原子の問題と原子核の問題の違いの指摘をも含む，原子構造の理論の発展過程のよりくわしい説明は，著者のファラデー講演（*Jour. Chem. Soc.* (1932), p.349〔本書論文6〕）に見

構成要素やそれらのあいだに働いている力については，すでによく知られているものとして始めることができた．それにたいして原子核の問題では，原子核が高密度でその結合が強いことからは，原子核の構成粒子のあいだに核の広がりの程度の距離でのみ働く力が必要であるということは簡単に見てとれるが，しかしその力の正確な法則については事前にはまったく知られてはいない．そのうえ作用量子の存在のために，自然のものであれ人工的なものであれ原子核の崩壊で放出されるすべての物質粒子が核の構成要素として〔核内に〕自存していると想定することさえ困難なことは，やがて明らかになっていった．

原子核を陽子と電子から構成されたものと見なす当初の試みは，原子核の電荷が電気素量の整数倍であるだけではなく，それぞれの原子核の質量がよい近似でもっとも軽い原子核すなわち陽子の質量の整数倍であるというアストンの基本的発見から着想されたものであるが，それは根本的な困難に直面した．この見方にもとづいて原子核の結合を説明しようとするさいの困難をさておいても，このような

出される．核反応の典型的特徴の説明のために以下に述べられている観点は，*Nature*, 137(1936), p. 344 および *Naturwiss.*, 24(1936), p. 241 に公表された論文で最初に展開されたものである．これらの観点をさらにおし広げて展開したものは，N. Bohr and F. Kalckar の論文(*Math.-fys. Medd. Dan. Vidensk. Selsk.*, 14, no. 10, 1937)に含まれている．そこにはまた，諸文献もひろく参照されている．本論文の最後に言及されている核光電効果は，*Nature*, 141(1938), p. 326 の最近の短信で論じられている．

系のスピンおよび対称性と原子核のその原子番号や質量数への依存性にかんして分光学的に観測される性質が矛盾していることが明らかになったのである．それだけではなく，たちいって考察することで，原子核の内部で働いている力についてどのように仮定しようとも，核の体積〔のような狭い空間〕内に電子のように軽い粒子を閉じこめることは，量子力学の枠内では不可能であることが判明した．それゆえ，原子核の放射性崩壊のさいの負または正の電子〔つまり電子または陽電子〕の放出は，原子による光量子の放出と同様に，力学的単位としてのこれらの粒子の生成である〔つまりもともと核内に存在していたものではない〕と考えられなければならない．今では知られていることであるが，放射性 β 崩壊においてエネルギーと運動量の保存法則を維持するためには，電子のほかに，これまでのところ観測されてはいない軽い中性粒子〔ニュートリノ〕が放出されていると仮定することさえ必要になっている．とりわけパウリやフェルミやハイゼンベルクに負っているこれらの観点の発展は，現在までのところ十分には満足のゆく結論には到達していないけれども，しかし，原子論の基本的諸問題を扱う新しい前途有望な可能性を切り開くものであり，とりわけ原子核を〔電子を含まない〕重い粒子のみからなる力学系と見なす必要性を認めさせるにいたっている．

　よく知られているように，チャドウィックによる中性子の発見〔1932 年〕は，このプログラムを実行するための基

盤を提供した．実際，陽子と中性子のみからなる原子核模型は，原子核の電荷と質量数の簡明な解釈を提供しただけではない．中性子が陽子と同一のスピンをもち陽子と同様に排他原理にしたがうと仮定するならば，その原子核模型の一般的な対称性はすべての場合に観測と矛盾することはないのである．のみならずそのような模型は，原子核の安定性が電荷や質量数が奇数であるか偶数であるかということに特徴的なかたちで依存しているという，非常に初期にハーキンスによって指摘された事実を端的に説明するものである．この点に関連して，中性子が確認される何年も前にすでに重い中性の核構成要素という仮定が議論されていたこと，そしてそのことは現実の原子核の諸性質と電子を含む原子核模型のあいだの矛盾が量子力学によってはっきり認められるようになるのにさえ先だっていたこと，このことを思い起すのははなはだ興味深い．

　原子核の陽子‐中性子模型の扱いにおける決定的な前進は，ハイゼンベルクによって達成された．〔1932年に〕彼は，化学結合における価電子力と同様の飽和性をもち，原子核の質量欠損がその質量数とともに変動する典型的なパターンを説明するためには存在しなくてはならないように見える，そのような新しいタイプの力を陽子と中性子のあいだに導入することが，単純な一般化によって量子力学の理論形式によりどのように可能となるかを示したのである．ここ数年間に，核力にかんするこの手の仮定の帰結をもっ

と掘り下げて調べようという数多くの試みがなされてきた．しかし，非常に軽い原子核にたいする見込みありそうな扱いをのぞけば，この攻略法は大きな困難に直面している．というのも，〔原子核内部では〕核を構成する個々の粒子の運動の結合が強いために，原子内への電子の束縛の研究をはなはだ簡単なものにしたどの近似法もここでは使えないからである．力の法則をめぐる問いを別にしても，原子核を断熱的に陽子と中性子に分解することができるという事実は，原子核の性質のたちいった記述が——通常の原子系にたいしてなされてきたのと同様に——孤立した粒子を特徴づけるためにこれまで使用されていた変数のみをもちいて可能であるということをなんら保証するものではない，ということを忘れてはならない．

　原子の構造と原子核の構造の研究の問題設定の出発点や手段における違いはまた，原子核反応にかんして急速に蓄積されてきた実験データの解釈がしだいに発展していったあり方に，とくに明瞭に浮き彫りにされている．この発展の出発点は，量子力学にもとづいてはじめて可能となった放射性崩壊の法則の説明にある．その法則は，ラザフォードとソディによる〔1902年の〕定式化以来，放射能の広範な分野を解きほどいてゆくにさいしての絶対に誤ることのない道標であった．すでにアインシュタインが，量子仮説にもとづいてプランクの熱輻射法則を周知の単純なやり方で導出したさいに，原子における輻射過程と〔原子核の〕放

射性崩壊の類似性を強調していたけれども，崩壊法則は，とくに原子核と放出された α 粒子のあいだの斥力ポテンシャルが一般にはその α 粒子の運動エネルギーよりずっと大きい〔したがってその過程はエネルギー的に不可能なはずである〕ということをラザフォードが指摘して以来，長期にわたって謎であった．今ではよく知られているように，量子力学の原理が解明された少し後〔1928 年〕に，ガーネイとコンドンにより，そしてまた独立にガモフにより，ここでは従来の力学の考え方が破綻する特段に教訓的な例を扱っているのだということが示されたのである．実際，量子力学では，空間的に限られている力の場は，その運動エネルギーの値がポテンシャルの最大値以下の粒子にたいしてさえ，絶対的な障壁を表しているのではなく，原子核と α 粒子のあいだの力の法則と球対称なポテンシャル障壁を単純に比較するだけで，放射性元素の平均寿命と放出された α 粒子の運動エネルギーのあいだのよく知られたガイガー‐ヌッタルの関係を直接に説明できるのである．

　この大きな成果は，自然および人工の原子核変換とそれにともなう電磁輻射現象の包括的な解明へといたる，もっとも実り豊かな発展にむけての序幕であった．ここでとりわけ特記すべきは，α 線スペクトルの微細構造のガモフによる説明である．それは光学スペクトルの解釈をモデルとすることによって，原子核のとびとびの量子状態についてよりくわしく知るための基盤を形成することになった．し

かしこの場合には、対応論を援用する原子スペクトルの分析の場合と異なり、量子仮説と古典論の保存法則の合理的な使用のみがまずもって問題であった。とくに核力の場をそのなかで粒子がほとんど独立に動いている井戸型ポテンシャルとして図式的に表現することは、核反応のより踏み込んだ説明、とりわけ核反応にしばしばともなう特有の共鳴現象のたちいった説明には不適切であることが、しだいに判明していった。実際すぐに見ることになるが、原子の反応と対比される原子核反応の典型的な特徴は、原子の外側の領域での電子の運動の結合にくらべて原子核内部での個々の粒子の運動のあいだの結合がきわめて密で、そのため個々の核内粒子のあいだでのエネルギー交換が非常に容易に行われることにある。

この事情は、中性子の打撃によって引き起される原子核変換のたちいった研究によって、とくに浮き彫りにされることになった。そのような研究は〔1934 年の〕F. ジョリオと I. キュリーによる人工放射能の発見[1]によってはずみをつけられた。陽子や α 粒子ではポテンシャル障壁の存在がしばしば決定的な影響をおよぼすことになるが、中性子にたいしては原子核の外部領域での〔クーロン〕斥力が働かないので、陽子や α 粒子のような正に帯電している粒子を原子核にぶつける実験にくらべて、衝突の研究がはるかに容易なのである。実際、速い中性子と重い原子核のあいだの非弾性衝突の断面積が原子核の直径と同程度であると

いう事実からは，ただちに入射中性子と原子核内の粒子の結合がきわめて密であるにちがいないという結論が導かれる．そのような打撃は新しい安定な原子核の形成をともなう中性子の捕獲をかなりの確率でもたらし，その原子核はしばしばβ放射性であるが，その衝突過程の時間にくらべてそのオーダーが大幅に異なる平均寿命をつねにもっている，という最初フェルミによって証明された事実から，それ以上の結論を導くことができる．すなわち，このような中性子捕獲は余分なエネルギーの輻射による放出をかならずともなわなければならず，そしてこのような衝突過程の観測される確率からは，その中性子が原子核の占める空間を通過するのに要する時間にくらべて衝突の持続時間が極端に長いことが結論できるのである．実際，原子核の電荷と大きさによって課されるγ放射の割合の上限でさえ，衝突の持続時間と前者の時間の比が百万のオーダーでなければならないことを意味している[2]．

したがって，第一近似として静的な力の場のなかでの運動をもちいる速い電子と原子の衝突には適している通常の原子衝突の方法は，中性子と原子核のあいだの衝突の記述にはまったく役に立たない．そのかわりに私たちは，中性子が原子核に侵入するならば原子核の構成粒子とのエネルギー交換がただちに引き起され，その結果，その中性子のエネルギーは中性子と標的原子核で構成される複合系のすべての構成粒子のあいだに速やかにかつ非常に均等に分配

されてゆくことになり，そのために短い時間ではどのひとつの粒子も周囲の引力にうちかって原子核から逃げ出すのに十分なエネルギーを得ることがない，と想定しなければならないのである．さらにこのような中間状態が存在するために，衝突の最終結果がこの複合系のすべての可能な崩壊過程と輻射過程のあいだのいわば自由な競合によって決定されることになる．そのことはまた，原子核変換ではエネルギー保存則と両立するかぎりでほとんどすべての過程が現実に起りうるという，原子核変換の著しい豊かさを端的に説明するものでもある．まさにこの点にかんして，原子核変換において中間状態が存在するという推測は，すでに α 粒子による原子核の崩壊についてのラザフォードの最初の実験〔1919年〕の直後から，さまざまな機会に論じられてきたことは確かである．しかし，中性子をもちいた実験がなされる以前〔1933年以前〕には，障壁効果の影響を見積るのが困難であっただけではなく，中間状態の寿命を推定しその諸性質をよりくわしく調べるためのいかなる基盤をも欠いていたのである．

中性子の打撃による原子核の変換についての議論のいまひとつのとくに教訓的な結果は，エネルギー準位の分布の原子と原子核での根本的な相違が明らかになったことである．実際，原子核と任意の十分に高いエネルギーの中性子のあいだの衝突のさいに寿命の長い中間状態が形成されるためには，複合核に広い範囲にわたる連続エネルギー・ス

ペクトルが存在しなければならないが，一見したところそのことは，γ線スペクトルの分析から得られる原子核のとびとびのエネルギー準位にたいする証拠と直接矛盾しているように見える．しかしこのような衝突において私たちが問題にしている複合核の励起エネルギーは，通常のγ線現象において考察されている励起状態のエネルギーにくらべてずっと高いことを，私たちは頭においておかなければならない．後者の場合では私たちは高々数 MeV の励起にかかわっているのだが，前者の場合の励起エネルギーは，入射した自由な中性子の運動エネルギーと，中位の質量数の核にたいしてほぼ 10 MeV に達する複合核の基底状態の中性子の結合エネルギーの和である．実際には，このような質量数の核ではエネルギーの連続スペクトルはほぼ 12 MeV を越える励起にたいしてはじめて始まり，それはとびとびの原子核エネルギーの領域から連続的につながっている．そして隣接する準位との間隔は，最低状態では 1 MeV の程度であるが，エネルギーの増加とともに急速に減少してゆく．

　高く励起された原子核のエネルギー準位がきわめて密に分布していることは，十分に遅い中性子の捕獲を調べることによって，直接的に見てとることができた．遅い中性子は，速い中性子をもちいた実験と異なり，電荷や質量がわずかにしか違わない原子核との反応において著しい違いを示すのである．明らかにこの選択性は，中性子捕獲により

形成される新しい原子核におけるその中性子の結合エネルギーとこの原子核の量子状態の，いうならば偶然的な一致によって条件づけられている量子力学的な共鳴現象である．共鳴の鋭さと元素のあいだでの選択性の出現からは，実際，単純な統計的考察により，中位の質量数でほぼ $10\,\mathrm{MeV}$ の励起にたいして準位の間隔は約 $10\,\mathrm{eV}$ にすぎないと結論づけることができる．総じて，遅い中性子の打撃により生じる共鳴現象ははなはだ興味深い．とりわけ，場合によっては原子核の幾何学的断面積の 1000 倍以上にもたっする断面積の観測は，ド・ブロイ波長にくらべて小さな領域においては古典的な軌道概念がまったく不適切であるという事実にたいする顕著な例を与えている．実際にこのような状況では，衝突問題は，光学的ないし音響学的な共鳴問題との広範囲にわたる類似性を示している．とくに，はじめにブライトとウィグナーによって，その後にベーテとプラツェクによってもっとくわしく示されたように，原子核の散乱や捕獲の断面積が中性子のエネルギーにともなって変化する様子は，光学のよく知られた分散公式と非常によく似た公式で表されるのである．

　これらの結論はきわめて一般的な考察にもとづくものであるが，原子核のエネルギー準位の分布を説明したり，反応の経過を決定する個々の崩壊過程や輻射過程の確率を見積るためには，それに関連した力学の諸問題をもっと掘り下げて調べる必要がある．現時点では，これらの問題を厳

密に扱うことは適わないように見えるが,しかしほかでもない核の構成粒子が密に結合していることに由来する原子核の特有の性質の多くは,固体や液体のよく知られている性質と比較することによって,かなりの程度まで解明される.とりわけ,励起状態のエネルギー準位の分布の原子と原子核での典型的な相違は,原子の励起状態においては私たちは一般には単一の電子の量子状態の変化を扱っているのであるが,原子核の励起では固体の回転や振動に類似のすべての粒子の集団運動の量子化にかかわっているということによって,簡単に説明される.実際,さしあたって回転を無視するならば,弾性固体のエネルギー準位の全体は,基準振動に対応する量子状態のすべての可能な結合によって与えられ,エネルギーとともにその結合の可能性が急速に増加するので,これは原子核の準位のスペクトルと正確に同一の一般的性格をもっている.この比較は,原子核の準位のスペクトルの分布にたいする近似的には定量的にさえ正確な描像を与える.事実,すでに 10 MeV 領域で,ほぼ 1 MeV の隔たりで近似的に等間隔に並んでいる固有値の組み合わせから,遅い中性子の実験から導かれたのと同程度の準位密度が得られることがわかっている.

　原子核の励起にたいするこの描像は,明らかに低温での固体の熱運動との広範囲におよぶ類似性を示しているのであり,その意味で私たちは,衝突による複合核の形成を核物質の加熱と言い表すことができる.そのさいに問題とな

る温度は通常の温度スケールで見ればたしかにおそろしく高い（10^{11} 度の程度）けれども，しかしそれは原子核のスケールで見ればかなり低い[3]．というのも，極端に速くはない粒子による衝突は，通常は振動の自由度のわずかな数しか励起しないからである．中位の質量数にたいする比熱の量子論をもちいた推定では，通常の衝突実験での複合核の温度は自由度あたりほぼ 1 MeV である．非常に速い〔粒子による〕打撃にたいしては，もちろんその温度はもっと高い．しかしそれとともに励起される自由度の数も急速に増加するので，その温度上昇は緩慢である．100 MeV の粒子の核との衝突においても，温度はわずか数 MeV にしかならないであろう．原子核の温度というこの概念は，原子核の励起を特徴づけるのに非常に便利であるだけでなく，とりわけ原子核の変換にともなう崩壊過程や輻射過程の記述にはたいへん役に立つ．というのも，私たちの見方ではそれらの過程は，蒸発や熱輻射との密接な類似性を示しているからである．

とりわけ，フレンケルによって最初に指摘されたように，高く励起された原子核からの中性子の放出は，多くの点で通常の蒸発を思い起こさせるものであり，その過程にたいしては蒸発速度の温度や潜熱への依存性を与える反応運動学のよく知られた公式が少なくとも近似的には適用可能である．この比較はまた，原子核反応で放出される中性子が一般には過剰なエネルギーをすべて持ち去るのではなくて，

そのエネルギー分布が対応する原子核の温度でのマックスウェル分布に非常によく似ているという事実を直接的に説明するものである．速い中性子の衝突が，捕獲のかわりに1個ないしそれ以上の数の中性子の放出をもたらすという事実は，励起エネルギーがより高くなるにおうじて液滴のしだいしだいの蒸発によりいっそう似てくる複合核の何段階にもわたる崩壊として無理なく解釈することができる．しかし低い励起状態では，このような比較には若干の注意が必要である．というのも，1個の分子が飛び出すのに要するエネルギーにくらべてその物体の有する全熱エネルギーが圧倒的に大きい通常の蒸発過程とちがって，この衝突実験における複合核の励起エネルギーは通常は1個の中性子の結合エネルギーと同程度だからである．とはいえ，とくにランダウとワイスコップによって示されたように，このような過程にたいしても，純粋の熱力学的な推論の首尾一貫した一般化である統計力学の方法を適用することは可能である．

　入射ないし放出粒子が電荷をもつときでも，原子核の変換は，最初そのエネルギー分布が熱い物体のエネルギー分布とよく似た複合核が形成され，その後に蒸発と類似の過程をたどって崩壊するという二段階で生じる．しかしこの場合には，とくに粒子のエネルギーが低い場合には，〔電荷間の〕斥力が複合核の形成や崩壊の両方の確率にかなりの影響をおよぼすことになる．このときには，量子力学的

な障壁効果を考慮に入れなければならないだけではなく，核の表面でのポテンシャルの値を越えるエネルギーの粒子にたいしても，中間状態の温度や崩壊確率に影響をおよぼす蒸発熱を見積るさいにはこのポテンシャルを全エネルギーから差し引いておかなければならない．この斥力に由来するいまひとつの単純な効果は，放出された荷電粒子の運動エネルギーは一般には中性粒子の場合より大きいということである．というのも，前者の場合にはポテンシャル・エネルギーがあらためて本来の熱エネルギーに加えられなければならないからである．もしも入射粒子の運動エネルギーが複合核を連続エネルギーの領域にもちあげるのに十分でなければ，遅い中性子の場合と同様に荷電粒子の場合にも典型的な共鳴現象が生じる．このような共鳴は，入射粒子のエネルギーがその粒子をポテンシャル障壁を自由に通過させるのに十分な場合にはしばしば生じ，そしてこの事実は，共鳴がポテンシャル障壁内部のその粒子の準定常状態にかんするものであるというこれまでの解釈の欠陥を明確に示すものである．そうではなくて，この場合に，私たちは全エネルギーと原子核の構成粒子の集団運動の量子準位の一致にかかわっているのであり，そのことは，ボーテと彼の共同研究者たちによる新しい観測によって印象的に示されることになった．彼らの観測によれば，同一の複合核をもたらす原子核と異なる電荷をもつ粒子との衝突における共鳴は，全エネルギーが正確に同じ値のときに生じ

ることが示されたのである.

　原子核の構成粒子の運動が非常に強く結合しているということは,衝突のさいの核反応にとっては決定的であるが,そのために原子核からの輻射の性質もまた原子からのものとは大きく異なることになる.原子からの輻射は,一般には単一の電子の結合状態が変化する遷移過程に対応し,それは双極子振動による輻射に相当しているけれども,それにたいして原子核からの輻射は,γ線によってその同じ原子の外部の電子雲に引き起こされる光電効果の研究から示されるように,一般には四重極輻射のタイプのものである.原子核の励起についての私たちの見方によれば,このことはただちに理解できる.というのも,このタイプの輻射の放出は近似的に質量と電荷の分布が一様な弾性物体の振動に対応しているからである.このような振動では,電荷の中心がつねに質量中心と一致しているので,第一近似では双極子モーメントは現れない.原子核の大きさと量子化された原子核の振動の振幅にもとづく関連した四重極モーメントの見積りは,遅い中性子の捕獲のさいの共鳴の鋭さから推定される輻射過程の確率と近似的に一致した値をもたらす.高く励起された原子核からの輻射の強度分布にかんして言うならば,対応する温度での熱輻射とある種の類似性が見られるのではないかと期待される.しかし多重極輻射にたいしては振動数とともに放出確率が急速に増加するので,より大きい量子飛躍が比較的大きい確率で生じるこ

とになる．そのことは軽い原子核の励起の場合にはとくに顕著であり，場合によっては，原子核の基底状態への直接的な遷移に対応する輻射成分が支配的になることさえある．この点にかんして，陽子をリチウムにぶつけたときに生じる放射は，エネルギーがほぼ 17 MeV のほとんど単一成分のみよりなるもので，とくに興味深い．ちなみに，この輻射の強度が比較的強いということは，この衝突では私たちは際だった共鳴を扱っているという事実にもとづく．つまり複合核のその関連した共鳴状態は，一般的な量子力学的対称性の要請のために，二つの α 粒子に崩壊することができず，そのためにその輻射過程は簡単にはポテンシャル障壁を通過しえない比較的遅い陽子の放出とのみ競合しているのである[4]．

　上述の陽子‐リチウム反応で生じた γ 線の照射による重い原子核からの中性子放出にかんするボーテとゲントナーの見事な実験は，現在，原子核からの輻射の性質についてのさらに興味深い解明を約束している．この照射では，異なる元素は核光電効果のきわめて異なる振る舞いを示しているので，その結果を衝突による原子核の変換によって導かれた原子核の励起にかんする一般的な見方と折り合わせることは一見したところ困難に見える．その一般的な見方によれば，対象となったすべての元素は 17 MeV より十分低い励起エネルギーでも連続エネルギー・スペクトルをもたなければならず，それゆえ私たちは，通常の共鳴効

果を期待することはできないはずである．しかし私たちは，原子核の変換は，衝突による場合と輻射による場合で事情がまったく異なることを考慮しなければならない．衝突の場合には，経過がどのように推移してゆくのかは，本質的には寿命の長い中間状態の可能な崩壊と輻射の確率の競合によって決定される．これに反して，〔核〕光電効果の推移は，輻射場と原子核の対応する特定の振動モードとの結合の，この振動モードの他の可能なタイプの振動との結合に比に依存するであろう．後者のタイプの結合が存在するために，熱せられた物体と同様に，エネルギーがすべての振動にきわめて速やかに拡散してゆくことになり，そのため励起エネルギーの単一の量子のかたちでの放出の単位時間あたりの確率は，励起の最初の段階で有していた値から熱輻射に対応するもっと小さい値へと急速に減少してゆく．そのときには核光電効果は，この変化があまりにも速すぎて量子の全再放出確率への最初の励起のタイプの影響を消滅させるということがないかぎり，連続的エネルギー領域でも選択的な振動数依存を示すであろう．この解釈によれば，上述の実験で示唆されている連続領域での核光電効果の選択性は常温での固体の鋭い赤外吸収領域の存在との密接な類似性を示しているのだが，明らかにこの解釈は光電効果によって核の振動のあいだの結合の強さを決定するという可能性を開くことになるであろう．核物質の量子力学的な零点エネルギーは結晶の場合にくらべてずっと大きな

影響をおよぼすので，この結合の様相を理論的に見積るのはきわめて困難であり，この実験の継続が興味深く待たれるところである．

　原子核の励起の仕組みにたいする新しい知見を約束しているいまひとつの現象にも簡単に触れておこう．それは，いわゆる異性核，つまり電荷と質量数が同一で異なる放射性を示す寿命の長い生成物の発見である．過去数年間に，多くの元素の変換においてこのような異性核の出現が確認されていて，とくに興味深い例が，中性子をウランにぶつけたときに生成される新しい放射性系列についてのハーンとマイトナーの研究により得られている．ワイツゼッカーによって最初に指摘されたように，きわめて寿命の長い励起原子核の存在は問題の原子核の状態がとくに大きな量子数の角運動量をもち，そのため基底状態への遷移に対応する輻射過程が極端に小さい確率しかもたないという仮定によって説明される．ある種の原子状態の準安定性を思い起させるこの解釈ははなはだ魅力的ではあるが，しかし現時点では，さまざまな異性核が出現するための特別の条件を説明するのにこの仮定が十分であるのか，それとも原子核過程にたいしてはこれまでのところ知られていない特有の選択規則がある役割を演じているのか，その点を判定するのは困難である．

　プランクとラザフォードの基本的な発見の共演から生まれたこの新しい研究分野の驚くべき豊穣さを印象づけるこ

とを主要な目的としたこの簡単な報告をしめくくるにあたって，現在私たちは真の核物理学の発展のとば口にいるにすぎないのだということは，強調するまでもないであろう．しかし私たちは，この分野の研究を特徴づけている実験的研究と理論的研究の緊密な連携によってさらなる発展が遂げられるであろうと，大いに期待してよいであろう．

13. 重い原子核の崩壊

私は，マイトナー教授とフリッシュ博士により『ネイチャー』編集部に最近送られた手紙*の内容を，著者たちの好意により知らせていただいた．その最初の手紙で，これらの著者は，ハーンとシュトラースマンの注目すべき発見が重い原子核の新しいタイプの崩壊を示すものであるという解釈を提唱している．それは，原子核が膨大なエネルギーを放出して，ほぼ等しい質量と電荷をもつ二つの部分に分裂(fission)するというものである．第2信では，フリッシュ博士は，〔分裂によって作られた〕これらの部分が，それらがもたらすおびただしいイオン化によって直接に検出された実験を記している．この発見の途轍もない重要性に鑑み，私は喜んで，これまで観測されてきた原子核反応の主要な特徴を説明するために近年発展させられてきた一般的な考え方の観点から，その分裂過程のメカニズムについて若干の論評を付け加えたい．

その一般的な観点によれば，衝突や輻射により引き起されたどの核反応にも，中間段階として，励起エネルギーが固体や液体の熱的励起のようにさまざまな自由度のあいだに分配されている，そのような複合核の形成がともなって

---
* *Nature*, 143(1939), pp. 239, 275.

いる．それゆえその反応のさまざまに異なる可能な過程の出現の相対的確率は，このエネルギーが輻射として放出されるか，それとも複合核の崩壊を引き起こすのに適した形に変換されるか，そのいずれが容易であるかに左右されることになる．崩壊が単一の粒子の脱出よりなる通常の反応では，この変換は，そのエネルギーの大部分が原子核の表面のどれかの粒子に集中したことを意味し，それゆえ，液滴からの1個の分子の蒸発に類似している．しかしこのような液滴の二つの小さい液滴への分割に相当する崩壊〔すなわち核分裂〕の場合には，明らかにエネルギーの準熱的分配は，エネルギーの大部分が原子核表面の相当程度の変形をともなうような複合核の振動の特別のモードに転換されるものとなる必要がある．

　いずれの場合にも，その崩壊の過程は，このように系のさまざまな自由度のあいだへのエネルギーの統計的分配の揺らぎの結果であると言えよう．そしてその出現の確率は，本質的には，考察している運動の特殊なタイプに集中されなければならないエネルギーの量と原子核のその励起に対応する「温度」によって決定される．さまざまな速度の中性子にたいする分裂現象の有効断面積は，通常の原子核反応にたいする断面積とほぼ同程度のようであるから，きわめて重い原子核にたいしては，分裂に必要な変形のエネルギーは，単一の原子核構成粒子が脱出するために要するエネルギーの大きさと同程度であると結論づけられるであろ

う．しかし蒸発に類似の崩壊しかこれまで観測されていないそれよりいくらか軽い原子核では，前者のエネルギーは1個の粒子の結合エネルギーよりもかなり大きいにちがいない．

このような事情は，マイトナーとフリッシュによって強調されているように，大きな電荷をもつ〔大きな原子番号の〕原子核では，原子核内の電荷間の相互の斥力が原子核の変形に抗する原子核構成粒子のあいだの短距離〔引〕力の効果をかなりの程度まで相殺するであろうという事実によって，端的に説明される．実際，これに関連した原子核の問題は帯電した液滴の安定性の問題をいくつかの点で思い起させるものであり，とくに，原子核のその分裂にとって十分な大きさのどの変形も，近似的には古典力学の問題として扱うことが可能である．というのも，それに対応する振幅は量子力学の零点振動にくらべて明らかに大きくなければならないからである．実際，重い原子核のこのような想定される分割によって大きなエネルギーが解放されるはずであるにもかかわらず，しかし重い原子核の基底状態や低い励起状態が著しい安定性を示す所以は，まさにこの条件によってこそ理解できるであろう．

原子核のこの新しいタイプの崩壊〔すなわち核分裂〕についての実験を今後も継続し，なによりもその出現の条件をより掘り下げて吟味することによって，原子核の励起のメカニズムについてきわめて価値のある情報が得られること

は間違いがないであろう．

14. リュードベリによるスペクトル法則の発見

　分光学にかんする知識の現状が世界中から参集したこのように多くの専門家たちによって論評され，そのことでこの分野におけるリュードベリの先駆的な研究を顕彰する，このリュードベリ生誕百年記念コンファレンスから招待されたことは，私にとっては大きな喜びであります．私は，彼の偉大な発見が原子構造にかんする私たちの考え方の発展にとって有していた直接的な帰結をとくに強調し，そのことに関連していくつかの個人的な思い出を語らせていただきたいと思います．

　よく知られているように，リュードベリがスペクトルの規則性を発見するにいたったのは，前世紀〔19世紀〕の後半に，とりわけメンデレーフの研究をとおして前面に押し出されてきた化学的元素のあいだの類縁関係に彼が多大な興味を持ったことの結果であります．原子量が増加する順に元素が並べられたときに示される物理学的・化学的諸性質の顕著な周期性は，想像力に富むリュードベリの探究心を捉えました．リュードベリは，持ち前の数値計算好みから，とくに光学スペクトルに興味をひかれてゆきました．というのも，その分野では測定がきわめて精密化されていたので，高い精度の代数的関係を確立することが可能となっていたからであります．

この分野でリュードベリが大きな成果を挙げるにあたっては，スペクトル線の直接に測定される波長のあいだの関係ではなく，その逆数，つまり現在では波数として知られている単位長さあたりの波の数のあいだの関係を始めから追究したことは，幸運な直感でした．彼がこの選択に導かれたのは，波数で表した場合にはいわゆる二重線や三重線の差が一定になることによります．この等間隔という事実を突き止めたことはリュードベリのオリジナルな発見なのですが，しかし彼が謙虚にそしてまた正直に認めていますように，複雑なスペクトル線にこのような関係が現れることはすでに数年前にハートレイによって指摘されていたということに，研究がすでにかなり進んだ段階で彼は気づきました．しかしリュードベリ自身は，この問題をさらに深く追究し，スペクトルの規則性を解き明かしてゆくための主要な手段として波数の差を手広くもちいたのです．

　この目的のためのさらなる指針は，いわゆる〔スペクトルの〕線系列の研究によって提供されました．線系列は，それに先だつ10年間にライヴィングとデュワーによって数多くのスペクトルのなかに見出され，鋭い(sharp)，鈍い(diffuse)等の現れ方が類似しているだけではなくて，その強度と間隔が徐々に一様に減少してゆくことによっても特徴づけられていました．そこで次にリュードベリは，彼が分析したスペクトル中のすべての系列が，波数で表され波数の尺度を変更することによって適切に並べられたな

らば，密接な関連性を示していることを見出したのであり，こうして彼は，それぞれの系列中の線にたいする波数を一定項と系列の先にゆくにつれて同じ仕方で減少する〔可変〕項の差で表すように導かれたのです．彼はこの関係を，〔σ を波数として〕公式

$$\sigma = a - \phi(n+\alpha) \tag{1}$$

で表しました．ここに n はその系列中の線の順序を指定する整数であり，ϕ は〔すべての系列に共通の〕普遍関数で，他方，a と α は各系列に固有の定数であります．

この関数 ϕ は，n の増加とともに明らかに零に収束しなければなりません．そこで ϕ を決定するためにリュードベリは最初に

$$\phi(n+\alpha) = \frac{C}{n+\alpha} \tag{2}$$

という表現を試みましたが，どの長い系列にたいしても満足のゆく一致を得られなかっただけでなく，すべての系列にたいして C が一定という要求も適えられませんでした．次にリュードベリはもっとよい選択として

$$\phi(n+\alpha) = \frac{R}{(n+\alpha)^2} \tag{3}$$

を試みました．1889年からのスウェーデン・アカデミーの彼の有名な論文で，彼は，まさにこの公式を試みているちょうどそのときに，よく知られていた水素の線系列の波長を驚くほど正確に表しているバルマーによる単純な法則

$$\lambda = B\frac{n^2}{n^2-4} \qquad (4)$$

の発見を知ったことを語っています．波長〔λ〕をそれに対応する波数〔$\sigma = 1/\lambda$〕で書き換えることで，リュードベリはこのバルマーの公式を，彼自身の公式の特別な場合を表すように〔B を $4/R$ と書き直し〕

$$\sigma = \frac{R}{2^2} - \frac{R}{n^2} \qquad (5)$$

の形に書き表しました．このようにして現在ではリュードベリ定数として知られている探し求めていた普遍定数 R を正確に定めることによって[1]，彼は，公式(1)と(3)の広い範囲にわたる有効性を証明することが可能であることを見出しただけではなく，その助けにより，どの系列にたいしても定数 a と α をかなり正確に決定することができたのです．

この大きな前進によってリュードベリは，ひとつの元素のスペクトルを形成している異なる系列のあいだのさらに密接な関連を追跡することができました．実際彼は，α の値が異なるあるいくつかの系列が同一の a の値を示すことだけではなく，きわめて一般的に，任意の系列における一定項 a の値がその元素のある他の系列における可変項の列のある要素に一致することも見出しました．とくにリュードベリは，主系列(principal series)にたいする極限と，鈍系列(diffuse series)および鋭系列(sharp series)の共通

の極限の差が，主系列の最初の要素の波数にちょうど等しいということを発見しました[2]．この結果は，よく知られているように後にシュスターによって独立に得られています．こうしてリュードベリは，自分のオリジナルの論文で，ある元素のすべてのスペクトル線にたいしてあてはまる包括的な公式として

$$\sigma = \frac{R}{(n_1+\alpha_1)^2} - \frac{R}{(n_2+\alpha_2)^2} \qquad (6)$$

を提唱しました．この公式によれば，各系列は n_1 を一定の値にし，n_2 に一連の〔整数〕値を入れたものに対応しています．この仕組みでは，多くの系列線の特有の複雑さは，α がいろいろな値をとるということによって直接的に説明されます．

彼の最終的な公式のおよぶ範囲を議論するにあたって，リュードベリは，きわめて慎重でかつ微妙な表現をしています．一方では彼は，公式(6)における二つの結合項の特殊な形式が厳密には観測と一致しえないことをよく自覚していましたが，他方で彼は，この公式が基本的な自然法則に要求される普遍性の条件を本質的に満たしていることを強調しています．この態度は，ちょうどそのころケイザーとルンゲによりきわめて高い精度でなされていたスペクトル線の測定を表すために，彼らによってもちいられていたタイプの系列公式にかんするリュードベリ論文の最後の部分での議論に，特別に表されています．リュードベリは，

ケイザーとルンゲのこのような公式がたしかによく合っていることを十分に認めたうえで，しかし自分の主要な狙いは，個別の系列のそれぞれにたいする旨い内挿公式を開発することにはなく，むしろ，計算のさいに最小の数の特定の定数をもちいることで普遍的な関係を追跡することにあると指摘しています．

しかし，スペクトルのこの規則性を説明しうる仕組みを探し求めることは，その当時では，見たところどうにも克服しがたい困難に直面することになりました．とくに私たちは，安定な力学系の振動の基準振動のどのような分析も振動数それ自体ではなくて振動数の2乗のあいだの関係に導くという，レイリーの的を射た指摘を思い起すことができます．なるほどローレンツによるゼーマン効果の説明に触発されて，リッツが原子の磁場というアイデアを導入してスペクトル法則を説明しようとしたことはありました．原子の電気的構成要素〔電子〕にたいするその磁場の影響は——通常の力学的な力と異なり——本来的にその速度に依存しています．たしかにこれらの試みはどれも非常に巧妙に考えられてはいたのですが，しかしこのような行き方では，原子のその他の諸性質の解釈と矛盾することのないスペクトル法則の説明に到達することはできませんでした．

それでも，とくにパッシェンとの緊密な協力のもとに進められたスペクトルの問題にたいするリッツの慧眼な探究は，スペクトル系列にたいする数値的公式の種々の点での

精密化と新しい系列の予言へと導き,その結果,さまざまな線スペクトルの分析を事実上完成させたのです.リュードベリの発見と独創的な考え方が決定的に重要なものであることを立証することになるこの仕事に関連して,1908年にリッツは,現在ではリュードベリ - リッツの結合原理として知られている一般法則を提唱しました.それによるならば,あるスペクトルの任意の線の波数は,T_1 と T_2 をその元素に固有の項の集合の二つの元として,厳密に

$$\sigma = T_1 - T_2 \qquad (7)$$

の形で表されます.

　原子構造についての私たちの考え方の新しい発展段階は,その後まもなく,1911 年のラザフォードによる原子核の発見によって幕が開けられました.この発見は,実質的に原子の質量の全部が集中しているきわめて小さな広がりの中心電荷〔原子核〕の周囲を回っている電子たちからなる系という,おどろくほど単純な原子像をもたらしました.実際,元素のすべての物理学的・化学的性質は原子内の電子の結合状態によって決まり,原子核の全電荷によって広く規制されているということが,すぐさま判明しました.原子核の全電荷は中性原子内の電子の数を決定しますが,その数つまりいわゆる原子番号は,あきらかに周期律表での元素の番号と同定されるべきものであり,その番号こそ,リュードベリが元素の諸性質のあいだの関係を支配している主要な因子であることをはっきりと見抜いていたものな

のです．よく知られているように，この見方は数年後に元素の特性 X 線スペクトルについてのモーズリーの基本的な研究によって決定的に裏づけられることになりました．そしてモーズリーによる化学元素の全系列にたいする原子番号の決定は，いくつかの点で，メンデレーフ表の周期長についてのリュードベリの予測を確かめるものであったということを思い起すことは興味深いことです．

しかしラザフォードの発見の直接的な帰結は，スペクトルの規則性を古典物理学にもとづいて説明することがどれほど困難であるのかを浮き彫りにしたことにあります．実際，従来の力学と電気力学の考え方にもとづけば，点電荷からなる系はその線スペクトルによってきわめて印象的に示されている諸元素に固有の性質の一定性を説明しうるような特有の安定性をもつことができません．とくに運動する電子からの輻射はエネルギーの連続的な散逸をもたらし，それにともなって運動の振動数は徐々に変化し，軌道の寸法もすべての電子が原子核と合体するまで縮小してゆき，こうして系は微小な中性の系に退化してしまうでしょう．

しかし，原子の安定性の問題と線スペクトルの起源にたいする手掛かりは，普遍的作用量子の発見によってすでに与えられていました．それは今世紀の最初の年〔1900 年〕にプランクが熱輻射現象の巧妙な分析によって到達したものであります．周知のようにその数年後にアインシュタインは，固有振動数 ω の調和振動子のとりうるエネルギー

にたいするプランクの公式 $E=nh\omega$ をもちいれば，さまざまな物質の比熱の低温で観測される異常性を説明することが可能になるということを指摘しただけではなく，原子の光電効果の特異な側面からしても，振動数 $\nu=c\sigma$ の輻射によるエネルギーの受け渡しがエネルギー $h\nu$ のいわゆる光量子ないし光子の形で行われると考えなければならないことをも示しました．輻射の構成にかんして光子概念にまつわるジレンマにとりわけ顕著なように，これらの現象をこれまで慣れ親しんできた行き方でこれ以上くわしく分析することは不可能ではありますが，ここで私たちが扱っているのが，物理学の古典的な考え方にはまったく異質な全体性 (wholeness) という原子的過程の本質的な特徴であることは明らかです．

　この点を基礎にとるならば，原子のエネルギーのどのような変化においても，私たちは二つの定常的な量子状態間の完全な遷移からなる過程にかかわっているのであり，この遷移過程にともなうどの輻射も光子の形でやりとりされるという考えが念頭に浮かびます．事実，このいわゆる量子仮説によれば，〔波数で表された〕各スペクトル項に hc を掛けたものの値をその原子の可能な定常状態のエネルギーに等しいとおくことによって，結合原理にたいする直接的な解釈が与えられます．そのうえ，原子による輻射の選択的吸収が見かけ上気紛れに現れることの謎も説明がつきます．通常の条件では原子は，主系列の極限で与えられる

最大スペクトル項に対応する最低エネルギーの標準状態〔基底状態〕にあるでしょう．それゆえ私たちは，選択的吸収には〔標準状態と結びついている〕この系列のみが現れること，そしてとくに，その極限では原子から1個の電子を取り除くことに対応する連続的吸収が始まること，このことを理解することができます．それからまもなく，電子の打撃によるスペクトル線の励起にかんするフランクとヘルツの有名な実験によって，これらの結論は直接に裏づけられることになりました．この実験は，電子と原子のあいだの可能なエネルギー交換が原子の標準状態からより高い定常状態への遷移に対応しており，原子のイオン化のための最小エネルギーは，主系列の極限の波数に hc を掛けたものにちょうど等しいことを示したのであります．

　この当時の活発な議論を思い起すならば，アインシュタインとヘヴェシーのあいだの会話の思い出がおそらく興味深いでしょう．ヘヴェシーとは私はラザフォードの弟子仲間であり，早くから彼とは新しい見解や見通しについて連絡をとりあっていました．このような考え方にたいする見解を問われたとき，アインシュタインは，それらは自分の考え方にまったく異質というわけではないと答えた後に，しかしもしもそれらが額面どおりに受け取られるべきだとするならばそれは物理学の終り(the end of physics)を意味するように感じられると，ユーモラスに付け加えたとのことです．いま思い返すならば，このような発言がどれだ

け当を得たものであるのかが了解できるでしょう．実際私たちは，物理学的な説明をいかなるものと理解しなければならないのかについて，考え方の変更を迫られていたのです．やがて，原子構造にかんする私たちの知識を前進させるために，スペクトルについての証拠をさらにいっそう広範に利用しうることが，一歩一歩証明されてゆきました．今では知られていることですが，この目標の達成のためには，古典物理学の理論形式からは根底的に離反するそれにふさわしい数学的形式の開発が必要とされていました．しかしさしあたっては，この問題の攻略はもっと素朴な方法をもちいた試験的なやり方でなされねばなりませんでした．そのための指針は，主要にはいわゆる対応論的考察によって提供されました．対応論を特徴づけているのは，すべての考察において従来の物理学の諸概念を量子仮説に直接的には反しないように利用する努力であります．

その最初の一歩は，電子の質量 m と電荷 e，そして基本定数 c〔光速〕と h〔プランク定数〕をもちいたリュードベリ定数を表す関係

$$R = \frac{2\pi^2 e^4 m}{ch^3} \qquad (8)$$

の確立であります．実際，この関係は，水素スペクトルの振動数と単位電荷をもつ重い原子核のまわりのケプラー軌道上の電子の周回の振動数の漸近的一致のための必要条件であるという事実を示すことができました[3]．このような

考察は，他の元素のスペクトル中にリュードベリ定数が現れることにたいする単純な説明をも与えてくれます．そのためには，その問題の系列が，原子中の電子のひとつが他の電子よりも緩く原子核に結合され，それゆえそのひとつの電子は，すくなくとも〔原子核から〕遠くにあるときには，水素原子中の電子が受ける力と類似の力を残りのイオンから受ける，そのような定常状態間の遷移によって生じると仮定すればよいでしょう．

しかし，1899 年にピカリングによって星のスペクトル中に最初に観測され，公式

$$\sigma = R\left\{\frac{1}{2^2} - \frac{1}{(n+1/2)^2}\right\} \qquad (9)$$

によってきわめて正確に表された線系列の起源をめぐって，特別な問題が発生しました．ピカリング系列は，バルマー系列と非常に似た関係を示しているので，水素のものとされ，そしてこの割り振りは，一見したところリュードベリの考察によって強く支持されているように見えました．リュードベリは，バルマー系列とピカリング系列の関係を他のスペクトルの鈍系列と鋭系列の関係になぞらえ，この関連性から，通常の主系列に対応するさらなる水素系列

$$\sigma = R\left\{\frac{1}{(3/2)^2} - \frac{1}{n^2}\right\} \qquad (10)$$

の存在を予言したのです．

やっと 1912 年になって，水素とヘリウムの混合気体に

強い放電を通すことでファウラーによって、ピカリング線だけではなく、(10)式で表される線の系列や、さらには

$$\sigma = R\left\{\frac{1}{(3/2)^2} - \frac{1}{(n+1/2)^2}\right\} \tag{11}$$

で与えられる線系列も観測されました．しかし、これらの線すべてを水素に割り振ることは、対応論的考察とは相容れません．対応論は、逆にピカリング系列も(10)も(11)も、ともに2単位電荷をもつ原子核に結合された1個の電子よりなるヘリウムの〔1価〕イオンに帰されるべきことを示唆しています．実際そのような系は、水素原子と同じタイプではあるが R を $4R$ で置き換えたスペクトルを与えるであろうことがまさに期待されます．

この考え方は、当初はファウラーやルンゲのような指導的な分光学者たちによって反対されました．とくに私は、ゲッチンゲンでのあるコロキウムで、スペクトルの証拠事実の理論屋たちによるこのような見たところ恣意的な利用にたいしてルンゲから警告されたことを覚えています．とくにリュードベリの手腕によって暴き出された系列スペクトルの一般的パターンの美しさや調和の価値を、理論屋は正しく認めていないように見えるというのです．しかしこの議論は、皆が満足する形で急速に終息してゆきました．まもなくエヴァンスによって、水素の線の痕跡が見られない高度に純化されたヘリウムのなかにピカリングやファウラーの線が見出されたのですが、それだけではありません．

ファウラーによって測定された線にリュードベリの提唱した公式からのわずかな偏差が認められ，そのずれが原子核の現実の質量を考慮にいれた理論的な議論から導かれるリュードベリ定数の小さい補正に正確に対応していることさえ示されたのです[4].

この議論全体の重要な成果は，ファウラーによって強い火花放電中に観測されたマグネシウム・スペクトルのある系列が，リュードベリ定数をただ $4R$ に置き換えるだけでひとつのより単純な系列図式に統合されうるという認識にあります．その後の年月にファウラーはパッシェンとともに多くの元素のなかにこのような系列を見出すことに多大な寄与をしましたが，かかる系列は今ではスパーク・スペクトルとして知られています．中性原子から生じる通常のアーク・スペクトルとちがってこのようなスペクトルは，緩やかに結合された1個の電子がヘリウム・イオン中の電子のものと類似の条件下に置かれている，そのような単位電荷のイオンのものとされています．さらに大きな電荷 Ne をもつイオンが，共通の定数[5]が $(N+1)^2R$ で与えられる一般化されたリュードベリ様式のスペクトルを産み出すであろうという予測もまた，広く確かめられてきました．この点にかんしては，エドレンによって指導されている〔スウェーデンのルンド大学の〕この美しい研究所においては，これ以上語るにはおよばないでしょう．エドレンは，すべての物理学者が称賛しているように，絶妙の手腕と多

大な忍耐力で，多くの電子がはぎとられた原子に対応するいくつものスペクトルを何年もかかって作り出し分析することに成功してこられたのですから．

　この短い挨拶で許される範囲では，リュードベリの先駆的な業績と，彼の発見の若干の側面に話題を絞らざるをえませんでした．つまり，分光学上の証拠事実が原子構造の問題にたいしてつねに深まる洞察を与え，とくに元素の諸性質の周期的関係をくわしく説明する原子の殻構造における電子の結合状態の分類へと導くことによって，発展の最初の段階において決定的な役割を果たした，そのような側面であります．この最初の試験的な時期を特徴づけるなかば経験的な攻略法の真の頂点は，その後に量子論の合理的な方法にうまく組み込まれることが判明した排他原理のパウリによる提唱にあります．量子論の合理的な方法は，これまで慣れ親しんできた図式的表現を放棄するものではありますが，その首尾一貫性においても完全性においても古典力学や電気力学にくらべて遜色なく，分光学上の証拠の汲み尽くせないほどの価値を活用するための確固たる基礎を提供するものであります．

　私たちの世代にとっては，ときには奔流のような速度で進められたこの発展の全体に立ち会ってきたことは，真に偉大なる冒険と呼ぶべきものでした．たとえば私は，とくに 1919 年にここルンド大学で成功裡に開催されたコンファレンスを思い出します．そのときはゾンマーフェルトと

その学派の仕事によって新しい段階がちょうど踏み出されたばかりであり，これから先の展望が，熱狂的にそしてたがいに有益な形で討論されました．私たちは旧い物理教室に集まっていましたが，そこではリュードベリの若い後継者たちによって豊かな伝統が幸せに維持されていました．なかでも，すぐれた実験の技能を身につけたシーグバーンがモーズリーの仕事を成功裡に推し進めていましたし，またホーリンガーはバンド・スペクトルの理論的解析に重要な寄与をしていました．リュードベリ自身は病のためコンファレンスへの出席を止められていましたが，今日この記念集会において私たちが感じているのとまったく同様に，そのときも私たちのうちに彼の指導的精神が息づいているのが，私たちすべてにひしひしと感じられたものであります．

15. ヴォルフガング・パウリ追悼文集への序文

今世紀〔20世紀〕における物理学の進歩は，広大な経験分野の渉猟探索によってだけではなく，実験的証拠の分析と綜合の新しい枠組みの開発形成によっても，同様に特徴づけられています．この後者の発展において，本書がその追憶に捧げられているヴォルフガング・パウリは，彼自身のいくつもの傑出した業績によっても，そしてまた彼が私たちすべてに与えてくれたインスピレイションや刺激によっても，同じように卓越した役割を果たしてきました．

パウリの透徹した洞察力と批判的な判断は，相対性理論にかんする彼の有名な『エンサイクロペディア』の執筆[1]によって，早くから注目されていました．それは彼が弱冠二十歳のときに出版されたもので，しかも今なお，アインシュタインの本来の考え方の基礎とその視界についてのもっとも価値のある説明のひとつに数えられています．パウリが〔相対性理論という〕基本的な物理学の諸概念のこの根底的な変革に早くから通暁し，そしてその新しい考え方を適切に定式化するために欠かすことのできない数学的手段に習熟していたことは，彼が量子物理学にたいしていくつもの重要な寄与をするうえでの素地となりました．

相対性理論は，その原理においてもその応用においても，アインシュタインの手ですでに高度に完成されていました

が，量子論の状況は，実はそれとは相当に異なっていました．プランクによる画期的な作用量子の発見は，原子的なスケールの現象の一般的な説明を提供するどころか，むしろ物理的現象の首尾一貫した記述のなかにまったく新しい要素を組み込むという問題を提起したのです．よく知られているように，この目標にいたる途上には数多くの障害が横たわり，物理学者の一世代全体の共同作業によってはじめて，一歩一歩道が開かれていったのです．

　パウリは，ウィーンでの学業を終えてのち，ミュンヘンで数理物理学の方法へのずば抜けた精通によってその門弟たちすべてに深い影響を与えていたゾンマーフェルトの感化を受けながら，学習を続けました．その後もパウリはこの以前の師と親密な接触を保ち続け，しばしば師のことを敬愛をこめて語ったものです．パウリが，ゲッチンゲンでボルンと仕事をしてのち，1922年にコペンハーゲンにやってきたとき，彼は，その手厳しく批判的でしかも疲れを知らぬ探究心によって，たちまちのうちに私たちのグループにたいする刺激の大きな源泉になりました．とりわけ彼は，学術上の議論はもとより他のすべての人間関係においても率直にそしてユーモラスに表明されるその知的誠実さによって，私たちの誰からも愛されていました．

　これらの年月，量子物理学の包括的な方法というものはいまだに開発されておらず，実験的証拠の解釈は主要にはいわゆる対応論によって導かれていました．対応論は，古

典論の用語による記述を原子的過程の単一不可分性と両立しうる最大限まで維持しようとする努力を表しています．このような暫定的な手続きによって，原子内で電子がどのように束縛されているのかを概観し，とくにいくつもの元素の物理学的・化学的諸性質のあいだの類縁関係の解釈にむけての最初の一歩を踏み出すために，スペクトルの観測データを多少なりとも首尾一貫したやり方で活用することが可能であることが示されていました．

　元素をその核電荷の順に並べたときに示される周期性を説明するためには，閉じた電子殻の特異な安定性がどうしても必要となりますが，その安定性を説明しようとする試みの論拠の薄弱さにたいしてパウリが不満を表明したときの議論を，私はいきいきと思い出します．彼の意見がいかに的を射ていたのかは，排他原理の宣言という結果をもたらしたパウリのその後ひき続いての仕事によってきわめて印象的に立証されています．排他原理は同一粒子の系が満たすべき基本的性質を表していますが，作用量子それ自身にたいしてと同様に，それに相当するものは古典物理学には見当たりません．

　この年月にパウリが対応論をその適正な範囲内でどれくらい見事に使いこなしていたのかは，自由電子による輻射の散乱つまりコンプトン散乱のエレガントな分析によって示されています．輻射過程におけるエネルギー・運動量交換のアインシュタインによる一般的・統計的な考察に鼓舞

されて,彼は,散乱確率がその過程にかかわる両輻射成分の強度に依存することを示しました.実はこの仕事において追究された方向性は,その後の大きな発展にとってきわめて重要なことがやがて判明することになるクラマースによって定式化された一般的な分散理論に,きわめて密接に関連していたのであります.

物理学の理論におけるどのような種類の曖昧さをも忌み嫌うパウリにとって,古典的描像の不適切な使用をいっさい排除する合理的な量子力学が出現したことは,大変に心休まることでありました.とくに,この発展によってパウリの排他原理を固有の量子統計に調和的に組み込むことがどのように可能となったのかということは,あらためて思い起すまでもないでしょう.パウリがこの新しい方法の探究にどれほど熱心に打ち込んだのか,あるいはまた彼がたちまちのうちにそれをどれほど自家薬籠中のものにしていったのか,といったことは,『ハンドブーフ・デア・フィージク(1932)』に載せられた量子力学の基礎についての彼の著述[2]に証明されています.この書は,科学文献のなかでは,彼の以前の相対性理論の解説と同等の位置を占めています.

その経歴全体からして,パウリが量子物理学の基礎を相対論の要請に適合させるという問題に深く心を奪われるにいたったことは,必然の成り行きと言えましょう.彼は,電磁場の量子論の定式化において当初から抽んでた役割を

果たしただけではありません．相対論的電子論への彼の貢献は，そこに懐胎されていた意味の十全な理解を促進するうえでもっとも役に立ったものです．電子の電荷と場の成分の測定可能性についてのその後の議論によってもたらされた見かけ上のパラドックスを解明するさいには，パウリの積極的な関心は大きな刺激にもなりました．

その後の年月，素粒子およびそれに関連した量子化された場の問題に，パウリはよりいっそう深く没頭するようになりました．初期の段階では，彼は，原子核の β 崩壊において〔エネルギーの〕保存法則が成り立つことを保証するニュートリノの概念を導入することによって，この発展に基本的な寄与をしています．この点に関連して言うならば，原子核のスピンと磁気モーメントにかんしてスペクトル線の超微細構造によって提供されている情報源に最初に注意を喚起したのが 1926 年のパウリであるということを思い起すことは，興味深いことです．

この追悼文集では，さまざまな分野の専門家が，物理学の発展の各段階でのパウリの多方面にわたる先駆的な業績とその背景を概観しておられます．パウリの偉大なるライフワークを回顧するにあたっては，とくに彼が，最初ハンブルクでその後チューリヒで，自分のまわりに集めた多くの門弟たちに彼が与えたインスピレイションを思い起すことが重要です．チューリヒは，大戦中に彼がプリンストンで過ごした期間をのぞいて，彼の生涯の後半の 30 年間働

いた所です．その上に，科学上のシンポジウムへの彼の参加やあるいは同僚や友人とのおびただしい書簡のやりとりをとおして，パウリの影響はさらに広い範囲におよんでいます．

　実際，新しい発見やアイデアにたいしてつねに力強くしかもユーモラスに表現されるパウリの反応と，そしてまた切り開かれたその展望にたいする彼の好悪を，誰もが知りたがりました．たとえ見解の相違が一時的に支配的になることはあるにしても，私たちはつねにパウリの意見の恩恵を受けていました．彼は，もしもその見解を変えなければならないと感じたときには，きわめて率直に受け入れました．そういうわけですから，新しい発展に彼が賛同したときにはほんとうに安堵したものです．彼の個性にまつわる逸話がまったくの伝説にまで成長するにつれて，彼はいよいよもって理論物理学者の共同体における真の良心になっていったのです．

　パウリの探究心は，人間の営みのすべての側面におよんでいました．チューリヒでは彼は，彼の多方面にわたる関心を分かちあえるいく人もの同僚を見出しました．そして，歴史や認識論や心理学の問題についての彼の研究は，いくつものきわめて示唆に富むエッセイに表明されています．そしてまた当地で彼は，彼の知的能力と誠実な性格を十二分に理解することによって彼の偉大な研究と教育の活動にとって切実に必要とされた心の平穏を彼に与えることので

きる，生涯の伴侶とめぐり合えるという幸運に恵まれました．ヴォルフガング・パウリの死によって，私たちは才能豊かで元気を与えてくれる仲間を失っただけではありません．私たちは，私たちすべてにとって荒れ狂う海の中での揺らぐことのない岩とも言うべき真の友人をなくしたのであります．

16. ラザフォード記念講演
──核科学の創始者の追憶とその業績にもとづくいくつかの発展の回想*

ラザフォードともっとも親しかった仕事仲間の何人かが彼の基本的な科学的功績を顕彰し，彼の偉大なる人間性を回想してこられた，何年にもわたる一連のラザフォード記念講演に一枚加わるようにという当物理学会からの招待を受け取ったのは，私にとっては多大な喜びでした．まだ若くて駆け出しのときにラザフォードのインスピレイションのもとで働いている物理学者のグループに加わり，その後何年間も彼の暖かい友情のおかげをこうむるという大きな幸運に恵まれた者の一人として，私がもっとも大切にしている思い出のいくつかを掘り起すという仕事は願ってもないことであります．もちろん，一回の講演でアーネスト・ラザフォードのおびただしくまた多方面にわたる畢生の業績とそのはるか遠くにまでおよぶ影響をあまねく見渡すことは不可能でありますから，私が個人的に思い起せる時期のものと，私自身が身近にかかわった発展のみに話題を絞

---

* 本稿は，1958 年 11 月 28 日に Imperial College of Science and Technology において開催されたロンドン物理学会の会合で予稿なしに行われた講演に手を入れたもので，1961 年に完成された．

らせていただきます．

I

　最初にラザフォードを見かけ彼の話を聞くという大きな経験をしたのは，私がコペンハーゲンの大学での学業を終えてのち，1911 年秋にケンブリッジで J. J. トムソンのもとで学んでいたときに，ラザフォードがマンチェスターから毎年恒例のキャヴェンディッシュ晩餐会に講演にやってきた，そのおりです．このときには，私はラザフォードと個人的に知り合いになれたわけではありませんが，私は彼の個性の魅力や力強さに深い印象を受けました．その個性によってこそ，彼はどこで仕事をするときもほとんど信じられないくらいのことを成し遂げることができたのです．晩餐会は非常にユーモラスな雰囲気のなかで行われ，ラザフォードの何人かの同僚たちが，そのときすでに彼の名前につきまとっていた多くのエピソードのいくつかの思い出話をしておりました．彼がどれくらい自分の研究に没頭しているかを示すいくつもの逸話のなかで，キャヴェンディッシュ研究所のある実験助手は，その有名な研究所で何年間も働いていた意欲的な青年たち全員のなかで，ラザフォードは自分の装置をもっとも口汚く罵ることのできる人物として通っていたと語っていました．

　ラザフォード自身の講演からは，私はとくに彼の旧友の C. T. R. ウィルソンの最新の成功にたいする彼の暖かみの

こもった言葉を忘れることができません．ウィルソンは巧妙な霧箱の方法で，通常は際だってまっすぐな軌跡を示す α 線のなかにあって鋭く折れ曲がった線をくっきり示している軌跡の最初の写真をちょうど得たばかりでした．もちろんラザフォードは，わずか数カ月前に彼の画期的な原子核の発見へと導くことになったその現象については完全に精通していましたが，α 線の生涯のこのようなディテールが今や直接眼に見える形で示されたということにたいしては相当驚いたようであり，またそのことは彼をたいそう喜ばせました．このことに関連して，キャヴェンディッシュ研究所ですでに一緒にやっていたときからウィルソンがつぎつぎと装置を改良することで霧の形成の研究を進めていたときの粘り強さを，ラザフォードは口をきわめて称賛しておりました．後にウィルソンが私に語ってくれたところによると，この美しい現象にたいする彼の関心は，気流がスコットランドの山の尾根に上昇しふたたび谷間に下降してゆくにつれて霧が発生したり消滅したりするのを青年時代に見たときに呼び起されたとのことです．

　キャヴェンディッシュ晩餐会の数週間のち，私は，ラザフォードとも親しい，そのころに亡くなった父の同僚を訪ねるために，マンチェスターに出かけ，そこで私はふたたびラザフォードに会う機会を得ました[1]．ラザフォードは，その間にブリュッセルのソルヴェイ会議の発会の集会に出席して，そこではじめてプランクやアインシュタインに会

ったとのことです．ラザフォードが物理学の新しい見通しのあれやこれやについていかにも彼らしく情熱的に語ってくれたその会話の合間に，彼は，1912年の初春にケンブリッジでの修業を終えたあとは彼の研究室での研究グループに加わりたいという私の願いを快く受け入れてくれました．そのケンブリッジでは私は，原子の電子的構成というJ. J. トムソンの独創的なアイデアに強く関心を寄せていたのです．

　その当時は，さまざまな国からの多くの若い物理学者が，物理学者としてのその天賦の才能と共同研究の指導者としてのその特異な資質に惹かれて，ラザフォードのまわりに参集していました．ラザフォード自身はつねに自分自身の研究を進めることにひたすら専念していましたけれども，誰であれ若い人がどんなささやかのものであれ心のなかになんらかのアイデアを持っていると彼が感じたときには，忍耐づよく耳を傾けてくれました．それと同時に彼は独立自尊の人であり，権威にたいしてはほとんど敬意をはらわず，彼が「もったいぶったお喋り」と呼んだものには我慢がならなかったようです．そのようなおりには，彼は尊敬すべき同僚にかんして時には子供のような口を利くことさえできましたが，私的な論争に口を挟むことはみずから堅く戒めていました．彼は「人の名前を傷つけることのできる人物は，たった一人，つまり本人しかいないよ」とよく言ったものです．

当然のことながら，原子核の発見がもたらした帰結をすべての方向に追究することが，マンチェスター・グループ全体の中心的な関心事でありました．私が実験室に滞在していた最初の数週間，ラザフォードの助言にしたがって私は，学生や新参のために設けられ，ガイガー，マコウアーそしてマースデンの手慣れた指導のもとで行われていた放射能研究の実験的方法の入門課程を受講することにしました．ところが私は，たちまちのうちに，この新しい原子模型が一般的・理論的にもっている意味あいに熱中してしまいました．とくに興味を惹かれたのは，物質の物理学的・化学的諸性質にかんして，原子核自身に直接その起源を有するものと原子核の大きさにくらべてきわめて大きい距離で核に結合されている電子たちの分布に主要に依存するものの間の厳密な区別が，その模型によって可能になるのではないかという点にありました．

　放射性崩壊の説明は核の内的な構成に求められるべきですが，元素の通常の物理学的・化学的特徴が核をとりかこむ電子系の性質を表していることは，疑問の余地はありませんでした．原子核の質量が大きくまたその広がりが原子にくらべて小さいために，その電子系の構成がほとんどもっぱら核の全電荷のみに依存しているであろうこともまた明らかでした．このように考察するならば，そこから一直線に，すべての元素の物理学的および化学的諸性質の説明を，現在では原子番号として一般に知られている原子核の

電荷を電気の要素的単位〔素電荷〕の倍数として表す単一の整数にもとづけるという展望が見えてきます．

　このような見方を発展させるさいには，私はとくにゲオルク・ヘヴェシーとの議論によって励まされました．マンチェスター・グループのなかでは，彼は抜群に広い化学の知識をもっていることで知られていました．彼は，後に化学や生物学の研究において強力な道具となる巧妙なトレイサーの方法を，はやくも 1911 年には考案していたのです．ヘヴェシー自身がユーモラスに書いているように，彼がこの方法を思いついたのは，ラザフォードの挑戦に応じて行われた彼の精巧な実験が否定的な結果をもたらしたことによります．ラザフォードは彼に，「もしも君が給料に見あうだけの働きをしているというのなら，」ピッチブレンドから抽出されオーストリア政府からラザフォードに寄贈された大量の塩化鉛から貴重なラジウム D〔^{210}Pb のこと〕を分離することによって役に立つところを見せて貰いたいものだ，と語ったのだそうです．

　私の見解は，ベックレルとキュリー夫人の発見の後にラザフォードとその研究仲間が複雑に絡み合っているいくつもの放射性崩壊をつぎつぎと解きほぐし系列づけることによって放射能の科学を建設していった，あのモントリオールやマンチェスターの年月の輝かしい冒険についてヘヴェシーと交わした会話のなかで，よりいっそう確かな形をとるようになりました．たとえば，すでに同定された安定な

元素と崩壊性の元素の数がメンデレーフの有名な〔周期律〕表のあてはめうる位置の数を上回っていることを私が学んだとき，そのような化学的には分離できない実体は，同一の核電荷をもち，ただ原子核の質量と内部的構成のみを異にするのではないかという考えに私は思いいたったのです．そのような実体の存在についてはすでにソディが注意を促していました．それは後に彼によって「同位体」と名づけられることになったものです．その直接の帰結は，元素が放射性崩壊するさい，α 線ないし β 線の放出にともない核の電荷が減少ないし増加するに応じて，その原子量のどのような変化とも無関係に周期律表でのその元素の位置は二段階下がったり一段階上がったりするというものです．

　このようなアイデアにたいしてラザフォードがどう反応するか知りたいと思って彼に当たってみたときには，彼はいつものように見込みのある単純性にはすぐさま興味を示しましたけれども，持ち前の慎重さで，原子模型の意義を過大に強調したり，乏しい実験的証拠にもとづいて先走りすぎることのないようにと，警告しました．それでもそのような見方は多方面から思いつかれるものと見えて，その当時マンチェスター・グループの内部では活発に論じられていましたし，またそれを裏づける証拠はとくにヘヴェシーやラッセルによる化学的研究によって急速に用意されてゆきました．

　とくに原子番号が元素の一般的な物理学的性質を決定す

るというアイデアにたいする強力な裏づけは，イオニウム〔^{230}Th のこと〕とトリウムの混合物のラッセルとロッシによる分光学的研究から得られました．彼らの研究によればその二つの物質は，原子量と放射性が異なるにもかかわらず，同一の光学スペクトルを示していたのです．特定の放射線放出過程とその結果としての元素の原子番号の変化の一般的関係は，その当時使えることのできたすべての証拠の分析にもとづいて，ラッセルにより 1912 年の晩秋の化学協会での講演において指摘されました．

この点にかんして言っておきますと，とりわけフレックによるそのさらなる研究の後に，完全な形の放射性変位法則がグラスゴーで研究していたソディそしてまたカールスルーエのファヤンスによって数カ月後に表明されたのですが，その時点ではそれとラザフォードの原子模型の基本的特徴との密接な関係にこれらの人たちが気づいていなかったということは興味深いことです．ファヤンスにいたっては，原子の電子的構成に関連しているのが明らかな化学的性質の変化を α 線や β 線が原子核から生じたとする模型に反対する強力な論拠とさえ見なしていたのです．ほぼ同じころ原子番号の観念がアムステルダムのファン・デン・ブルックによって独立に導入されましたが，しかし彼の元素の分類では，すべての安定な物質ないし放射性物質にたいしていまだに異なる核電荷が与えられていたのです．

これまでのところマンチェスター・グループ内部での議

論の主要なテーマは，原子核の発見からの直接的な帰結にありました．しかし，物質の通常の物理学的・化学的諸性質にかんして蓄積された経験を原子のラザフォード模型にもとづいて解釈するという一般的なプログラムは，その後何年間にもわたって徐々に解明されてゆかなければならない，もっと込み入った問題を提起していました．だから1912年には，状況の一般的な特徴にかんしては予備的な方向づけといったことしか問題になりえなかったのです．

ラザフォード模型にもとづくならば，原子系の典型的な安定性が力学と電気力学の古典的原理とはどのようにしても折り合わないということは当初から明白なことでした．実際，ニュートン力学にもとづくならば，点電荷のどのような系にたいしても静力学的平衡はありえないし，他方で，核のまわりの電子のどのような運動も，マックスウェルの電気力学にのっとるならば輻射によるエネルギー散逸をもたらし，それには系の不断の収縮がともない，その結果，原子核と電子が原子の寸法よりもはるかに小さい広がりしかもたない領域内で密に結合してしまうことになります．

それでもこの状況は，それほど意表外なことではありませんでした．というのも，古典力学の理論には本質的な限界のあることが1900年のプランクによる普遍的作用量子の発見によりすでに暴かれていたからであり，その作用量子は，とくにアインシュタインの手で，比熱や光化学反応の説明にはなはだ有望な応用を見出していたのです．それ

ゆえ，原子構造にかんする新しい実験的証拠とはまったく独立に，量子の概念が物質の原子的構成の問題全体にたいして決定的な意味をもつかもしれないと，広く期待されていました．

たとえば，私は後になって知ったことなのですが，1910年に A. ハースは，トムソンの原子模型にもとづいて，電子の運動の周期や寸法を調和振動子のエネルギーと振動数のあいだのプランクの関係をもちいて決定しようと試みています．それだけではなく，J. ニコルソンは，1912 年に星雲や太陽コロナのスペクトルのある線の起源を調べるさいに，量子化された角運動量をもちいています．しかしながら特筆すべきことは，分子の量子化された回転運動についてのネルンストの初期のアイデアを踏襲することで，すでに 1912 年に N. ビエルムは，2 原子分子気体における赤外吸収線のバンド構造を予言し，そうすることで分子スペクトルの詳しい分析にむけての最初の一歩を踏み出していたことです．その試みは，最終的には一般的なスペクトルの結合法則のその後の量子論による解釈にもとづいて達成されることになります．

1912 年の春の私のマンチェスター滞在の初期に，私は，ラザフォード原子模型の電子的構成は作用量子により完全に支配されているはずであると，確信するようになりました．この見解にたいする裏づけは，プランクの関係が元素の化学的・光学的性質に関与するより緩く結合されている

電子に近似的に適用可能であるように見えるという事実だけにではなく，とくに，バークラによって発見された特有の透過力の強い輻射〔特性 X 線〕によって明らかにされたように，原子内のもっとも強く結合されている電子にかんしても同様の関係がたどられる，ということに見出されます．たとえば，さまざまな元素を電子で打撃することによってバークラ輻射を作り出すのに必要なエネルギーは，私がケンブリッジにいたときにウィディントンによって測定されましたが，その値は原子番号によって与えられる電荷をもつ原子核のまわりのプランク軌道〔ケプラー軌道?〕を周回する電子のもっとも強い結合エネルギーの見積りから期待されるはずの単純な規則性を示しています．当時リーズにいたウィリアム・ブラッグが，1912 年のラウエの発見にもとづく X 線スペクトルの彼の最初の研究の時点で，バークラ輻射とメンデレーフ表での元素の配列順位の関係にかんしてウィディントンの結果がもつ意味についてはっきり気づいていたということ，私はこのことをローレンス・ブラッグの最近出版されたラザフォード講演から知ってたいへん興味を惹かれました．そのことはマンチェスターのモーズリーの研究をとおしてその後ほどなく完全に解明されることになります．

マンチェスター滞在の最後の一月のあいだ，私は主要に α 線や β 線にたいする物質の阻止能の理論的研究に没頭しておりました．この問題は，もともとは J. J. トムソン

によって彼自身の原子模型の観点から議論されていたものですが，ラザフォード模型にもとづいてダーウィンによってあらためて調べ直されたばかりでした．原子中に束縛されている電子の振動数にかんする上に述べた考察に関連して，私は，それらの〔α線やβ線などの〕粒子から電子へのエネルギーの移動は，輻射の分散や吸収とのアナロジーで簡単に扱えるであろうということに思いいたりました．こうして，水素とヘリウムに原子番号1および2をあてがうことにたいするさらなる裏づけとして阻止能の測定結果を解釈することができる，ということが示されたのです．このことは，一般的な化学的証拠や，そしてまたとくに薄い壁のエマナチオン管から出てきたα粒子を集めることでヘリウム気体が形成されるというラザフォードとロイズの実験的証拠とも一致するものです．もっと重い物質にたいするさらに込み入った場合でも，予測されている原子番号や推定されている電子の結合エネルギーとの近似的な一致は確かめられましたが，しかしそれ以上に正確な結果を得るには，この理論的方法はあまりにも素朴にすぎました．よく知られているように，量子力学のモダーンな方法によるこの問題の適正な扱いは，1930年にH.ベーテによりはじめて成し遂げられたのです．

　ちょうどそのころに，ラザフォードは彼の大著『放射性物質とその放射線』の準備に専念していましたが，それでも私の仕事にかわらぬ関心をもちつづけてくれました．そ

のおかげで私は彼の門弟たちが研究を公表するときに彼がつねにどのように心配りをしているのかを知ることができました．私はデンマークに帰国してのち，1912年の夏の盛りに結婚し，8月のイングランドとスコットランドへの新婚旅行のさいに私と妻はマンチェスターを通りましたが，それはラザフォードを訪ねて阻止能の問題にかんする私の論文の完成原稿を手渡すためでした．ラザフォードと彼の奥さんは私たちを心から迎えてくださり，そのことがその後何年間も二つの家族を結びつけた親密な友情のいしずえとなりました．

II

 コペンハーゲンに居を構えてのちにも，私はラザフォードとの緊密な関係を維持し，私がマンチェスターで着手した一般的な原子の問題にかんする研究のその後の進捗状況について，定期的に彼に報告していました．ラザフォードの返信はつねにたいそう励ましになるものでしたが，そのどれにも彼の実験室での仕事のことがごく自然にそして楽しげに書かれていました．実際それは，25年におよぶ長い文通の始まりで，それを読み返すたびに私は，私の記憶のなかにしまわれていた，みずから切り開いた分野の発展にたいするラザフォードの情熱や，誰であれそれに貢献しようとする者の努力にたいして彼がはらった暖かい関心にたいする思い出がよみがえってきます．

1912年の秋のラザフォード宛の私の何通かの手紙は，ラザフォード原子の電子的構成にたいして作用量子が果たすべき役割を追跡する努力がその後どのように継続されているのかということにかんするものでありますが，分子結合の問題や輻射効果や磁気効果にも触れられています．それでも依然として安定性にまつわる疑問が，これらの考察のすべてを錯綜した困難なものとし，そのためより確かな手掛かりを探し求めるようにと強く促していました．しかし，量子の観念をもっと首尾一貫した形で適用しようとあれやこれや試みた挙げ句，1913年の初春に，原子の安定性の問題のラザフォード原子に直接的に適用可能なひとつの手掛かりが元素の光学スペクトルを支配している驚くほど単純な法則によって与えられていることに，私は思いいたりました．

ローランドやその他の人たちによるスペクトル線の波長のとびきり正確な測定にもとづいて，そしてバルマーやさらにはマンチェスターのラザフォードのポストの前任者であるシュスターによる寄与ののちに，リュードベリによって一般的なスペクトル法則がきわめてあざやかに解き明かされました．線スペクトルに顕著に認められる系列とその相互関係の徹底的な分析の主たる結果として，与えられた元素のすべてのスペクトル線の振動数 ν は，その元素に固有のスペクトル項 T の集合のなかの二つの項を T' と T'' として，比類のない正確さで $\nu = T' - T''$ の形に表さ

れるということが認められていたのです．

この基本的な結合法則は明らかに従来の力学による解釈を拒んでいます．このことに関連してレイリー卿が，力学的な模型の基準振動の振動数のあいだのどのような関係も振動数について2次であり線形にはならないと的確に強調していたことを思い起すことは興味深いことです．ラザフォード原子にたいしては線スペクトルさえ期待できません．というのも，従来の電気力学にのっとるならば，電子の運動に付随する輻射の振動数はエネルギーの放出とともに連続的に変化することになるからです．そういうわけですから，スペクトルの説明を直接この結合法則に基礎づけようとするのは自然なことでした．

実際，プランク定数をhとして，エネルギー$h\nu$をもつ光量子すなわち光子というアインシュタインの表象を受け入れるならば，原子による輻射の放出や吸収はエネルギー$h(T'-T'')$の移動のともなう単一不可分な過程であるという仮定と，hTは原子のある安定な状態——いわゆる定常状態——での電子の結合エネルギーであるという解釈に導かれることになりました．この仮定〔量子仮説〕は，とくにスペクトル系列中に放出線や吸収線が見かけ上では気紛れに現れるという事態を端的に説明するものです．たとえば放出過程においては，高いエネルギー準位から低いエネルギー準位への原子の遷移を私たちは見ていますが，他方，吸収過程では，私たちは一般にはエネルギーのもっとも低

い基底状態からその励起状態のひとつへの原子の移行にかかわっているのです．

　もっとも単純な水素スペクトルの場合では，スペクトル項はきわめて正確に $T_n = R/n^2$ の形で与えられます．ここに n は整数で，R はリュードベリ定数です[2]．したがって，上に述べられた解釈によれば，水素原子内の電子の結合エネルギーは減少してゆく列で与えられることになり，その列は，もともと原子核から遠くに離れていた電子がより小さい n の値で特徴づけられるよりいっそう強く結合された定常状態へと輻射遷移によって移行してゆき，最終的に $n=1$ で指定される基底状態へと到達する，その段階的〔離散的〕過程を示しています．それだけではなく，この状態の結合エネルギーを核のまわりでケプラー軌道を動いている電子のエネルギーと見比べることにより，その軌道の大きさが気体の諸性質から導き出された原子の大きさと同程度であることが導かれます．

　ラザフォードの原子模型にもとづくならば，この見方は他の諸元素のもっと複雑なスペクトルにおいてもリュードベリ定数が顔を出すという事実の説明を直截に示唆しています．つまりその場合に私たちが見ているのは，電子のひとつが核に結合されている他の電子たちによって占められている領域の外部に引き出され，それゆえ，単位電荷の周囲のものと類似の力の場に晒されている，原子のそのような励起状態間の遷移過程であると結論づけられます．

16. ラザフォード記念講演　289

　ラザフォードの原子模型と分光学上の証拠のあいだのより密接な関係を追跡することは，明らかに厄介な問題を提起していました．一方では，ほかならぬ電子と原子核の電荷や質量の定義は，古典力学や電気力学の諸原理の用語による物理現象の分析に完全に依拠しています．他方では，原子に固有のエネルギーのどの変化も定常状態間の完全な遷移からなるといういわゆる量子仮説は，輻射過程やあるいは原子の安定性にかかわるその他の反応を古典論の原理にもとづいて説明するという可能性を排除しております．

　現在では知られているように，このような問題の解決のためにはしかるべき数学的形式の開発が必要とされました．つまりそれを正しく解釈するためには，基本的な物理学的諸概念の曖昧さのない使用のための基礎の根底的な改訂と，異なる実験的条件のもとで観測される現象のあいだの相補的関係の認識を必要とする，そのような数学的形式が求められていたのです．それでも当時，調和振動子のエネルギー状態にかんするプランクのもともとの仮説にもとづいて，定常状態の分類のために古典物理学の描像を使用することにより，いくつかの前進が可能でした．とくに，与えられた振動数をもつ振動子と結合エネルギーで決まる振動数をもつ核のまわりの電子のケプラー運動を仔細に比較することによって，ひとつの出発点が得られたのです．

　実際，調和振動子の場合とまったく同様に，水素原子のそれぞれの定常状態にたいして，電子の軌道周期にわたっ

て積分された作用を nh に等しいとおくことができるということが単純な計算によって示されました．円軌道の場合にはこの条件は，角運動量の $h/2\pi$ 単位での量子化と等価になります．この条件から，電子の電荷 e と質量 m そしてプランク定数 h をもちいてリュードベリ定数が

$$R = \frac{2\pi^2 m e^4}{h^3}$$

の形に表されることが導かれますが，この表式は e, m, h の利用可能な測定値の精度の範囲内で経験的に得られていたリュードベリ定数の値に一致することが判明しました[3]．

この一致は，力学的模型を使って定常状態を図式的に表すという見通しを指し示しているようですが，しかしどのような形にせよ，量子の観念を従来の力学の原理と結びつけようとするさいの困難は，やはり依然として残されています．それゆえスペクトルの問題にたいするこの攻略法の全体が，扱っている作用が十分に大きくて個々の量子を無視することが許される極限では古典論の記述を包摂していなければならないという自明な要求をたしかに満たしているということがわかったことは，たいへん勇気づけられることでした．じつはこのような考察はいわゆる対応原理の萌芽的なあらわれだったのです．対応原理は，量子物理学の本質的に統計的な説明を古典物理学の記述の合理的一般化として表現するという目的を表したものであります．

たとえば，従来の電気力学では，ある電子の系より放出

された輻射の組成はその系の運動が〔フーリエ〕分解される調和振動の振動数と振幅によって決定されるはずのものです．もちろん，重い原子核のまわりの電子のケプラー運動とその系の定常状態間の遷移で放出される輻射のあいだには，そのように簡単な関係はありません．しかし，量子数 n の値がその差より大きいような定常状態どうしのあいだの遷移という極限の場合には，ランダムな個々の遷移過程の結果として現れる輻射成分の振動数は電子運動の調和成分の振動数に漸近的に一致することが示されます．そのうえ，単純な調和振動の場合と異なり，ケプラー軌道では回転の振動数だけではなく高階調和成分も現れるために，水素スペクトルにおいて項の無制限な結合にかんしてどこまで古典論との類推が成り立つのか，その点を追跡することも可能となります．

　それでも，ラザフォードの原子模型とスペクトルの証拠のあいだの関係を疑問の余地なく証明することは，ある特異な事情のためにしばらくのあいだ妨げられていました．すでに 20 年前〔1896 年〕にピカリングは遠方の星からのスペクトルのなかにある線の一系列を発見していましたが，それは通常の水素スペクトルと数値的に非常に接近していたので，これらの線は一般には水素のものとされていました．そればかりかこのことは，リュードベリによって，水素のスペクトルは単純なのにその構造が水素スペクトルに酷似しているアルカリ族を含むその他の元素のスペクトル

が複雑であるというその明白な相違を解消するものだとさえ考えられていました．この見解は A. ファウラーのような著名な分光学者によっても支持されていました．彼はちょうどそのころに，実験室での水素とヘリウムの混合気体をとおした放電による実験でピカリング線とそれに関連した新しいスペクトル系列を観測したのです．

とはいえ，スペクトル項にたいする公式に現れる数 n にたいして整数だけではなく半整数の値も許されないかぎり，ピカリングとファウラーの線に水素スペクトルにたいするリュードベリの公式をあてはめることはできません．しかしこのように〔半整数の n が許されると〕仮定すれば，エネルギーとスペクトル振動数のあいだの古典論の関係への漸近的接近は明らかに成り立たなくなります．他方で，電荷 Ze の原子核に束縛されているひとつの電子からなり，作用積分が同様に nh の値をとることでその定常状態が決定されるような系のスペクトルにたいしては，このような対応は成り立つでしょう．事実，そのような系のスペクトル項は Z^2R/n^2 で与えられ，それは，$Z=2$ にたいしてはリュードベリの公式中の n に半整数を代入したのと同じ結果を与えます．それゆえ，ピカリングとファウラーの線を星の内部やファウラーによってもちいられた強い放電中での高温の熱運動によってイオン化されたヘリウムのものとするのが無理のない見方でした．実際，もしもこの結論が確かめられたとするならば，異なる元素のあいだのラザ

フォード模型にもとづく定量的関係の確立にむけての最初の一歩が踏み出されたことになるでしょう．

III

1913年の3月に，原子構造の量子論の最初の論文の草稿を同封してラザフォードに手紙を書き送ったときには，私はピカリング線の起源をめぐる問題に決着をつけることの重要性を強調し，その機会をとらえて，その目的のための実験をシュスターの時代以来それに適した分光学上の装置が揃っている彼の実験室で行ってもらえないかどうか，問い合わせてみました．私は早速返事をもらいましたが，それはラザフォードならではの厳しい科学的判断と頼りがいのある人柄を表しているので，その全文を引用したいと思います：

拝啓　ボーア博士
　貴兄の論文を無事受け取り，興味深く読ませていただきましたが，もう少し時間のあるときにあらためて注意深く読み直してみたいと思っております．水素のスペクトルの発生[4]の仕組みについての貴兄のアイデアは，大変に巧妙で旨くゆくように見えます．しかし，プランクのアイデアを旧来の力学と混ぜこぜにすることは，何がその基礎にあるのかについての物理的な観念を形成することを非常に難しくしています．きっと貴兄も十分に気

づいておられるものと思われますが，貴兄の仮説にはひとつの由々しい困難があるように小生には思われます．つまり電子がある定常状態から別の定常状態へと移行するときに電子はどれだけの振動数で振動することになるのかをどのように決定するのか，という点です．小生の見るところ，貴兄は電子がどこで止まることになるのかをあらかじめ知っていると仮定せざるをえないのではないでしょうか．

論文を書くという点について，どちらかと言うと本質的でない批判を一点書き加えたく思います．貴兄は，明瞭なものにしたいと努めるあまりに，論文の異なる箇所で同じことを繰り返し，論文をあまりにも長くしすぎる傾向にあるように思われます．実際，貴兄の論文はもっと刈り込まれるべきで，そうしたからといって明瞭さを犠牲にすることにはけっしてならないと思われます．長たらしい論文は読者を尻込みさせることになりがちで，読者は眼を通す時間がないと感じてしまうという事実を貴兄なら承知しておられると思うのですが．

小生はそのうちに貴兄の論文を注意深く読み直し，細部について小生がどのように感じたのかお知らせする所存です．それが *Phil. Mag.* に投稿されることは大歓迎ですが，分量が大幅に切り詰められたならば，もっといいと思います．いずれにせよ，必要な英語の訂正は小生がやりましょう．

16. ラザフォード記念講演　　295

　貴兄のこの続きの論文が見られるようになれば大変嬉しいことですが，どうぞ小生の助言を心に留められ，明晰さを損なわない範囲でそれらをできるかぎり簡潔なものにされますように．貴兄が近いうちにイギリスに来られると聞いて，小生は嬉しく思っています．マンチェスターに来られたおりにお眼にかかることができれば，それは私たちにとっての大きな喜びとなるでしょう．

　ところで小生は，ファウラーのスペクトルについての貴兄の推測にはおおいに興味を惹かれました．その件をここでエヴァンスに言ったところ，彼は非常に面白そうだと言ってくれましたから，次の学期に戻ってきたときに彼はそのことにかんして屹度いくつかの実験をやってくれるでしょう．一般的な仕事はつつがなくこなされておりますが，小生目下 α 粒子の質量がそうあるべきものより大きいことになりそうだという発見に引っ掛かっております．もしもそれが本当だとすれば，それはあまりにも重要なので，すべての点で小生の正しさが確かめられるまでは，それを公表するわけにはゆきません．その実験は時間を食うし，それにきわめて正確になされねばならないのです．　敬具

　　　　1913 年 3 月 20 日　　　　E. ラザフォード

追伸　貴兄の論文で小生が不必要と思われる箇所を，小生の判断で削除しても差し支えがないでしょうか．返信

をお待ちしています．

　ラザフォードの最初の所見はたしかに的を射たものであり，その後長期にわたる議論の中心となる点を突いていました．当時の私自身の見方は，1913年10月のデンマーク物理学会の会合での講演で表明したように，ほかでもない量子仮説には物理学の説明にたいするこれまで慣れ親しんできた要求からの根底的な離反が暗に含まれているのであるが，しかしその離反それ自体がその新しい仮説の論理学的に一貫した枠組みへの組み込みがしかるべき過程で達成されるという可能性のための十分な見通しを開いているにちがいない，というものでした．ラザフォードの指摘に関連して，アインシュタインが熱輻射にたいするプランクの公式の導出にかんする1917年の有名な論文で，スペクトルの発生にかんして同様の出発点をとり，自発輻射過程の出現を支配している統計的法則とすでに1903年にラザフォードとソディにより定式化されていた放射性崩壊の基本法則のあいだの類似性を指摘していることを思い起すことは，とくに興味深いことです．実際，その当時知られていた錯綜した自然放射能の現象を一挙に解き明かしたこの法則は，その後に観測された自発的な崩壊過程の特異な分岐を解釈する手掛かりでもあることが判明したのです．

　ラザフォードの手紙でたいへんに強調されている第二点は，私をはなはだ当惑させるものでした．じつは，ラザフ

ォードの返事を受け取る数日前に，私は最初の原稿をかなり膨らませた改訂版を彼に送っていたのです．書き加えられたのは，とくに放出スペクトルと吸収スペクトルの関係および古典物理学の理論との漸近的対応に関連する部分です．それゆえ私は，事態を打開する方策としては，ただちにマンチェスターに赴きラザフォードとじかに会って洗い浚い話しあうこと以外にはないと感じました．ラザフォードはあいもかわらず多忙でしたが，私にたいしては天使のような忍耐力を示してくれました．そして数日間におよぶ夜の長い議論のすえに，私がそれほど頑固になるとはまったく考えてもみなかったと宣言し，論文の最終版には旧い点も新たに書き加えた点もすべて残すことに同意してくれました．たしかにラザフォードの助力と助言のおかげで，スタイルも用語もともに本質的に改良され，それ以来私は相当込み入った表現やとくに以前の文献を参照することによる多くの繰り返しにたいする彼の異議がどれほど正鵠を得ていたのかを考えさせられる機会にしばしば遭遇することになります．という次第で，このラザフォード記念講演は，その当時の議論の実際の進展について手短にお話するよい機会を提供してくれました．

それにつづく数ヵ月のあいだ，ヘリウム・イオンに帰せられるべきスペクトルの発生にかんする議論は劇的な転換をとげました．第一に，エヴァンスは，通常の水素の線のいかなる痕跡も見られないほど純度の高いヘリウムをとお

した放電で，ファウラー線を作り出すことに成功しました．それでもファウラーはいまだに納得せず，混合気体ではスペクトルが奇妙な現れ方をするかもしれないのだと強弁していました．とりわけ彼は，彼の行ったピカリング線の波長の正確な測定の結果が，$Z=2$ としたときの私の公式から得られるものとは正確には一致しないことに着目したのです．しかし，この最後の点にかんする回答はたやすく見出されました．というのも，リュードベリ定数の表現に入り込む質量 m は，自由電子の質量ではなくいわゆる換算質量，つまり M を原子核の質量として $mM/(m+M)$ にしなければならないということは明らかだからです．実際，この補正を考慮に入れると，水素のスペクトルとイオン化したヘリウムのスペクトルのあいだの予測された関係はすべての測定と完全に一致しました[5]．この結果はただちにファウラーによって歓迎され，その機会に彼は，他の元素のスペクトルにおいても，通常のリュードベリ定数に 4 に近い数が掛けられなければならないそのような系列が観測されているということを指摘したのです．一般にはスパーク・スペクトル〔火花スペクトル〕と言われているこのようなスペクトル系列は，励起された中性原子によるいわゆるアーク・スペクトルと異なり，今では励起されたイオンから発生するものと認められております．

ひき続いての分光学的研究は，それに続く年月に，1 個のみならず数個の電子が取り除かれた原子の多くのスペク

トルを明らかにしました．とくに，ボウエンのよく知られた研究によって，ニコルソンによって議論された星雲のスペクトルの起源は仮説的な新元素に求められるべきでなく多価にイオン化された酸素や窒素の原子に求められるべきである，という認識に到達したのです．電子がひとつひとつ順に核に結合されてゆく過程を分析することによりついにはラザフォード原子の基底状態におけるすべての電子の結合を概観するところにまでゆけるであろう，という展望も出てきました．もちろん 1913 年段階では，実験的証拠は今なおあまりにも貧弱であり，また，定常状態を分類する理論的方法も，それほど野心的な仕事を首尾よくやり遂げるのに十分なまでには開発されていませんでした．

IV

そうこうするうちに，原子の電子的構成についての研究は徐々に進展してゆき，やがてふたたび私はラザフォードに助力と助言を請うことにしました．こうして 1913 年の 6 月に私は，放射性変位法則とバークラ輻射の起源についてのひき続いての議論のほかに，複数個の電子を含む原子の基底状態を論じた第 2 論文をたずさえて，マンチェスターに赴きました．この問題にかんしては，私は試験的に閉じた環にいくつかの電子軌道を配置しようと試みてみました．それは，もともとは J. J. トムソンが彼の原子模型によって元素のメンデレーフ表に見られる周期性の特徴を説

明しようとした初期の試みで導入した殻構造に類似したものです．

　その機会に私は，ラザフォードの実験室でヘヴェシーとパネットに会いました．彼らによれば，その年のはじめにウィーンで共同で行った硫化鉛やクロム酸塩の溶解度のトレイサーの方法による最初の系統的な研究に成功したとのことでした．このようなマンチェスターへの何回もの訪問はそのたびごとに大きな刺激になり，それは私にとってはその実験室の研究に遅れずについてゆく喜ばしい機会を与えてくれることになりました．そのときにはラザフォードは，ロビンソンを助手にしてβ線放射の分析に忙殺されながら，同時にアンドレイドと共同でγ線スペクトルを調べていました．そのうえダーウィンとモーズリーは，結晶における X 線回折の精密な実験的・理論的研究に没頭しておりました．

　次にラザフォードに会うことのできる特別な機会が，しばらくして，1913 年の 9 月にバーミンガムで開催された大英科学振興協会の会合のおりに作られました．キュリー夫人が出席していたその会合では，レイリー，ラーモア，ローレンツのような御歴歴も加わり，とりわけ輻射の問題が広く討議に付されました．とくにジーンズは，議論の糸口として原子構造の問題への量子論の適用の概要を講じましたが，彼の明快な説明は，実際，マンチェスター・グループの外では一般にはなはだ懐疑的に見られていた考察に

たいする真剣な関心の最初の公的な表現だったのです．

　ラザフォードや私たち全員をたいへん喜ばした出来事は，最近の発展にたいする見解をぜひお聞かせ願いたいという，ジョセフ・ラーモア卿の真面目なリクエストにこたえたレイリー卿の発言でした．若いときに輻射の問題の解明に決定的な寄与をしたこの偉大なる老兵の即答は，「若い時分には，いろいろな考え方を非常に厳格に受け取っていました．還暦を過ぎた者は新しい考え方に口を挟むべきではない，というようなこともそのひとつです．今ではこのような見解をそれほど杓子定規には受け止めていないことを告白しなければなりませんが，それでもこの議論には加わるべきでないという程度にはそれを遵守しております」というものでした．

　6月の私のマンチェスター訪問のおりに，私は，ダーウィンやモーズリーと原子番号にのっとった元素の正しい並べ方という問題を議論し，そこではじめて，ラウエ-ブラッグの方法をもちいた元素の高振動数スペクトルの系統的な測定によってこの問題を確定しようとモーズリーが計画しているのを知りました．モーズリーの抜群の行動力と目的意識的な実験の天賦の才により，彼の仕事は驚くほど速やかに進められ，すでに1913年の11月には，彼の重要な結果の説明と光学スペクトルには適用可能なことがすでに証明されていた考え方にもとづくその解釈にかんする問いの記されたたいへんに興味深い手紙を私は受け取りました．

モーズリーの発見した単純な法則によってすべての元素にたいしてその高振動数スペクトルをもちいて原子番号を一意的に割り振ることが可能となりましたが，この法則の発見ほど初っ端から広く関心を集めた出来事は，近代の物理学と化学の歴史においてほとんど見当たりません．それがラザフォード模型にたいする決定的な裏づけであることがただちに認められただけではなく，メンデレーフが彼の表のいくつかの位置で原子量の増す順の並びから外れさせた直感力の正しさが劇的に明らかにされたのです．とりわけ，モーズリーの法則が原子番号順に並べたときの空席にあたる未発見の元素を探索するさいの誤ることのない道標を提供しているということには，疑問の余地はありませんでした．

そしてまた，原子内の電子の配置という問題についても，モーズリーの研究は重要な発展の口火を切るものになりました．たしかに，原子のもっとも内側では個々の電子に働く原子核からの引力が電子相互の斥力を圧倒的に上回っているという事実が，モーズリーのスペクトルと裸の原子核に結合されている単一の電子よりなる系にたいして期待されるものとの著しい類似性の根拠となっています．しかし，よりたちいって比較することにより，原子の電子的構成の殻構造にかかわる新しい情報を得ることができました．

その後しばらくして，この問題にたいする重要な貢献がコッセルによってなされました．彼は，K, L, Mタイプの

バークラ輻射〔特性 X 線〕が生じるのは，原子核を取り巻いている一連の殻ないし環のひとつから 1 個の電子が取り去られることによると指摘したのです．とくに彼は，モーズリーのスペクトルの K_α および K_β 成分を，K 殻中の欠けている電子が L 殻および M 殻のそれぞれの電子のひとつにより置き換えられる個々の遷移過程から生じるものとしました．このようにしてコッセルは，モーズリーの測定したスペクトル振動数のあいだのさらなる関係を追跡することができ，その結果として彼は，元素のすべての高振動数スペクトルを項の組み合わせで表すことに成功しました．そのさいそれぞれの項とプランク定数の積が原子内のその殻の電子をすべての殻を越えて原子核から遠くにまで取り去るのに要するエネルギーに等しいと置かれます．

そればかりかコッセルの考え方によれば，透過性の輻射の波長を増大〔減少？〕させたときにその吸収が実質的にはそれぞれの殻の電子を一段階で完全に取り除くことを表す吸収端とともに始まるという事実にたいする説明も与えられます．そのさい中間的に励起された状態が存在しないのは原子の基底状態ではすべての殻が完全に埋められているためである，と仮定されました．よく知られているように，この見方は，1924 年にパウリが結合されている電子にたいする一般的な排他原理を定式化したことによって，その最終的な表現をついに見出したのです．パウリによる排他原理の定式化は，ストーナーが光学スペクトルの規則性の

分析からラザフォード原子の殻構造をその細部にいたるまで解明したことに触発されたものであります[6].

V

1913年の秋に,水素のスペクトル線の構造に電場が驚くほど大きな影響をおよぼすということがシュタルクによって発見されたことにより,物理学者のあいだでひと騒ぎ持ち上がりました.物理学の進歩全般にたいして注意深く眼を配っていたラザフォードは,プロイセン・アカデミーからシュタルクの論文を受け取ると,すぐさま私に次のような手紙をよこしました.「ゼーマン効果〔磁気的効果〕と電気的効果〔シュタルク効果〕について,もしもそれらが貴兄の理論と折り合いうるのであるならば,現時点で貴兄はなにか書くべきだと小生は思量しております.」ラザフォードの挑戦にこたえて私はその問題の検討を開始し,やがて電場の効果と磁場の効果で私たちは非常に異なる問題を扱わなければならないのだということを覚りました.

1896年のゼーマンの有名な発見にたいするローレンツとラーモアの解釈の本質は,それが原子内での電子の束縛のメカニズムにかんする特定の仮定とはほとんど無関係な形で線スペクトルの起源として直接に電子の運動を指し示していることにあります.たとえスペクトルの起源が定常状態間の個々の遷移に帰せられるにしても,ラーモアの一般的な定理を考慮すれば,ラザフォード原子におけるよう

な中心対称な場に束縛されている電子から放出されるすべてのスペクトル線にたいして，対応原理から正常ゼーマン効果が期待されます．いわゆる異常ゼーマン効果の出現はむしろ新手の謎をもたらしたものであり，それは10年以上後に系列スペクトルにおけるいくつもの線の込み入った構造が固有の電子スピンにまで追い詰められたことによってはじめて解決されることになります．この発展にはさまざまな側面から重要な寄与がなされましたが，その過程のまことに興味深い歴史的説明は，パウリを追悼して最近出版されたよく知られた書物[7]に見出すことができます．

しかし電場の場合には，調和振動子によって放出された輻射にたいしては電場の強さに比例した効果は期待されません．それゆえシュタルクの発見は，線スペクトルの起源としての電子の弾性振動という常套的な行き方を確実に排除するものです．ところが原子核のまわりの電子のケプラー運動にたいしては，比較的弱い外部電場でさえ，永年摂動をとおして軌道の形状や方向にかなりの変化を産み出すことになります．外部電場のなかで軌道が純粋に周期的なままに留まるという特別の場合を調べることにより，無摂動の水素原子の定常状態に適用されるのと同様の議論で，シュタルク効果の大きさのオーダーを導き出し，とくに水素スペクトル系列内においてその効果が線から線へと急速に大きくなる事実を説明することができました．それでもこれらの考察は，この現象のよりたちいった説明のために

は原子系の定常状態の分類方法がいまだに十分には開発されていないということをはっきり示していました．

まさにこの点にかんして，角運動量成分やその他の作用積分の値を特定する量子数の導入によって，それに続く年月に大きな進歩がもたらされました．このような方法は最初 W. ウィルソンによって提唱されました[8]．ウィルソンは 1915 年にその方法を水素原子中の電子軌道に適用したのです．しかしニュートン力学では，この〔水素原子の〕場合にはすべての軌道はその回転振動数が〔角運動量の大きさや成分によらず〕系の全エネルギーのみで決まる一重周期運動である〔すなわち縮退している〕という事情のため，いかなる物理的効果も認められなかったのです．それでも，アインシュタインの新しい力学〔相対性理論〕で予言されていた電子質量の速度依存性が運動のこの縮退を取り除き，ケプラー軌道の遠日点の緩やかな不断の前進をとおしてその調和成分に第二の周期を持ち込むことになります．実際，1916 年のゾンマーフェルトの有名な論文によって示されたように，角運動量と動径方向の運動にたいする作用の別々の量子化によって，水素原子とヘリウム・イオンのスペクトル線の観測される微細構造の踏み込んだ解釈ができるようになりました．

そしてまた，水素スペクトルにたいする磁場と電場の効果はゾンマーフェルトとエプシュタインによって扱われました．彼らは多重周期系の量子化の方法を自由自在に操る

ことによって，それらを組み合わすことによって水素のスペクトル線の分裂が現れるそのようなスペクトル項を導き出すことに成功し，観測との完全な一致を示すことができたのです．このような方法が熱力学の要請にあうようにエーレンフェストが1914年に定式化した定常状態の断熱不変性の原理と両立可能であるということは，量子数が割り当てられるべき作用積分は，古典力学によれば系の固有の周期にくらべて緩やかに変動する外場のもとでは変化しないという事情により保証されています．

　この攻略法が実り豊かであるということのさらなる証拠は，多重周期系により放射される輻射にたいする対応原理の適用から導き出されました．それは異なる遷移過程にたいする相対確率にかんして定性的な結論をもたらしたのです．これらの考察は，とくに水素のスペクトル線のシュタルク効果成分の強度の見かけ上は気紛れな変化にたいするクラマースの説明によって確かめられました．ルビノヴィッチにより指摘されたような原子と輻射のあいだの反応に適用されたエネルギーと角運動量の保存法則によって排除される遷移以外にも，他の原子においてはあるタイプの遷移が見られないという事実にたいする説明さえ，対応論によって見出されました．

　込み入った光学スペクトルの構造にかんして急速に増大してゆく実験的証拠や，そしてまたシーグバーンとその共同研究者たちによる高振動数スペクトルにおけるより微細

な規則性の方法的にたしかな探究の助けでもって，いくつもの電子を含む原子内の結合状態の分類は途切れることなく発展してゆきました．とくに，電子を核につぎつぎと結合させることによって原子の基底状態を形成してゆく仕方の研究は，原子内の電子配置の殻構造をしだいしだいに明確なものにさせてゆきました．こうして，電子スピンのような説明に欠かせないいくつかの要素はたしかにいまだに知られてはいませんでしたが，ラザフォードによる原子核の発見以来ほぼ10年以内で，メンデレーフ表のきわめて著しい周期的特徴の多くについて概括的に解釈することが事実上可能となっていったのです．

　しかしながらその攻略法の全体は，今なお大部分なかば経験的な性格のもので，諸元素の物理学的・化学的諸性質を余すところなく説明しようとするのであれば，量子仮説を論理的に内部矛盾のない枠組みに組み込むために古典力学からのまったく新しい離反が必要とされていることが，やがて明らかになってゆきます．このよく知られている発展には，やがてそのうちに立ち戻る機会があるでしょう．さしあたって私はラザフォードについての私の思い出話を続けたいと思います．

VI

　第一次世界大戦の勃発は，マンチェスター・グループのほぼ完全な解体をもたらしましたが，私は幸運にもラザフ

ォードとの緊密な関係を維持していました．ラザフォードは，ダーウィンの後任として数理物理学のシュスター講師職に就くように，1914年の春に私を呼んでくれたのです．スコットランドまわりの荒れ模様の航海を経て初秋のマンチェスターに到着したときに，海外からの同僚たちが去りイギリス人の大部分も軍務に就いたのちに研究室に残っていたわずかな数の旧友から，私と家内は本当に親切に迎えられました．ラザフォード夫妻は，ニュージーランドに親戚を訪ねてからの帰国途上で，そのときはいまだアメリカにいました．それから数週間して彼らが無事マンチェスターに戻ってきたときは，私たち全員が大きな安堵と喜びで彼らを迎えたことは言うまでもありません．

　ラザフォード自身は軍事的なプロジェクトとりわけ潜水艦の音波探知法の開発にかんする仕事にすぐに引き込まれ，学生の指導はほとんど完全にエヴァンスとマコウアーと私に任されました．それでもラザフォードは，時間を見つけては彼自身の先駆的な仕事を続けていました．それはすでに戦争の終了以前に大きな成果を産み出すことになります．そしてまた彼は，それまでと同様に同僚の努力に暖かい関心を示し続けていました．原子構造の問題にかんしては，電子の衝突による原子の励起にかんするフランクとヘルツの有名な実験が1914年に公表されたことにより，新しい刺激が与えられました．

　水銀蒸気をもちいて行われたこの実験は，一方では，原

子的過程でのエネルギー移動が段階的〔離散的〕に行われることをこのうえなく印象的に立証するものですが, 他方では, その実験によって見かけ上示されている水銀原子のイオン化エネルギーの値が水銀スペクトルの解釈から予測される値の半分以下でした. そのため, 観測されているイオン化は, 電子衝突に直接関連したものではなく, 水銀原子が第 1 励起状態から基底状態に戻るさいに出る輻射による電極での二次的な光電効果によるのではないのか, という疑いがもたれました. ラザフォードに励まされてマコウアーと私はこの点を調べるための実験を計画し, かつてラザフォードのヘリウム形成の研究のための精巧な α 線管を作成した実験室の腕の立つドイツ人ガラス職人の助けをかりて, いくつもの電極やグリッドをもつ複雑な石英ガラスの装置を作りあげました.

ラザフォードは, リベラルで人道的な態度で, そのドイツ人ガラス職人が戦争中もイギリスで仕事を続ける許可を得ようと試みたのですが, 彼は度外れて激しい愛国的言辞を口にするという職人にありがちな気質のために, とうとうイギリス官憲によって抑留されてしまいました. そのため, 支持台が焼けるという事故で私たちの手の込んだ装置が壊れてしまったとき, それを修復するための助けが得られず, そしてまたその直後にマコウアーが軍務に志願したので, その実験は放棄されました. その問題は, 1918 年のニューヨークにおけるデイヴィスとゴーチャーによるす

ぐれた研究により，まったく独立に予想どおりの結果を得て解決されたということは，付け加えるまでもないでしょう．私が私たちの実を結ぶことのなかった試みに触れたのは，ただもっぱら，その時代にマンチェスターの実験室における研究が直面した困難がどういう種類のものであったのか，その一端を知ってもらうためであります．そしてそれは，御婦人たちが家事において処理していかねばならなかった困難とも通じるものです．

それでもラザフォードのけっして屈することのない楽観主義は，周囲の者をおおいに勇気づけてきました．戦況が深刻な後退局面にはいったときラザフォードが，イギリス人を打ち負かすことは不可能だ，というのも彼らはあまりにも馬鹿でいつ敗北したのか理解できないからだという，かつてナポレオンが語ったといわれる古い言葉を引用したときのことを，私は今でも覚えております．私にとっては，哲学者アレクサンダー，歴史家タウト，人類学者エリオット・スミス，カイム・ワイズマン等を含むラザフォードの個人的な友人たちのグループの月例の議論に加われたことは，たいへんに楽しくて為になる経験でした．ワイズマンは30年後にイスラエルの初代大統領になる化学者で，ラザフォードはその特異な個性を高く買っていました．

1915年のガリポリの戦役におけるモーズリーの早世という悲報は，私たち全員に戦慄的な衝撃を与え，世界中の物理学者仲間はその知らせを深い悲しみで迎えました．ラ

ザフォードはモーズリーが前線からもっと危険性の少ない仕事に配属されるようにと骨を折っていただけに，悲しみもひとしおでした．

　私はコペンハーゲン大学の新設された理論物理学の教授職に任命されていたので，1916年の夏に家内とともにマンチェスターをあとにし，デンマークに戻りました．郵便事情がますます悪くなっていたにもかかわらず，ラザフォードとの文通は途切れることなく保たれていました．私のほうからは，原子構造の量子論のより一般的な表現についての仕事の進捗状況を報告していました．それは，すでに述べた定常状態の分類にかんする発展により，その時点ではいっそう活気づいていたのです．そのことに関連してラザフォードは，私が大陸からどのようなニュースを送りうるのか，とくにゾンマーフェルトやエーレンフェストとの最初の個人的な接触についての情報に大きな関心を寄せていました．ラザフォードはまた，自分の手紙では，増大する困難やその他の義務による圧力にもかかわらず彼がさまざまな方向への彼の研究を継続するためにどのように奮闘しているのかを，いきいきと書き送ってきました．たとえば1916年の秋にはラザフォードは，ちょうど使用可能となったばかりの高電圧管で作り出された〔透過能の大きい〕硬 γ 線の吸収にかんするいくつかの奇妙な結果になみなみならぬ関心を抱いていると書いてよこしています．

　その翌年以来ラザフォードは高速の α 線により原子核

の崩壊を引き起すという可能性にますます取り付かれてゆき，すでに 1917 年 12 月 9 日の手紙では，次のように書いています：

> 小生は，たまに半日間時間を見つけては，自分自身の実験を二三試みています．そして最終的には非常に重要なことが判明するであろうと思われる結果を，すでに手にしています．貴兄がここにいて，話し相手になってもらえたらどんなにいいかと思います．現在，α 粒子によって動かされた比較的軽い原子を検出し計測しています．その結果は，小生の思うところでは，核の近くの力の性格や分布についてかなりのことを明らかにしてくれるでしょう．そしてまた小生は，この方法で原子〔核〕を破壊しようと試みています．ひとつの事例では結果は有望に見えましたが，確実なものにするためにはかなりの量の作業が必要でしょう．ケイが私を手伝ってくれています．彼は今では計測のエキスパートです．

1 年後の 1918 年 11 月 17 日には，ラザフォードは彼のいつもの調子でその後の進展状況を知らせてきています：

> 小生は，貴兄がここにいて，原子核の衝突において小生の得た結果のいくつかがいったい何を意味しているのかについて，議論の相手になってほしいものだと思って

おります．小生，かなり驚くべき結果をすでに得ているのではないかと睨んでいます．しかし，小生の推論にたいする**確実な**証拠を得ることは，相当厄介で骨の折れる仕事です．微弱なシンチレーションを計測することは年寄りの眼にはこたえることですが，それでもケイに助けてもらって，過去 4 年間に暇を見つけてはかなりの量の仕事をこなしてきました．

　制御された原子核崩壊という彼の基本的な発見の記述を含む『フィロソフィカル・マガジン』に掲載された 1919 年のラザフォードの有名な一連の論文において，ラザフォードは，彼の昔の共同研究者でフランスにおいて休戦で軍務を解かれたアーネスト・マースデンの 1918 年 11 月のマンチェスター訪問に触れています．マースデンは以前にラザフォードを原子核の発見へと導いた実験をガイガーと共同で行ったのですが，そのかつてのマンチェスター時代以来のシンチレーション実験の豊富な経験をいかして，今回ラザフォードに協力し，窒素を α 線で叩いたときに放出される高速の陽子の統計分布におけるいくつかの見かけの異常を解明したのです．マースデンは，自分自身の大学での職務を果たすためにマンチェスターからニュージーランドへ戻りましたが，しかしその後の年月もラザフォードとは緊密な関係を保っていました．

　休戦後に旅行がふたたび可能となった 1919 年の 7 月に，

私はラザフォードに会いにマンチェスターに行き，制御された，つまりいわゆる人工の原子核変換という彼の新しい大発見[9]についてもっと詳しく知ることができました．それによって彼は，彼が好んで「現代の錬金術」と呼んだものを産み出したのですが，それはやがて人類による自然力の支配にかんしてあのように途轍もなく恐ろしい結果〔原水爆の開発〕をもたらすことになります．その当時ラザフォードは実験室でほとんど一人ぽっちであり，手紙に書かれていたように，マースデンの短期間の滞在をのぞいて彼の基本的な研究を手伝ったのは彼の忠実な助手のウィリアム・ケイだけでした．ケイは親切でしかも有能なために，その年月のあいだ実験室の誰からも愛されていました．私が訪れているときにラザフォードは，J. J. トムソンの退官によって空席のままになっているケンブリッジのキャヴェンディッシュ教授職を引き受けてもらえないかとの申し出に応えなければならず，そのため大きな決断をしなければならないとも語っていました．たしかにラザフォードにとっては，マンチェスターでの年月が実り豊かであっただけに，その地を去るという決心は容易につきかねたでしょう．しかしもちろん彼は，錚々たるキャヴェンディッシュ教授の列を継ぐようにという申し出を受諾しないわけにはゆきませんでした．

VII

　ラザフォードは，キャヴェンディッシュ研究所ではじめから彼のまわりに大勢の有能な研究者の一群を集めました．もっとも注目されていたのはアストンです．彼は何年間もJ. J. トムソンと一緒に仕事をし，すでに戦時中から質量分析法の開発を開始し，それによってほとんどすべての元素にたいして同位体の存在が証明されることになりました．ラザフォード原子模型にたいして非常に説得力のある裏づけを与えたこの発見は，まったくの予想外というものではありませんでした．すでにマンチェスター時代の初期に，元素をその化学的性質の順に並べたときに原子量の並びに不規則性が見られることが知られていましたが，そのことは，安定な元素にたいしても核の電荷はその核の質量と一意的に関係していると考えるわけにはゆかないということを示唆するものであると理解されていました．1920年の1月と2月の私への手紙でラザフォードは，アストンの仕事，とくに化学的原子量の整数値からの外れが統計的な性格のものであることを明瞭に示している塩素の同位体についての仕事を喜んでいました．彼はまた，アストンの発見に触発されて起ったさまざまな原子模型の優劣の比較にかんするキャヴェンディッシュ研究所での活発な議論を，ユーモラスに論評していました．

　昔のマンチェスター・グループからは，ドイツから帰国

したジェイムス・チャドウィックが最初から加わったことは，原子核の構成と崩壊についてのラザフォード自身の先駆的な研究を継続するうえでも，あるいは大規模な実験室の運営の面でも，大きな助けとなりました．チャドウィックは戦争の勃発したときにベルリンでガイガーと仕事をしていたために，ドイツに長く抑留されていたのです．初期のケンブリッジ時代のラザフォードの共同研究者のなかにはブラケットとエリスがいました．彼らは二人とも国防の仕事に就いていたのちにやってきたのです．エリスはドイツでの抑留中に収容所で知り合ったチャドウィックから物理学の手ほどきを受けました．キャヴェンディッシュでのグループにとってのさらなる財産は，数年後にカピッツァがやってきたことです．彼は創意に富んだいくつもの計画，とくにこれまで聞いたことのないような強さの磁場を作るという独創的な企画を携えてきたのです．この仕事では彼ははじめからジョン・コッククロフトの助力を得ましたが，そのコッククロフトは科学的な洞察と技術的な見識をあわせもつという余人には見られない才をもっていて，やがてラザフォードの傑出した共同研究者になりました．

　はじめのうちは，マンチェスター時代にはその数学的な見識で重宝がられていたチャールス・ダーウィンが，ラルフ・ファウラーとともにキャヴェンディッシュの研究活動の理論部門を受け持っていました．彼らはその当時，共同で統計熱力学とその天文学上の諸問題への応用に重要な寄

与をしています．ダーウィンがエジンバラに去ってから第二次大戦の直前までは，ケンブリッジの理論面での主要な相談役で指導者はラザフォードの娘婿となったファウラーでした．ファウラーは熱心に精力的にキャヴェンディッシュの研究に加わっただけではなく，やがて彼の感化を受けた才能豊かな数多くの弟子を見出すことになります．そのなかの第一人者は，原子物理学や分子物理学の発展にそれぞれ独自のやり方で寄与したレナード・ジョーンズやハートリー，なかんずく，非常に若いときから特異な論理学的能力によって卓越していたディラックであります．

1916年にマンチェスターを離れて以来，もちろん私はラザフォードの実験室で得た経験を活かそうと試みてきました．そして，実験物理学と理論物理学のあいだの緊密な協力を促進する研究所を作りあげようとした私のコペンハーゲンでの努力を，ラザフォードがいっとう始めからこのうえなく親切にかつ効果的に支援してくれたことを，感謝の気持ちをこめて思い起します．1920年の秋，研究所の建物がほぼ完成しかけたとき，ラザフォードが時間を見つけてコペンハーゲンを訪ねてくれたことは，とくに励みになりました．大学は感謝のしるしとして彼に名誉学位を授与し，その機会に彼はたいへんに刺激に富みまたユーモラスな挨拶を行いましたが，それはその場に列席した全員が長く記憶に留めることになりました．

新しい研究所の仕事にとってきわめて有り難かったこと

は，マンチェスター時代以来の私の古い友人であるゲオルク・ヘヴェシーが戦後まもなく私たちに合流したことです．彼はコペンハーゲンで働いた 20 年以上のあいだ，同位体トレイサー法をもちいて彼の有名な物理化学的研究や生物学的研究を数多く行いました．ラザフォードが大きな興味を示した特別な出来事は，1922 年にコスターとヘヴェシーが，モーズリーの方法を適用することによってそれまでは知られていなかった元素を見つけるのに成功したことでした[10]．その元素は今日ではハフニウムと呼ばれていますが，その性質は元素の周期律系の解釈にとっての強力な裏づけを付け加えるものでした．一般的な実験的研究の幸先のよいスタートは，実験室のオープニングと同時にジェイムス・フランクが訪れたことです．彼はその後数カ月にわたって，以前に彼がギュスタブ・ヘルツと共同で巧妙に開発した電子の打撃による原子の励起の洗練されたテクニックをデンマークの同僚にきわめて親切に伝授してくれました．比較的長期にわたって私たちのところに滞在した多くの優れた理論物理学者のなかの一番手は，ハンス・クラマースです．彼は，戦争中にまだまったくの若造のときにコペンハーゲンにやってきて 1926 年にユトレヒトで教授職に就くために研究所の講師の地位を去るまでの私たちとともに働いた 10 年のあいだに，私たちのグループにとってのかけがえのない宝であることを示すことになります．クラマースがコペンハーゲンに到着したその少し後に当地

を訪れたのは，スウェーデンから来たオスカー・クラインとノルウェーから来たスヴァイン・ロスランの二人の有望な若者でした．彼らは，原子が電子による打撃によってエネルギーの高い定常状態から低い定常状態に移りそのさいその電子はさらに速度を得るといういわゆる第 2 種衝突を指摘したことで，すでに 1920 年には名を知られていました．実際，そのような過程の出現は熱平衡を保証するのに決定的な役割を果たしています．それはちょうど，熱輻射にたいするプランクの公式のアインシュタインによる導出にとって誘導輻射遷移が本質的な役割を果たしているのと似ています．この第 2 種衝突の考察は，ケンブリッジでファウラーと研究をしていたサハがその当時基本的な寄与をした星の大気の輻射性質の解明には，とくに重要であることが判明しました．

　コペンハーゲン研究所のグループには，1922 年にパウリが，そしてその 2 年後にはハイゼンベルクが合流しました．いずれもゾンマーフェルトの門弟で，若輩ながらすでにきわめて優れた業績を挙げておりました．私が彼らと知り合ったのは 1922 年の夏にゲッチンゲンで講義をしたおりですが，私は彼らの飛びぬけた才能に深く印象づけられたものです．そのときのゲッチンゲンでの講義は，ボルンとフランクの指導のもとで研究していた当地のグループとコペンハーゲン・グループの長くて実りの多い協力の発端となりました．〔他方で〕私たちとケンブリッジの偉大なる

センターとの緊密な関係は，とくにダーウィン，ディラック，ファウラー，ハートリー，モット，そしてその他のメンバーの比較的長期の滞在によって，最初のころから維持されていました．

VIII

多くの国々からの理論物理学者の一世代全体のユニークな共同作業によって古典力学と電気力学の論理学的に首尾一貫した一般化が一歩一歩形成されていったこれらの年月は，ときに量子物理学の「英雄」時代と記されてきました．この発展に立ち会ってきた誰にとっても，異なる攻略の道筋がたがいに結びつけられ適切な数学的方法が導入されることによって物理学的経験の理解にかんしてどのようにひとつの新しい見通しが産み出されていったのか，その過程を目撃してきたことは忘れることのできない経験でした．目標に到達するまでには多くの障害が克服されなければなりませんでしたし，再三再四，私たちのうちのもっとも若い誰かによって決定的な進歩が達成されたのです．

孤立した原子や一定の外場に晒されている原子の定常状態の分類のためには力学的描像の使用はさしあたってはたいそう役に立ちましたが，それにもかかわらず，すでに述べたように〔古典論からの〕根本的に新しい離反が必要とされているということの認識が共通の出発点でした．化学結合の電子的構成をラザフォード原子模型にもとづいて図式

化することの難しさがますます明瞭になっていっただけではなく，ヘリウムのアーク・スペクトル〔すなわち中性原子のスペクトル〕の特異な二重性にとりわけ顕著に見られる原子スペクトルの複雑さをたちいって説明しようとするどの試みも，乗り越え難い困難にゆきあたったのです．

対応原理のさらに一般的な定式化にむけての最初の一歩は，光学的分散の問題によって与えられました．じつは，アルカリ蒸気における吸収と分散についての R. W. ウッドと P. V. ベヴァンの巧妙な実験によって見事に示されていた原子の分散とスペクトル線の選択吸収のあいだの密接な関係は，いっとう始めから対応論的アプローチを示唆していたのです．原子系の定常状態間の輻射によって誘導される遷移の出現にたいする統計的法則のアインシュタインによる定式化を下敷きにして，1924 年にクラマースは，これらの状態のエネルギーとそれらの状態間の自発遷移の確率のみを含む一般的な分散公式を確立するのに成功しました．クラマースとハイゼンベルクによってさらに発展させられたこの理論には新しい分散効果さえ含まれていますが，それは，無摂動の原子では存在せずそれに対応したものとしては分子スペクトルにおけるラマン効果があるそのような遷移にたいする確率が輻射の影響のもとで出現することに関連しています．

その後まもなく，ハイゼンベルクによって決定的に重要な前進が達成されたのです．彼は 1925 年にきわめて巧妙

な理論形式を導入しましたが,そこでは一般的な漸近的対応を越えるような軌道描像のいっさいの使用が回避されています.この大胆な考え方では,力学の正準方程式はハミルトンの形式で保持されていますが,その共役変数はプランク定数および記号 $\sqrt{-1}$ を含む非可換な演算規則にしたがう作用素で置き換えられています.実際,力学量をその要素が定常状態間のすべての可能な遷移過程に関係づけられているエルミット行列で表すことによって,これらの状態のエネルギーと関連した遷移過程の確率を一意的に導き出しうることが示されました.このいわゆる量子力学は,その入念な仕上げにはボルンとヨルダンそしてまたディラックがはじめから重要な寄与をしましたが,これまではなかば経験的な仕方でしか攻略できなかった原子にかんする数多くの問題の首尾一貫した統計的扱いへの道を切り開いたのです.

この偉大なる課題を完成させるためには,最初はハミルトンによって力説された力学と光学の形式的なアナロジーの強調がきわめて役に立ち,また教訓的でした.たとえば力学的な描像をもちいた定常状態の分類において量子数が果たす役割と弾性媒質中での可能な定常波を特徴づけるさいに節の数が果たす役割の類似性を指摘することによって,L. ド・ブロイはすでに 1924 年に自由な物質粒子の振る舞いと光子の性質の比較に導かれています.とりわけ啓発的なことは,その波長が狭い範囲内に限られていてさらに光

子の運動量とそれに対応する輻射の波長にかんするアインシュタインの公式によって運動量に結びつけられている成分波からなる波束を作りあげたとするならば，その波束の群速度が粒子の速度と一致するという彼の証明です．よく知られているように，この比較が剴切なものであるということは，まもなく，結晶からの電子の選択的散乱というデヴィソンとガーマーそしてまたジョージ・トムソンによる発見により，決定的な確証を得ました．

　この時期の頂点に位置する出来事は，1926年のシュレーディンガーによるさらに包括的な波動力学の確立でした．波動力学では定常状態は，荷電粒子よりなる系のハミルトニアンをその系の配置を定義する座標の関数に作用する微分作用素と見なすことで得られる基本的な波動方程式の固有解と考えられています．水素原子の場合，この方法で定常状態のエネルギーが驚くほどたやすく決定されるだけではありません．シュレーディンガーは，二つのこのような固有解の重ね合わせが，古典電気力学では水素のあるスペクトル線に一致する振動数の単色光の放出や共鳴吸収を与えるはずの原子内の電荷と電流の分布に対応していることを示しました．

　同様にシュレーディンガーは，入射した輻射によって摂動を受けた原子の電荷と電流の分布を無摂動の系の可能な定常状態の集合を定義している固有関数の重ね合わせの効果として表すことで，原子による輻射の分散の本質的特徴

を説明することができました．とりわけ示唆に富むのは，そのような方針にもとづいたコンプトン効果の法則の導出です．コンプトン効果は，アインシュタインのもともとの光子表象の有効性を印象的に示したにもかかわらず，その過程を原子系の定常状態間の輻射遷移に似た輻射の吸収と放出よりなる二段階に分割しそれにエネルギーと運動量の保存法則を結びつけようとする当初の試みでは，対応論的な扱いにたいして明白な困難を提起していたのです．

重ね合わせの原理は量子力学の行列形式にはただ暗黙にしか含まれていませんが，古典電磁場理論のものと類似のその重ね合わせの原理の使用を必然的にともなう〔波動力学の〕議論が広い適用領域をもつというこの〔シュレーディンガーの〕認識は，原子にかんする諸問題の扱いにおける長足の進歩を意味しています．それでも，古典物理学の攻略法の根底的な改訂という点で，対応原理によって目論まれていた統計的記述にくらべて波動力学がより穏やかなものを指しているわけではないということは，最初から明らかなことでした．たとえば私は，シュレーディンガーが彼の素晴らしい仕事についてきわめて印象的な説明をした1926年の彼のコペンハーゲン訪問のおりに，私たちは彼と量子過程の単一不可分性を無視するどのような手続きも熱輻射についてのプランクの基本公式を説明することはできないであろうと議論したことを，よく覚えております．

原子的諸過程の本質的特徴と古典的共鳴問題のあいだの

顕著な類似性にもかかわらず，私たちが波動力学において扱っている波動関数は一般には実数値をとらず，量子力学における行列と同様に記号 $\sqrt{-1}$ の使用を欠かせない関数であるという事実は，必ずや考慮されなくてはなりません．そのうえ，二つ以上の電子を含む原子の構成やあるいは原子と自由電子の衝突を扱うときには，状態関数〔波動関数〕が表されているのは通常の空間ではなく全系の自由度と等しい次元の配位空間なのです．波動力学から導き出される物理学的内容が本質的に統計的な性格のものであることは，最終的にはボルンによる一般的な衝突問題の巧妙な扱いによって明らかにされました．

〔行列力学と波動力学という〕二つの異なる数学的理論形式の物理学的内容が等価であるということは，コペンハーゲンに滞在していたディラックとゲッチンゲンのヨルダンによって独立に定式化された変換理論によって完全に解明されました．その変換理論は，ハミルトンによって与えられた古典力学の正準形式における運動方程式の対称性によって提供されるものと同様の変数変換〔正準変換〕の可能性を量子物理学に導入しました．同様の事情には，光子の概念を組み込んだ量子電気力学を定式化しようとするときにも遭遇します．その目的は，場の調和成分の位相と振幅を非可換変数として扱うディラックの輻射の量子論においてはじめて達成されました．ヨルダン，クライン，ウィグナー等によるさらに創意に富んだ寄与ののち，この理論形式

〔場の量子論〕は，周知のようにハイゼンベルクとパウリの研究により本質的な完成を見ることになります．

量子物理学の数学的方法がどれほど強力でその適用範囲がどれほどのものであるのかを格別によく表している例は，同一粒子からなる系にかんする特異な量子統計によって与えられました．そこでは私たちは，作用量子それ自体と同様に古典物理学とは異質な特徴を扱わなければならないのです．実際，ボース‐アインシュタイン統計ないしフェルミ‐ディラック統計の適切な適用を必要とするどの問題も，図式的な説明を原理的に排除しています．パウリの排他原理の適正な定式化が可能になったのは，ほかならぬこの事情に負っています．メンデレーフ表の周期的関係が最終的に解き明かされたのはその排他原理によりますが，それだけではなく，排他原理はその後の年月のあいだに物質の原子的構成のさまざまな側面の大部分を理解するためにははなはだ有効なことが立証されました．

量子統計の原理の解明にむけての基本的な寄与は，ヘリウム・スペクトルの二重性にたいする 1926 年のハイゼンベルクによる水際だった説明によって提供されました．実際，彼が示したように，二つの電子をもつ原子の定常状態の集まりは，その電子スピンが反平行なもの〔スピン波動関数反対称〕と平行なもの〔スピン波動関数対称〕のそれぞれに付随して，空間的波動関数が対称なものと反対称なものに対応する二つのたがいに結合しないグループからなっ

ています．その後まもなくハイトラーとロンドンは，これと同様の考え方で水素分子の結合の仕組みを説明するのに成功し，そうすることで等極化学結合〔共有結合〕の理解への道を開きました．原子核による荷電粒子の散乱にたいするラザフォードの有名な公式ですら，陽子と水素原子核やα粒子とヘリウム原子核のような同種粒子どうしの衝突に適用されたときには〔量子統計を考慮した〕本質的な手直しが必要であることが，モットによって示されました．しかし，ラザフォードがその基本的な結論を導き出した重い原子核による高速α線の大角度散乱という実際の実験においては，私たちは古典力学が十分妥当する範囲内にいるとしてかまいません．

　原子にかんする現象を説明するにあたって一貫性を確保するために，よりいっそう洗練されてゆく数学的抽象を使用する度合いがますます増大してゆきますが，その傾向は1928年のディラックの電子の相対論的量子論においてひとまずの頂点を迎えました．たとえば電子スピンの概念は，かつてダーウィンとパウリがその取り扱いに重要な寄与をしたものですが，ディラックのスピノル解析に整合的に組み込まれることになりました．しかしながらディラックの理論は，アンダーソンとブラケットによる陽電子の発見と結びつくことによって，同一質量ではあるが逆符号の電荷とスピン軸にかんして反対向きの磁気モーメントをもつ反粒子の存在の認識への道を開いたことで，なによりも特筆

されるべきでしょう．よく知られているように，ここで私たちがかかわっているのは，古典物理学のアプローチの基本的な考え方のひとつである空間の等方性と時間の可逆性を新しい形で復活させ押し広げた発展なのです．

　物質の原子的構成についての私たちの知識の目覚ましい発展と，そのような知識を獲得したがいに関連づけることを可能にした方法の飛躍的な進歩は，ニュートンとマックスウェルによってあのように完全なものとされた決定論的で図式的な記述の適用範囲のはるか彼方へと，私たちを押し遣りました．私はこの発展を間近で体験することで，そのすべての段階において私たちに手強い挑戦を促すことになった出発点としてのラザフォードによる原子核の発見のおよぼした圧倒的な影響について，思い知らされる機会にいくども見舞われたものであります．

IX

　ラザフォードがキャヴェンディッシュ研究所で倦まず弛まず精力的に働いていた長くて実りの多い年月のあいだ，私はラザフォードに招かれて，量子論の発展の認識論的な意味も含む理論的諸問題についての一連の講義を何回も行うために，頻繁にケンブリッジを訪れました．そのようなおりに，ラザフォード自身がその口火をきるのに大きくかかわり，そしてまたその発展の結果として初期の限られた展望をはるかに越えてゆくことになった研究分野の発展を

追いかけてゆくラザフォードの柔軟な精神と強烈な関心のありようが私にはひしひしと感じられましたが，そのことはつねに私をおおきく励ましてくれるものでした．

　実際，原子的現象にかんして急速に増大してゆく証拠を処理してゆくために抽象的な数学的方法が広範に使用されるようになったことは，観測問題全体をますます前面に押し出すことになりました．その起源では，この問題は物理学それ自体と同じくらい古いものです．たとえば実体の固有の性質の説明をすべての物質の分割可能性が限られているということに基礎づけた古代ギリシャの哲学者は，私たちの感覚器官が粗雑なため個々の原子の観測は金輪際不可能であろうということを当たり前のこととしていました．この点にかんして現代では，霧箱であるとかもともとは α 粒子の数や電荷の測定のためにラザフォードとガイガーの手で開発された計数器などのような増幅装置が作られたことによって，状況は一変しています．それでも，すでに見てきたように，原子の世界の探索の結果として，私たちの環境への順応や日常生活の出来事を説明するために開発された通常の言語に体現されている記述様式には本来的な限界があることが明らかになってゆきました．

　ラザフォードの態度全体を旨く言い表す言葉を使うならば，実験の目的は自然に問いかけることと言えるでしょう．そしてもちろんラザフォードがその仕事に成功したのは，もっとも有用な答えを可能とするような問いを作り出すこ

とにかけての彼の直感力のたまものでしょう．その問いかけが共通の知識を増大させうるためには，観測の記録はもとより実験条件を定めるために必要な観測装置の取り扱いや組み立てもが日常の言語で記述されなければならないことは，言うまでもありません．この要求は，実際の物理学上の研究では，実験の手筈が隔壁や写真乾板のようなその扱いを古典物理学の言葉で説明することのできる大きくて重い物体の使用によって定められているので，十二分に満たされています．そのことは，たとえそれらの測定装置やあるいは私たち自身の身体を作りあげている素材の性質が，本質的にはその構成要素である原子系のそのような説明を拒否する構成や安定性に依拠しているのだとしても，変わりはありません．

通常の経験の記述は，現象が空間と時間における経過において無制限に分割可能であるということ，そしてそのすべての段階が原因と結果の途切れることのない連鎖によって結合されるということ，このことを前提としています．つまるところこの観点は，私たちの感覚が繊細で，知覚するために必要とされる考察対象との相互作用が通常の状況では出来事の経過に感知しうるほどの影響をおよぼさないくらいに小さい，という前提にもとづくものなのです．古典物理学の体系では，この事情は，対象と測定装置の相互作用は無視しうるか，さもなければ少なくとも補正しうるという仮定に，その理想化された表現を見出します．

しかしながら量子過程の研究においては，作用量子により象徴されるそして古典物理学の原理とはまったく異質な全体性という要素は，いかなる実験的探究にも，原子的対象と測定装置のあいだには，現象の特定には欠かせないけれどもしかしその実験が私たちの問いに曖昧さをともなうことなく答えるという目的に役だつものだとするならばそれだけを切り離して見積ることはできないそのような相互作用がかならずともなうという結果をもたらします．実際，ほかでもないこの状況の認識こそが，まったく同一の実験設定においても個別の量子効果の出現の予想にかんしては統計的な記述様式に頼らざるをえなくしている原因であり，そしてまたそのことによってはじめて，たがいに排他的な実験条件のもとで観測される現象の見かけ上の矛盾が取り除かれるのです．このような現象が一見しただけではたがいにどれほど相反しているにしても，それらを併用するならばその原子的対象にたいする日常用語で曖昧さなく表現されるすべての情報を尽くしているという意味で，それらの現象は相補的であるということが認められなければなりません．

相補性という観念は，私たちの問いかけの範囲を制限するというような，たちいった分析のなんらかの断念を意味するものではありません．それはただ単に，曖昧さのないコミュニケイションのためにはその証拠が入手された状況にかんする顧慮をどうしても必要とするようなすべての経

験分野において，主観的判断には左右されることのない記述の客観的性格を強調するものなのです．このような状況は，論理学的な側面においては，言語のそもそもの発生このかた多くの言葉が相補的な仕方で使用されてきた心理学の問題や社会学の問題にかんする議論からは，よく知られていることなのです．もちろんこのような分野では私たちが多くの場合に扱っているのは，ガリレイのプログラムにのっとってすべての記述をはっきり定義された観測に基礎づけることを課題とするいわゆる精密科学に特有の定量的分析には馴染まない性質ではあります．

　数学はたしかにこのような課題にたいしてつねに助けを提供してきましたが，にもかかわらず数学的な記号や操作の定義それ自体は，通常言語の単純な論理学的使用に依存しているのだということは認められねばなりません．実際，数学は，経験の蓄積にもとづく知識のある特定の分野と見なされるべきではなく，通常の言語による伝達が不正確であるかあるいはあまりにも煩わしいような関係を表すためのしかるべき道具で補われた，一般言語の洗練と見なされるべきなのです．厳密に言うならば，量子力学と量子電気力学の数学的形式は，ただ単に，古典物理学の諸概念で特定される明確に定義された実験条件のもとで得られる観測についての期待値を導き出すための計算規則を提供するものでしかありません．この記述が過不足のない性格のものであるということは，これらの実験条件を任意の考えられ

る仕方で選択しうる自由度がその理論形式によって提供されているということによるだけではなく，それと同様に，考察している現象の定義そのものがその現象を完結させるために観測過程におけるある非可逆性の要素を含んでいて，そのことは観測概念そのものの根本的に非可逆的な性格を強調しているという事実にも，依拠しています．

　もちろん量子物理学での相補的な説明においては，対応論のすべての要求を満たしている数学的枠組みが論理的な整合性をもつことにより，すべての矛盾はあらかじめ排除されています．さらに，1927年にハイゼンベルクによって定式化された不確定性原理において表現されている任意の二つの正準共役変数の確定の相反的な不確定性の認識は，量子力学における観測問題の解明にむかっての決定的な一歩でした．実際，物理量が形式的に非可換作用素でもって表されるという事実は，そのそれぞれの物理量が定義され測定される操作がたがいに排他的な関係にあるという事実を直接に反映しているということ，このことが明らかになりました．

　この事情に馴染むためには，このような議論を非常に多くのさまざまな例にそくしてひとつひとつ掘り下げて検討することが必要とされました．量子物理学における重ね合わせの原理の一般化された意義にもかかわらず，観測問題のたちいった考察のための重要な道案内は，顕微鏡における像形成の精度と分光装置の分解能の相反的関係にかんす

るレイリーの古典的な分析に一再ならず見出されました．この点に関連して，とくに数理物理学の方法に精通しているダーウィンにはしばしば助けられたものです．

プランクが普遍的な「作用量子」という概念を導入したときのその用語の幸運な選択や，「固有スピン」という観念の示唆的な価値を十分に認めたうえで，なおかつ，これらの観念ははっきり定義された実験的証拠事実のあいだの古典的な記述様式によっては理解することのできない関係を指し示しているものにすぎないということは，心得ておかねばなりません．実際，量子やスピンを通常の物理学の単位で表したときの数値は，古典的に定義された作用や角運動量の直接的測定にかかわるものではなく，量子論の数学的形式の首尾一貫した使用によってのみ論理的に解釈可能となるものであります．とりわけ，自由電子の磁気モーメントを通常の磁力計で測定することができないというたびたび議論された事実は，ディラックの理論では，スピンと磁気モーメントは基本的なハミルトンの運動方程式におけるなんらかの変更から生じるのではなくて，作用素の演算法の特異な非可換的性格の結果として出現するという事実から直接的に明らかなのです．

相補性と不確定性の観念の正しい解釈は何であるのかという問題は，苛烈な議論，とりわけ1927年と1930年のソルヴェイ会議の席での論争なしには決着がつきませんでした．それらの機会にアインシュタインは巧妙に考案された

批判でもって私たちに挑みましたが，その批判はとくに測定過程において測定装置がはたす役割についての掘り下げた分析を促すことになりました．因果的でかつ図式的な記述に逆戻りする道を最終的に封じている決定的な点は，エネルギーと運動量の一般的な保存法則の一意的に適用できる範囲が次のような事情によって本来的に限られているということの認識にあります．すなわち，原子的対象の空間と時間への局所化を可能とするどのような実験設定にも，基準座標系の定義には欠かせない固定された物差しと調整された時計への運動量とエネルギーの原理的に制御不可能な移行がともなうという事情です．量子論の相対論的定式化を物理学的に解釈できるためには，究極的には，巨視的な測定装置の操作の説明においていっさいの相対性の要件を満たすことが可能でなければなりません．

　この事情をとりわけよく浮き彫りにしたのは，場の量子論の無矛盾性にたいする由々しい反論としてランダウとパイエルスによって提起された，電磁場成分の測定可能性をめぐる議論においてでした．じつは，電場と磁場の強さの確定と場の光子構成の特定がたがいに排他的な性格のものであることがしかるべく考慮されるならば，理論のすべての予測がこの点にかんしては満たされているということは，ローゼンフェルトと共同で行ったきめ細かな研究によって明らかにされました．それに似た状況は陽電子の理論においても直面します．そこでは，空間内での電荷分布の測定

に適したどのような実験設定も必然的に制御不可能な電子対の発生をもたらすことになります．

電磁場の典型的に量子的な特徴はスケールには依存しません．というのも，二つの基本定数——光速 c と作用量子 h ——では長さや時間の次元をもつ量をどうしても確定できないからです．しかし相対論的電子論は電子の電荷 e と質量 m を含んでおり，それゆえ現象の本質的な特徴は h/mc 〔$=2.4\times10^{-10}$ cm（コンプトン波長）〕のオーダーの空間的広がりで限られることになります．しかしこの長さが古典電磁理論の諸概念が一意的に適用できる範囲を限っている「〔古典〕電子半径」e^2/mc^2 〔$=2.8\times10^{-13}$ cm〕にくらべてさらに長いということは，たとえ大きくてその組み立てや取り扱いにおいて統計的要素を無視しうるような測定装置をもちいる実際の実験設定では量子電気力学の帰結の多くが検証しえないにしても，それでも量子電気力学が妥当する広い範囲が存在するということを示唆しています．もちろんこのような困難は，最近の研究ではその数がきわめて増加している物質の基本的構成要素〔素粒子〕の近接した相互作用の直接的な探究をも妨げるでしょう．それゆえ私たちは，それらが取り結ぶ関係を探究するにさいしては，現在の量子論の適用範囲を乗り越える新しい攻略法にたいして心構えができていなければなりません．

その分析にあたっては構成粒子の明確に定義された性質のみが使われている物質の通常の物理学的・化学的諸性質

をラザフォード原子模型にもとづいて説明するさいには、もちろんこのような問題は生じないということはあらためて強調するまでもないでしょう．ここでは相補的記述は、まさにその発端から私たちが直面してきた原子の安定性の問題にたいする適切な攻略法を提供しています．たとえばスペクトルの規則性や化学結合の解釈がかかわっている実験条件は、原子内部での個々の電子の位置や変位の正確な測定を許すような実験条件とはたがいに排他的なのです．

　この点に関連して、化学において構造式の適用によって多くの成果が得られたのは、ただもっぱら、原子核が電子にくらべて十分に重いので原子核の位置の不確定性が分子の大きさにくらべてたいがいは無視しうるということのみにもとづいているという事実を認めることは、決定的に重要です．実際、原子の質量がその原子の広がりにくらべてきわめて小さい領域に集中しているということの発見は、固体の結晶構造や生命ある有機体の遺伝的性格を伝達する複雑な分子系をも包摂する経験の広大な分野を理解するための糸口であったことは、その発展全体を顧みるならばはっきりと認められることです．

　よく知られているように、量子論の方法は原子核そのものの安定性や構造にかんする多くの問題の解明にとってもまた決定的であることがわかってきました．この問題について初期に明らかにされたいくつかの側面にたいしては、私のラザフォードにたいする思い出のひき続いての話のな

かで言いおよぶ機会もあるでしょう．しかし実験および理論にたずさわっている今日の世代の物理学者の研究によってもたらされた原子核固有の構造にたいする急速に発展している知見にかんして詳しい説明を試みることは，この記念講演の範囲を越えているでしょう．実際のところ私たちのなかの年配の者は，この発展を見てラザフォードの基本的な発見後の最初の10年間に原子の電子的構成が徐々に明らかにされていったときの状況を思い起しております．

X

もちろん物理学者であれば誰であれ，ラザフォードが生涯の最後にいたるまで原子核の性質や構造にかんする私たちの知識を増加させつづけた，その一連の印象に残る輝かしい研究を知らないものはいません．したがって私はここでは，私がしばしばキャヴェンディッシュ研究所の仕事を後追いし，ラザフォードとの会話から彼の考えのスタイル傾向や彼や彼の仕事仲間が心を奪われている問題を知った，これらの年月から若干の思い出を語ることにとどめます．

ラザフォードは，その透徹した直感力で，複合体としての原子核の存在や原子核の安定性に由来する新しい特異な問題に早くから気づいていました．実際すでにマンチェスター時代に，彼はこれらの問題へのいかなる攻略法も，荷電粒子間に働く電気的な力とは本質的に異なる短距離力を原子核の構成要素のあいだに仮定する必要のあることを指

摘していました．その特殊な核力にもっと光を当てるために，ラザフォードとチャドウィックは，ケンブリッジでの最初の年に，核に接近する衝突における α 線の異常散乱を徹底的に調べあげました．

これらの考究によって多くの重要な新しいデータが得られましたが，原子核の問題をもっと広く調べるためには自然界にある α 線源ではもはや不十分で，イオンの人工的加速によって作り出された高エネルギー粒子の強いビームが使えることが望ましいことがしだいに痛感されるようになりました．しかるべき加速器の建設に着手するようにチャドウィックが強く促したにもかかわらず，数年のあいだラザフォードは，彼の研究所でそのような大規模で経費もかかる企てに乗り出すことに気がすすまなかったのです．ラザフォードがそれまできわめて質素な実験装置の助けであれだけのすばらしい成果を挙げてきたことを考えれば，この彼の態度はよく理解できることです．自然界の放射線源と張り合うというような仕事は，当時ではとうてい手に負えるものではないように見えたということもあるでしょう．しかし量子論の発展とその原子核への最初の応用により，風向きが変わってきました．

ラザフォード自身は早くも 1920 年には，彼の二回目のベーカー講演で，単純な力学的表象は以前には原子核による α 線の散乱を解釈するさいには役に立ったけれども，しかし原子核からの α 線の放出を力学的表象にもとづい

て解釈することが困難であるということを、はっきりと指摘していました。というのも、放出されたα粒子の速度は、逆向きにしても電気的斥力〔クーロン斥力〕にうちかってふたたび原子核の中に入り込むのに十分なものではないからなのです。しかし粒子がポテンシャル障壁を透過する可能性〔トンネル効果〕のあることが波動力学のひとつの帰結としてやがて認められ、1928年にゲッチンゲンで働いていたガモフとプリンストンのコンドンとガーネイがこのことにもとづいてα崩壊の一般的説明と、さらには核の寿命と放出されたα粒子の運動エネルギーのあいだの関係の詳しい説明さえ与えましたが、その関係はガイガーとヌッタルが初期のマンチェスター時代に見出した経験的規則性〔ガイガー-ヌッタルの法則〕と一致していました。

1928年の夏にガモフがコペンハーゲンで私たちに合流したとき、彼は逆向きのトンネル効果による荷電粒子の核への浸入を調べていました。彼はこの仕事をゲッチンゲンで開始し、それをホーターマンスやアトキンソンと議論していました。その結果ホーターマンスたちは、太陽エネルギーの起源は陽子が大きな熱運動の速度で衝突することで誘導される原子核の変換〔熱核反応〕に帰せられるかもしれないと提唱するにいたったのです。そのような激しい熱運動は、エディントンのアイデアによれば太陽の内部で予想されるはずのものなのです。

1928年10月の短期間のケンブリッジでの滞在のあいだ

に，ガモフは彼の理論的考察から導かれる実験的見通しをコッククロフトと議論し，コッククロフトはもっと精密な見積りを行うことによって，自然界にある放射線源からのα粒子よりずっと小さいエネルギーの陽子で軽い〔したがって電荷の小さい〕原子核を叩くことにより観測可能な効果を得る可能性があることを自分で確信したのです．ラザフォードはその結果が有望に思えたので，そのような実験のために高電圧加速器を建設するというコッククロフトの提案を受け入れました．装置の建設作業は1928年の末にコッククロフトにより始められ，ウォルトンの助けで翌年一杯続けられました．加速された陽子による実験の最初のものは1930年の3月に行われ，彼らは陽子と標的核の相互作用の結果として放出されるγ線を探したのですが，結果はなにも得られませんでした．その後，その装置は実験室の模様替えのために作り直されねばなりませんでしたが，よく知られているように，陽子でリチウム原子核を打撃したことによる高速のα粒子の生成が1932年3月に認められたのです．

　これらの実験はきわめて重要な発展の新しい段階の幕を開けるものであり，その期間をとおして，私たちの核反応についての知識も加速器技術の熟達も年ごとに急速に増大進歩してゆきました．すでにコッククロフトとウォルトンの最初の実験が，いくつもの点でおおきな意義をもつ結果をもたらしていました．彼らは反応断面積が陽子のエネ

ギーとともにどのように変化するのかにかんする量子論の予測のすべてを詳しく確かめただけではなく，放出されたα粒子の運動エネルギーを反応する粒子の質量に関係づけることさえできたのです．粒子の質量は，すでにその時点にはアストンによって精巧な質量分析法が開発されていたので，十分な精度で知られていました．じつはこの比較は，アインシュタインが何年も昔に相対論の議論によって導いた有名な質量とエネルギーの関係をはじめて実験的に検証するものでした[11]．この関係が原子核研究のさらなる発展にとってどれほど重要なものであったのかということは，あらためて思い起すまでもないでしょう．

チャドウィックによる中性子の発見の経緯も，同じように劇的な様相を呈しています．原子核の内部に質量が陽子の質量とほぼ一致する重い中性の構成粒子が存在するとラザフォードが早くから予測していたことは，彼のものの見方が広くて伸びやかなことを特徴づけるものです．このアイデアがほとんどすべての元素の同位体は陽子の原子量の整数倍でよく近似される原子量をもつというアストンの発見を説明するであろうことは，しだいしだいに明らかになってゆきました．α線で誘導されるいろいろなタイプの原子核の崩壊についての彼らの研究に関連して，ラザフォードとチャドウィックはこのような〔中性〕粒子の存在の証拠を広く探し求めました．しかしこの問題がクライマックスを迎えたのは，ベリリウムをα粒子で叩いたときに生じ

る透過力の強い輻射をボーテそしてフレデリック・ジョリオとイレーヌ・キュリーが観測した後でした．当初，この輻射は γ 線と考えられていたのですが，輻射現象のいろいろの側面に精通していたチャドウィックは，実験的証拠が〔未知の輻射が γ 線であるという〕この見解と両立しないことをはっきり見抜いたのです．

　実際，名人芸のような実験でチャドウィックはその現象のいくつかの新しい特徴を明らかにし，そこに見られるのは中性粒子を介したエネルギーと運動量の受け渡しであるということを証明することができました[12]．それと同時に彼はその粒子の質量を決定し，それが陽子の質量と千分の一以下しか異ならないことを示しました．荷電粒子とちがって中性子は電子にエネルギーを与えることなく物質中を容易に通過し，また〔陽子からのクーロン斥力に妨げられることがないので〕原子核に入り込みやすいために，チャドウィックの発見は新しいタイプの原子核変換を作り出す広大な可能性を開くことになりました．この手の新しい効果のもっとも興味深いケースのいくつかは，キャヴェンディッシュ研究所でフェザーによりただちに示されました．彼は中性子を打ち込まれた窒素原子核が α 粒子を放出して崩壊していることを示す霧箱の写真を得たのです．多くの実験室でこの線にそった研究がひき続き進められたので，原子核の構造とその変換過程にかんする私たちの知識が急速に増大していったことはよく知られています．

16. ラザフォード記念講演　345

コペンハーゲンの研究所で毎年開催されているコンファレンスは昔の仲間たちの多くと再会することができるので，それを私たちは楽しみとしていました．1932 年の春のコンファレンスでは，議論の主要なトピックスのひとつは，当然のことながら中性子の発見がもっている意味についてであり，そして提起された特殊な論点は，ディーの美しい霧箱の写真には原子に束縛されている電子と中性子の相互作用がまったく見られないという，一見したところ奇妙な事情でした．この点に関連して，たとえ中性子と電子のあいだにその強さが中性子と陽子のあいだの相互作用と同程度の短距離相互作用が働くと仮定したとしても，量子力学においては散乱断面積が衝突する粒子の換算質量に依存しているためにこの事実は矛盾ではないであろうとも指摘されました．その数日後，ラザフォードからことのついでにこの点に触れている手紙を受け取りましたが，私としてはどうしてもその全文を引用しないではおれません：

拝啓　親愛なるボーア学兄

　ケンブリッジに戻ってきたファウラーから貴兄のことをすっかり聞き，旧友との素晴らしい再会をもたれたと知って，小生，嬉しく思っています．中性子にかんする貴兄の理論を知りたいものだと思っていたのですが，このような問題にかんしてはとても聡明な『マンチェスター・ガーディアン』の科学通信員クロウサーの記事に，

それが大変旨く書かれているのを読みました．貴兄が中性子を好意的に見ていると知ってとても喜んでいます．中性子の存在を裏づけているチャドウィックやその他の人たちによって得られた証拠は，今ではその主要で本質的な点で完全であると小生は見ています．原子核との衝突を考えないとして，その吸収を説明するためにはどれだけのイオン化が生じるのか，あるいは生じなければならないのか，その点にはいまだに議論の余地があります．

　まったく，降れば土砂降り〔物事は来るときには一度にやってくる〕というわけですね．小生の手元には貴兄にお知らせするべき他の興味深い発展がありますが，それについては次週の『ネイチャー』に短信が出るでしょう．貴兄は，60万ボルトかそれ以上の安定な直流電圧が簡単に得られる高電圧実験室を私たちが持っていることは，御存知でしょう．連中が〔それを使って〕最近，軽い元素を陽子で叩く効果を調べています．陽子は管の軸にたいして45度に傾けた試料の表面に当たり，生じた結果はその側面で陽子を止めるために十分な雲母で覆われた硫化亜鉛のスクリーンでのシンチレーションの方法で観測されます．リチウムでは大体12万5千ボルトで始まり電圧とともに急速に増大する派手なシンチレーションが見られ，それは数ミリアンペアの陽子電流でもって1分あたり数百得られます．見たところそのα粒子は，空気中で8 cmという事実上電圧に無関係で一定の

飛程をもっています．もっとも単純な仮定はリチウム7が陽子を捕獲して壊れ，二つの通常のα粒子を放出すると見ることです．この見方によるならば，解放される全エネルギーはほぼ16ミリオン・〔電子〕ボルトで，これは，エネルギー保存を仮定したときの質量変化のオーダーと合っています．

その粒子の正体がなんであるのかを突き止めるために，今後いくつかの特別の実験をやるつもりではありますが，そのシンチレーションの明るさやウィルソンの霧箱の飛跡からして，それらはおそらくα粒子であると思われます．ここ数日間の実験では，ホウ素やフッ素においても類似の効果が観測されています．それらはα粒子のように見えますが，粒子の飛程は前のものより短いようです．おそらくホウ素11のほうは陽子を捕獲して三つのα粒子に壊れたのにたいして，フッ素は酸素とひとつのα粒子に壊れたのではないかと思われます．エネルギー変化はこれらの結論とほぼ合っています．私たちはこれらの新しい結果を近い将来にもっと拡げてゆきたいと思っていますが，貴兄ならきっとそれにおおいに興味をもたれることでしょう．

α粒子，中性子，陽子は，おそらく異なるタイプの崩壊を生み出すであろうということは明らかです．そしてこれまでのところ〔原子量が〕$4n+3$の元素においてのみ結果が観測されているということは重要に思われます．

あたかも 4 番目の陽子が加えられたならばただちに α 粒子が形成され，その結果として崩壊が起るかのようです．しかし小生は，この問題全体は何段階にもわたるものではなく単一の過程と見なさるべきであると考えております．

　高電圧を得るために要した労力と経費が具体的で興味深い結果で報いられたので，小生は大変嬉しく思っています．じつは，連中は 1 年ほど前にはこの結果を観測しているはずだったのですが，へまなことをしていたのです．これらの結果が一般の〔原子核〕変換における研究の広範な可能性を切り開くものであるということは，簡単におわかりいただけるでしょう．

　私たちは家族全員元気にしており，明日から講義が始まります．お元気で，そして奥様によろしく．　　敬具
　　　　　　1932 年 4 月 21 日　　　　　ラザフォード

追伸　ベリリウムはいくつか奇妙な結果を示しております——まだまだはっきりさせなければなりません．
　多分小生は，4 月 25 日の木曜日の王立協会の核にかんする討論のさいにこれらの実験に触れることになるでしょう．

　もちろんこの手紙を読みあげるにあたっては，私はそれまでにいくどもケンブリッジを訪れていてキャヴェンディ

ッシュ研究所で進められている研究については十分によく通じていたので、ラザフォードとしては〔私への手紙では〕共同で研究している者一人一人の寄与を特定する必要がなかったということ、このことは心に留めておかなければなりません。この手紙には、その時代の偉大なる成果にたいする溢れるばかりの喜びと、その成果をさらに追究してゆきたいという彼の熱望が、その行間から滲みでています。

XI

ラザフォードは真の先駆者であって、直感がどれほど遠くまで導いてくれるにしても、しかしたんなる直感にもたれかかることはなく、予想もしなかった進歩に導きうるかもしれない新しい知識の源泉にたいしてつねに眼を配っていました。たとえばケンブリッジにおいても、ラザフォードと彼の共同研究者たちは、α崩壊とβ崩壊の放射性過程の研究をきわめて精力的にそしてたえず装置に改良を加えながら継続していました。β線スペクトルにかんするラザフォードとエリスの重要な仕事は、核の内部の効果とβ粒子の核外電子系との相互作用を明確に区別する可能性を明らかにし、こうして内部転換の仕組みが解き明かされました。

それだけではありません。原子核から直接に放出された電子が連続的スペクトル分布をもつことがエリスによって示されたために、エネルギー保存にたいしてどうにも困っ

た問題が突きつけられる破目に陥りました．その問題は，最終的には電子と同時にニュートリノが放出されているというパウリの大胆な仮説によって解答を与えられ，その仮説はフェルミの独創的な β 崩壊の理論の基礎を提供することになりました．

ラザフォード，ウィン・ウィリアムス，そしてその他の人々によって α 線スペクトルの測定精度が大きく向上させられたことで，これらのスペクトルの微細構造とその α 崩壊で生じる残留核のエネルギー準位との関係があらたに照明を当てられることになりました．比較的初期の段階でのとくに珍しい出来事は，α 線による電子捕獲[13]の発見でした．それは，1922 年のヘンダーソンによる最初の観測の後にラザフォードにより詳しく調べられましたが，その研究は彼の最高傑作のひとつです．よく知られているように，電子捕獲の過程にたいしてきわめて多くの情報を与えることとなったこの仕事は，ラザフォードの死後数年して重い原子核が中性子による打撃で核分裂する過程が発見されたのにともなって，高電荷の核破片の物質通過という電子捕獲が主要な特徴を与える現象の研究が前面に登場したときに，新しく関心をもたれることになりました．

1933 年にフレデリック・ジョリオとイレーヌ・キュリーによって α 線による打撃で引き起こされる原子核の変換によりいわゆる人工 β 放射能が発見されたとき[14]，一般的な見通しにおいても実験技術の面においても大きな発展

への最初の一歩が踏み出されました．中性子によって引き起される原子核の変換についてのエンリコ・フェルミによる周到に計画されたたくみな実験研究によって，大多数の元素の放射性同位元素がどのように発見され，さらにまた遅い中性子の捕獲により引き起される核過程についての多くの情報がどのように得られたのか，この点についてはここであらためて思い起すまでもないでしょう．とりわけ，この核過程のひき続いての研究によって，α線により引き起される反応の断面積におけるピークに見られるものをはるかに上回る鋭さをもったきわめて顕著な共鳴効果が明らかにされました．それは最初ポーズによって観測され，それにたいする井戸型ポテンシャルにもとづくガーネイの説明にたいしては，いちはやくガモフがラザフォードの注意を促しています．

すでにブラケットが自動的に作動する彼の巧妙な霧箱技術を使った観測で明らかにしたように，ほかでもない人工原子核変換にかんするラザフォードの最初の実験において調べられたまさにその過程において[15]，入射 α 粒子は陽子が出ていった後の残留核に取り込まれそこに残されていたのです．今ではすべてのタイプの原子核変換は，広い範囲のエネルギー領域で，明確に区別される二段階で生じることが知られています．その第一段階は比較的寿命の長い複合核の形成であり，第二段階はいろいろに可能な崩壊モードと輻射過程のあいだの競合の結果として生じるその励

起エネルギーの解放であります．このような見方にたいしてはラザフォードは熱い関心を示してくれましたが，それは，キャヴェンディッシュ研究所でラザフォードの招きで1936年に私が行った最後の連続講義のテーマでした．

1937年のラザフォードの死から2年も経たずに，彼の旧友でモントリオール時代の共同研究者であり当時ベルリンでフリッツ・シュトラースマンと組んで研究していたオットー・ハーンよるもっとも重い元素〔ウラン〕の核分裂過程の発見によって，新しい劇的な発展が始まりました．この発見の直後，その時点ではストックホルムとコペンハーゲンで働いていて今はともにケンブリッジにいるリーゼ・マイトナーとオットー・フリッシュが，〔ウランのような〕高電荷の原子核では核の構成要素のあいだの凝集力と静電斥力のバランスの単純な結果として核の安定性が決定的に減少するということを指摘することによって，その現象の理解に重要な貢献をしました．ホイーラーと共同で行った核分裂過程のより掘り下げた分析によって私は，その主要な特徴の多くが第一段階で複合核が形成される件の核反応のメカニズムにより説明されることを示しました．

ラザフォードは最晩年に共同研究者そして友人としてマーカス・オリファントを見出しましたが，彼は立ち居振る舞いにおいても仕事の能力においてもラザフォード自身を思い起させるところの多い人物でした．そのころに，ユーリーによる水素の重い同位体 ^2H すなわち重水素(デューテリウム)の発見

とローレンスによるサイクロトロンの建設によって，研究の新たな可能性が開かれたのです．重陽子(デューテロン)ビームを使った原子核崩壊の最初の研究で，ローレンスはいくつかの新しい注目すべき効果を発見していました．ラザフォードとオリファントは分離されたリチウムの同位体を陽子や重陽子で叩くという昔ながらの実験で ^{3}H つまり三重陽子(トリチウム)と ^{3}He の発見へといたりましたが，じつはこの実験こそ，原子エネルギー源の将来を実現するために熱核反応を利用しようという近年さかんな研究にむけての基盤を作ったものであります．

　ラザフォードは放射能研究のそもそもの初めから，それらの研究が将来各方面に開くであろう広範な展望を鋭く意識していました．彼はとくに地球の年齢を推定し私たちの惑星の地殻における熱平衡を理解する可能性に，初期から深い関心をいだいていました．核エネルギーの解放がたとえ技術上の目的にとってはまだまだ先のことであるにしても，ラザフォードにとっては，これまでまったくわからなかった太陽のエネルギー源の説明が，彼が先鞭をつけた発展の結果として彼の存命中に地平線の内側に姿を見せたことは，おおきな満足であったに違いありません．

XII

　ラザフォードの生涯を顧みるときには，もちろん私たちは彼の生涯を彼の時代を画する科学上の成果という特異な

背景に照らして見るということになりますが，しかし私たちの思い出は，つねに彼のパーソナリティーという魔法によって照らし出されている状態に残されるでしょう．これまでの記念講演では，ラザフォードのもっとも親しかった研究仲間の幾人かの方々は，彼の迫力や情熱から放射される霊感と彼の直情的なやり方の魅力を思い起しておられました．実際，ラザフォードの科学上の活動と管理運営上の業務が急速にかつ大きく拡大していったにもかかわらず，初期のマンチェスター時代に私たちの誰もが享受したのと同様の精神がキャヴェンディッシュ研究所においても支配していたのです．

ラザフォードの子供時代から最晩年にいたるまでの多端な生涯の忠実な記録は，モントリオール時代からの彼の旧い友人 A. S. イーブによって書かれています．わけても，ラザフォードの驚異的な量にのぼる書簡からの数多くの引用は，世界中に散っている同僚や門弟たちにたいする彼の関係をいきいきと伝えてくれます．イーブはまた，ラザフォードのまわりでしょっちゅう生まれてきたユーモラスな逸話のいくつかを逃さずに伝えています．1932年のラザフォードのコペンハーゲンへの二回目のそして最後の訪問のときに，私はスピーチでその手のエピソードをひとつ披露しましたが，それもこの本に載せられています[16]．

ラザフォードの態度全体を特徴づけているのは，期間の長短を問わず彼が接することになった若い物理学者の誰に

たいしても彼がもった暖かい関心でした．たとえば私は，後に私の親しい友人となる若いロバート・オッペンハイマーにキャヴェンディッシュ研究所のラザフォードの執務室で初めて会ったときのことを，鮮明に覚えています．じつはオッペンハイマーが部屋に入ってくる前に，才能を見抜く慧眼をもっていたラザフォードは，やがて合衆国における科学上の生活で飛びぬけた地位に就かせることになるその若者の恵まれた資質のことを語っていたのです．

　よく知られているように，オッペンハイマーは，ケンブリッジを訪れてすこし後のゲッチンゲンで学んでいるあいだに，ポテンシャル障壁を粒子が通り抜ける現象に注目した最初の何人かの一人に数えられることになります．やがてこの現象はガモフや他の人たちによる α 崩壊の巧妙な説明の基礎であることが判明することになります．そのガモフは，コペンハーゲンに滞在の後，1929 年にケンブリッジを訪れ，そこでは核現象の解釈にたいする彼の堅実な貢献がラザフォードにより高く評価されることになりました．そしてまたラザフォードは，日々の付き合いのなかでガモフが口にし，そして後にガモフが一般向きに書いた有名な本の中でふんだんに発揮されることになる突飛で巧みなユーモアをたいそう面白がっていました．

　その時代にキャヴェンディッシュ研究所で働くために海外からやってきた多くの若い物理学者のなかで，もっとも多彩な個性の持ち主の一人がカピッツァでした．彼の物理

学の技術者としての才能と想像力をラザフォードは高く買っていました．ラザフォードとカピッツァの関係は彼ら二人にふさわしくたいへん独特のものであり，時に感情的な衝突が避けられないものであったにもかかわらず，終始変わらぬ深い愛情で際だっていました．カピッツァが1934年にロシアに帰って後も彼の研究を支援しようとしたラザフォードの努力の背後には，このような感情もまたあったのです．その感情は，カピッツァの側からは，ラザフォードの死後に私が彼から受け取った手紙のなかにきわめて感動的に表明されていました．

1930年代の初期にカピッツァの見込みのある計画を進めるためにキャヴェンディッシュ研究所の拡張としてモンド研究所がラザフォードの発案で創設されたとき，カピッツァはその装飾にラザフォードの友情にたいする彼の感激を表したいと思いました．ところが外壁の鰐の彫刻がひと悶着ひき起し，それは動物の生態にかんする特殊なロシアの民話をひきあいにすることによってはじめて鎮められたのです．しかし多くのラザフォードの友人たちに他のなによりも大きなショックを与えることになったのは，入り口のホールに置かれたエリック・ギルの芸術家的な解釈によるラザフォードのレリーフでした．ケンブリッジを訪れたとき私はその憤慨には同調できないと正直に白状したところ，この発言がたいへん喜ばれ，カピッツァとディラックはそのレリーフの複製を私にプレゼントしてくれました．

コペンハーゲンの研究所の私の部屋の暖炉の上に据えられているその複製は，それ以来，日々私に喜びを与えてくれています．

　科学における地位が認められてラザフォードがイギリスの爵位を与えられたとき，彼は上院の一員としての新しい責任を厳粛に受け止めましたが，彼の物腰の率直さや飾りけのなさはまったく変わりませんでした．たとえば王立協会のクラブの晩餐会で彼の幾人かの友人と語り合っていたおりに，私が第三者にたいして彼のことをラザフォード卿 (Lords Rutherford) と呼んだときに，彼は私にむかって「君までが僕のことをロード呼ばわりするのか」と激怒したことがあります．それ以上厳しい言葉を彼が私にたいして放ったことは，私の記憶にはありません．

　ラザフォードが死の間際までケンブリッジで衰えることのないエネルギーで働きつづけたほぼ20年のあいだ，私と家内は彼と家族ぐるみの親密な交際を続けてきました．ほとんど毎年のように私たちは，旧いカレッジの裏にあったニュウナム・コッテイジの美しい自宅で，心のこもったもてなしを受けました．そこにはラザフォードがくつろぎを見出し，マリー・ラザフォードが手入れをするのを大きな楽しみにしていた美しい庭園がありました．私は，ラザフォードの書斎で，物理学の新しい展望だけでなくおよそ人が関心をもつ諸事万端について語り合って過ごしたいくたびもの静かな夕べのひとときを思い出します．このよう

な会話では，誰も自分の発言が他人にも興味あるはずだといううぬぼれに陥ることはありませんでした．というのもラザフォードは，長い終日の労働のあとでは議論が彼にとって無意味なものに思われたときには，すぐにうとうとし始めたからです．そのようなときには，彼が目を覚まして何事もなかったようにそれまでどおりの元気さで会話を続けるのを待たなければなりませんでした．

　日曜日にはいつもきまって，ラザフォードは朝のうちは親しい友人たちとゴルフをし，夕方にはトリニティー・カレッジで夕食をとり，そこで多くの高名な学者と会い，およそ畑違いのテーマについての議論に興じることを楽しみにしていました．人生のあらゆる側面にたいしてあくことのない好奇心をもっていたラザフォードは，学識ある同僚をたいへんに尊敬していました．しかし私は，あるときトリニティーからの帰り道で彼が，いわゆる人文系の人たちが玄関のボタンを押してから台所でベルが鳴るまでの間になにが起っているのかについてまったく無知であるということを自慢にしているのは，お粗末にすぎていただけないと零したことを，よく覚えています．

　ラザフォードのいくつかの発言のなかには，彼が物理学の進歩にとって数学的形式が有している価値を十分に認めていないというような誤解を招くことになるものもありました．実際には逆で，物理学の全分野――そのうちのかなりの部分は彼自身により作り出されたものですが――が急

速に進歩してゆくにつれて，ラザフォードは新しい理論的方法にたいする称賛をしばしば表明し，量子論の哲学的意味をめぐる問題に興味をもったことさえあります．とくに私が忘れられないのは，彼の死の数週間前に私が最後に彼のもとに滞在したときに，彼が生物学や社会学の諸問題にたいする相補的なアプローチに夢中になって，国民的な伝統や偏見の起源についての実験的証拠を新生児を国民どうしの間で交換するというような突拍子もないやり方で得るという可能性を論じていたときの熱心な様子であります．

そのわずか数週間後，ボローニャでのガルヴァーニ生誕200年記念祭において私たちは思いもよらないラザフォードの訃報に接し，悲しみに見舞われました．私は彼の葬儀に参列するためすぐにイギリスに向かいました．つい少し前まで，彼や夫人と一緒にいてラザフォードがまったく元気でいつものように意気軒昂としていたのを見ていただけに，ふたたびマリー・ラザフォードにお会いするのは，じつに痛ましい状況においてでした．私たちは，彼らの青年時代の初期から彼女が貞節な道連れであったアーネストの偉大なる生涯について，また私にとってはいかに彼が第二の父親のようなものであったのかを，語り合いました．それに続く日々のある日，彼はウエストミンスター寺院のニュートンの石棺の近くに葬られました．

ラザフォードは，彼の原子核の発見とその後の彼の基本的な研究の結果として生じた偉大なる技術上の革命を，生

きて眼にすることはありませんでした．しかし彼はつねに私たちの知識や能力のどのような増大向上にもともなう責任を自覚していました．今日では私たちは私たちの文明にたいするもっとも由々しい脅威に直面しているのであり，人類の手に入った恐るべき力〔原水爆〕の破滅的な使用を阻止し，その偉大な進歩がすべての人類の福祉を促進するものへと転換させられるように，油断なく警戒していなければなりません．戦時の計画に参画するように要請された私たちの何人かは，しばしばラザフォードのことを思い起し，彼自身ならばとったであろうと想像されるやり方で行動するように，控え目に努力をしてきました．

　ラザフォードが私たちに遺した思い出は，幸運にも彼と知り合い彼と親しくすることのできたすべての者にとって，励ましと不屈の精神の豊かな源でありつづけるでしょう．今後，原子の世界の探索に従事する世代は，この瞠目すべき先駆者の生涯と業績からインスピレイションを引き出し続けてゆくことでしょう．

17. 量子力学の誕生

 ウェルナー・ハイゼンベルクの 60 歳の誕生日ということで，コペンハーゲンで彼が私たちとともに働き非凡なやり方で量子力学の基礎を築きあげた時代からの私の記憶のいくつかを語る機会がもてたことを，私は嬉しく思っています．

 まだ若い学生であったハイゼンベルクに私がはじめて会ったのは，ほとんど 40 年も昔の 1922 年春のゲッチンゲンにおいてであります．そこに私は，原子構造の量子論の現状について一連の講義をするように招かれていたのです．力学系を不変な作用量によって扱うというハミルトンとヤコビによって開発されていた方法を自家薬籠中のものとしていたゾンマーフェルトとその学派によって，巨歩の進歩が達成されていたにもかかわらず，作用量子を古典物理学の内部矛盾のない一般化に組み込むという課題は，依然として厄介で深刻な困難を抱えていました．この問題にたいする立場がさまざまに異なっていたため，いきおい討論は熱っぽく弾みましたが，私がさらなる発展にむけてのひとつの指針として対応原理を強調したことにたいしてとくに比較的若い聴衆が関心を示してくれたことは，いま思い返しても嬉しいことです．

 この機会に，ゾンマーフェルトが大きな期待をかけてい

た彼のもっとも若い二人の学生にコペンハーゲンに来てもらえないものかと，私たちは相談しました．パウリはすでにその同じ年のうちに私たちのグループに合流しましたが，ハイゼンベルクは，ゾンマーフェルトの助言にしたがって学位論文を仕上げるために，ミュンヘンにもう1年留まりました．1924年の秋にハイゼンベルクが比較的長期間滞在するためにコペンハーゲンにやってくるのに先だって，すでにその前の春にこの地〔コペンハーゲン〕でわずかな期間ではあれ彼に会えたのは喜ばしいことでした[1]．ゲッチンゲン以来の議論はそのときは研究所においても長い散歩の途上でも続けられ，私はハイゼンベルクの希有な才能にいっそう強く印象づけられたものです．

　私たちの議論は物理学や哲学の多岐にわたる問題に触れるものであり，とくに強く論じられたのは，問題となっている概念を曖昧さなく定義することの必要性にありました．原子物理学の諸問題をめぐる議論は，とくにすべての実験結果の記述にもちいられる概念の形成にたいして作用量子が呈する奇妙な性格にかかわるものでした．そしてこの点に関連して，私たちはまた，相対性理論と同様に原子物理学においても数学的抽象が役だつであろうという可能性を話し合ったものです．その時点では，そのような見通しはいまだに近い将来のことだとはとても思えなかったのですが，しかし物理学の観念の発展はすでに新しい段階に踏み込んでいたのです．

17. 量子力学の誕生　363

　個々の原子の反応を輻射の古典論の枠組みに組み入れようとする試みは，クラマースおよびスレーターとの共同で行われました．私たちは当初エネルギーと運動量の厳密な保存にかんするいくつかの困難に直面していたのですが，この研究は，原子と輻射場のあいだを結びつける連結環としての仮想的振動子というアイデアをさらに発展させることになりました．大きな前進はその後すぐに，対応原理にもとづくクラマースの分散理論によって成し遂げられました．この理論は，〔輻射の〕吸収および自発放射と誘導放射の過程にたいするアインシュタインの一般的な確率法則との直接的な関連を打ち立てたのです．

　ハイゼンベルクとクラマースはただちに緊密な共同研究にとりかかり，こうしてその分散理論の拡張が成し遂げられました．とくに彼らが考察したのは，輻射場によって引き起される摂動に結びついた新しいタイプの原子の反応でした．しかしその取り扱いは，原子のスペクトル項やその反応の確率を導き出すための独り立ちした基礎が存在しないという意味で，いまだになかば経験的なものにとどまっていました．その時点では，分散効果と摂動効果のあいだの今述べた関連を理論の段階的な再定式化に利用でき，その再定式化をとおして古典論の表象のすべての不適切な使用が一歩一歩徐々に取り除かれてゆくであろうという，漠然とした希望があるだけでした．私たち全員はこのようなプログラムがあまりにも困難なことに圧倒されていたので，

どのようにすればその目標が一挙に達成されるのかを23歳のハイゼンベルクが見出したときには，本当に面食らい驚嘆しました．

　実際，運動学的諸量〔位置座標〕と動力学的諸量〔運動量成分〕にたいする非可換な記号をもちいた彼の巧妙な表現により，その後の発展のための基礎が築かれました．その新しい量子力学の形式的完成は，ボルンおよびヨルダンとの緊密な共同研究によってほどなく達成されました．この点に関連して私は，ハイゼンベルクがヨルダンからの手紙を受け取ったときに彼が感じたことをおおよそ次のような言葉で言い表したことに触れておきたいと思います：「今ではゲッチンゲンの碩学の数学者たちがエルミット行列についてさかんにお喋りしていますが，しかし僕は，じつは行列が何であるのかさえ知らないのです.」すぐその後に，ハイゼンベルクがケンブリッジ訪問のさいに自分の新しいアイデアを語り聞かせたディラックが，自分の仕事のために適した数学的道具を自分で創りだす能力をもった若い物理学者のいま一人の傑出した例であることを示したのです．

　たしかにこの新しい形式によって量子の諸問題の内部矛盾のない表現にむけての決定的な前進は達成されましたが，しかししばらくのあいだは，あたかも対応原理の要求がいまなお十分には満されていないかのように思われていました．たとえば，ハイゼンベルクの考え方の応用の最初の成果のひとつがパウリによる水素原子のエネルギー状態の

扱いなのですが，そのパウリがいかに状況にたいする不満を口にしたかを私は覚えております．彼は，行列力学によれば，エネルギーのはっきり決まった 2 物体系のすべての状態はその運動学的諸量〔位置座標〕にかんして統計的期待値のみを与えるだけであるにしても，しかし，地球のまわりにある軌道上の月の位置が決定可能であるということは明白なことでなければならないと強調していたのです．

まさにこの点にかんして，ド・ブロイがすでに 1924 年に言及していた物質粒子の運動と光量子の波動的伝播のあいだのアナロジーから，新しい光が当てられることになりました．1926 年にシュレーディンガーは，この基礎のうえに彼の有名な波動方程式〔シュレーディンガー方程式〕を確立することによって，原子にかんする多くの問題の扱いに関数理論という強力な手段を適用し輝かしい成功を収めたのです．対応論の問題にかんして言うならば，シュレーディンガー方程式のすべての解を調和的な固有関数の重ね合わせで表すことができ，こうして粒子の運動と波束の伝播の比較をくわしく追跡することが可能となったということが，決定的なことでした．

しかし当初は，量子の諸問題の見かけ上は大きく異なっている数学的扱いのあいだの相互関係にかんしてはっきりしないところが残されていました．そのころの議論の一例として，シュテルン‐ゲルラッハ効果を波動の伝播で説明しうるのかというハイゼンベルクが表明した疑問が，オス

カー・クラインによってどのように解決されたのかに触れておきたいと思います．ハミルトンによって指摘されていた力学と光学のアナロジーにとくに精通していて自分自身でも波動方程式を追究していたクラインは，結晶中での複屈折についてのホイヘンスの昔の説明をうまく引き合いに出したのです．1926年秋のシュレーディンガーのコペンハーゲン訪問は，活発な意見交換にむけてのまたとない機会となりました．そのおりにハイゼンベルクと私は，〔輻射の〕吸収過程と放出過程の単一不可分な性格をあからさまに考慮に入れなければ，彼による分散現象の見事な扱いもプランクの空洞輻射の法則と折り合わせることはできないと，彼に納得させようと努めたのです．

シュレーディンガーの波動力学の統計的解釈は，まもなくボルンによる衝突問題の研究によってはっきりさせられました．この〔ハイゼンベルクの行列力学とシュレーディンガーの波動力学という〕異なる方法の完全な同等性もまた，すでに1926年にはディラックとヨルダンの変換理論によって証明されました．この点にかんして，研究所のあるときのコロキウムで，ハイゼンベルクが行列力学ではある物理量の期待値だけではなくその量のすべての冪乗の期待値も決定できると指摘したこと，そして後日ディラックと討論したときに，ディラックが，このときのハイゼンベルクの指摘が一般的な変換理論への手掛かりを与えてくれたと語ってくれたことを，私は覚えています．

1925年から26年にかけての冬，ハイゼンベルクはゲッチンゲンで仕事をしていました．私もそこには数日行っています．私たちはとくに電子スピンの発見について語り合いました．スピンの発見をめぐる劇的な歴史は，最近出版されたパウリ追悼論文集[2]にいくつもの側面から明らかにされています．この訪問中にハイゼンベルクが，ユトレヒトの理論物理学教授のポストに就いたクラマースの後任として私たちの研究所の講師の職を引き継ぐことに同意してくれたことは，コペンハーゲン・グループにとって朗報でした．その次の年度のハイゼンベルクの講義は，その内容が良かっただけではなく，ハイゼンベルクがデンマーク語を完璧にものにしていたこともあって，学生たちの評判は上々のようでした．

ハイゼンベルクの基本的な科学上の仕事の継続にとっては，この年は特段に実りの多い年でした．特筆すべき成果は，長年にわたって原子構造の量子論の最大の困難のひとつと考えられてきたヘリウム・スペクトルの二重性を解明したことであります．ハイゼンベルクによる波動関数の対称性に関連した電子スピンの扱いをとおして，パウリの原理〔排他原理〕の本質がさらに明らかにされることになり，それはただちにいくつものきわめて重要な成果をもたらすことになりました．ハイゼンベルク自身は一直線に強磁性の解明へと導かれ，まもなくハイトラーとロンドンによる等極化学結合〔共有結合〕の解明，そしてまた水素の比熱に

かんする旧来の謎のデニソンによる解決を見るにいたったのです．

この年月の原子物理学の急速な進歩という点については，関心はおびただしい経験的データの論理的整序という問題によりいっそう収斂してゆきました．この問題にたいするハイゼンベルクの深く考えぬかれた考察は，彼の有名な論文「量子論的運動学および力学の直観的内容について」に公表されています．それは彼のコペンハーゲン滞在の終り近くに現れ，不確定性関係はここではじめて定式化されたのです．量子論における見かけ上のパラドックスにたいする見解は，はじめから，作用量子に結びついた要素的過程の全体性（Ganzheitszug）の強調によって特徴づけられています．これまでは，エネルギー内容やその他の不変量は孤立系にたいしてのみ厳密に定義しうることは明らかなことであるとされていましたが，ハイゼンベルクの分析は，どのような観測であれ観測過程では避けることのできない測定装置との相互作用によって，原子系の状態がどの程度まで影響を受けるのか，ということを明らかにしたのです．

観測問題の強調は，ハイゼンベルクがはじめてコペンハーゲンを訪れたおりに彼と私で論じあった問題をふたたび前面に押し出すことになり，一般的な認識論上の諸問題にかんする議論をさらに深めさせるきっかけになりました．実験的に見出された事柄を曖昧さなく伝達できなければならないというまさにその要求は，実験設定や観測結果は私

たちの環境への順応に適した通常の言語で表現されなければならないということを意味しています．したがって量子現象の記述は，考察中の対象と実験条件を定義している測定装置との原理的な区別を要求することになります．とくにここで直面する食い違いは，経験が得られた条件を考慮に入れることの必要性を強調しています．そのことはこれまでの物理学にはまったく知られていなかったものですが，じつは経験の他の分野では以前からよく知られていたことであります．

　過ぎ去った日々からの私の思い出のいくつかを口に出しますと，なによりも，多くの国々からの物理学者の一世代全体のあいだの緊密な協力がいかにして知識の広大な新分野に一歩一歩秩序を打ち立ててゆくことに成功したのかを力説したいという思いが，私の心にこみ上げてきます．そして，それをともに体験することがすばらしい冒険であった物理学のこの発展の時代において，ウェルナー・ハイゼンベルクは抽んでた位置を占めていたのです．

18. ソルヴェイ会議と量子物理学の発展

　もともとはちょうど50年前にエルネスト・ソルヴェイの先見の明のある発案で招集され，その後も彼によって創設された国際物理学研究所の後援で続けられたこの一連の会議は，物理学者たちがその時その時に関心の中心となっていた基本的諸問題を討議し，そのことによってさまざまな仕方で物理学の現代における発展に刺激を与えるまたとない機会となってきました．

　これらの会議の各回ごとの報告やそれにひき続いて行われた討論についてのゆきとどいた記録は，今世紀の初めに持ち上がった新しい諸問題にたいする取り組みにかんしてはっきりした印象を得たいと望む科学史を専攻する学徒にとって，将来この上なく貴重なものとなるでしょう．実際，物理学者の一世代全体の力をひとつにした努力をとおしてこれらの諸問題がしだいしだいに解明されていったことは，その後の二,三十年間に物質の原子的構成にたいする私たちの知見をすこぶる拡大したにとどまらず，物理学的経験の理解ということにかんしても新しいものの見方をもたらしたのです．

　この間にこのソルヴェイ会議に何回か出席し，そしてまたこの会議の一番最初から参加していた人たちの多くとも個人的に知り合うことのできた者の一人として，私たちが

直面していた諸問題の解明のためにこれらの討論が果たした役割についてのいくつかの思い出をこの機会に語るようにと招待されたことを，私は大変嬉しく思っています．この仕事に取り組むにあたって私は，原子物理学が過去50年間になしとげた多方面にわたる発展を背景にして，どのような討論がなされてきたのかを皆様にお聞かせしようと努める所存であります．

I

ほかでもない輻射理論と量子という1911年の第1回ソルヴェイ会議のテーマそれ自体が，その時代の議論の背景を指し示しています．前世紀〔19世紀〕における物理学のもっとも重要な進歩は，おそらくは，広範囲におよぶ輻射現象にたいして説明を与えたマックスウェルの電磁理論の発展，およびボルツマンがエントロピーと複雑な力学系の状態確率のあいだの関係を認めたことでその頂点をむかえた熱力学の諸原理の統計的解釈であるといえるでしょう．それでも，周囲の壁と熱平衡状態にある空洞輻射のスペクトル分布の説明は，とりわけレイリーの名人芸的な分析によって浮き彫りにされたように，思いもかけない困難を提起しました．

その発展のひとつの転換点は，私たちの世紀の最初の年〔1900年〕のプランクによる普遍的な作用量子の発見によってもたらされました．その発見は，古典論の考え方とは

まったく相容れないばかりか，物質の分割可能性が限られているとする古代の教義をも乗り越える原子的過程における全体性という特徴を暴き出したのです．この新しい背景のもとで輻射と物質の相互作用をたちいって記述しようとするどの試みにもともなう見かけ上のパラドックスは，早くからアインシュタインによって強調されてきました．アインシュタインは低温での固体の比熱の考察によってプランクのアイデアにたいする裏づけが与えられることに注意を促しただけではなく，光電効果の独創的な取り扱いにさいしては，要素的輻射過程におけるエネルギーと運動量の担い手としての光量子ないし光子という表象を導入したのです．

　じつは光子という表象の導入は，輻射の電磁理論の確立によって波動像に軍配があがるかたちですでに解決済みのように思われていたニュートンとホイヘンスの時代以来の光の粒子像と波動像という旧来のジレンマが，あらためて息を吹きかえしたことを意味していました．この状況は，光子のエネルギーや運動量の定義そのものが輻射の振動数や波数にプランク定数を掛けたものとして与えられるというように波動像を特徴づける量に直接的に結びついているだけに，とりわけ奇異でした．こうして私たちは，古典物理学の異なる基本的概念の適用のあいだの新しい種類の相補的関係に直面することになりました．そしてその研究は，決定論的記述が限界をもつものだということをやがて明る

みに引き出し，もっとも要素的な原子的過程にたいしてさえ本質的に統計的な説明を要求するにいたったのです．

　その会議の討論は，ある物理系のさまざまな自由度のあいだのエネルギー等分配則へと導く古典論の考え方にもとづく議論についてのローレンツによる明快な説明によって口火を切られました．そのさいにその自由度には，その系を構成している物質粒子の運動のものだけではなく，その粒子の電荷に付随した電磁場の振動の基準振動も含まれています．しかし，レイリーによる熱輻射平衡の分析を踏襲したこの議論にもとづくならば，いかなる温度平衡も不可能であるという周知の逆説的な結論に導かれます．というのも，この系のすべてのエネルギーは〔無制限に〕増大し続ける振動数の電磁振動に徐々に移行してゆくことになるからです．

　見たところ輻射理論を従来の統計力学の諸原理と折り合わさせる唯一の道は，その実験条件のもとで問題になるのは真の平衡ではなく，高い振動数の輻射の生成がみられない準定常状態であるというジーンズによる提案でした．輻射理論における困難がどれほど深刻に感じられていたのかの証左は，ジーンズの提案を注意深く検討するように忠告している会議で読み上げられたレイリー卿の手紙に見てとれます．しかし掘り下げて検討することにより，ジーンズの立論が維持しえないことはすぐに明らかになりました．

　会議の報告と討論は多くの点で大変に勉強になりました．

たとえば熱輻射についてのプランクの法則を裏づけている実験的証拠についてのワールブルクとルーベンスの報告の後に，プランク自身が作用量子の発見へと導かれることになった議論を説明しています．この新しい特徴を古典物理学の概念的枠組みと折り合わせることがいかに困難であるかということを指摘するなかで，彼は本質的な点はエネルギー量子という新しい仮説の導入にあるのではなく，むしろほかならぬ作用概念の改鋳にあるということを強調し，相対性理論においても維持されている最小作用の原理が量子論のさらなる発展のための指針になるであろうという確信を表明しています．

　会議の最後の報告でアインシュタインは量子概念の多くの応用を要約し，とくに低温での比熱の異常性にたいする彼の説明にもちいられた基本的な議論に触れています．この現象についての議論は，会議では物理学と化学のさまざまな問題への量子論の適用についてのネルンストの報告によって持ち込まれていたものです．その報告で彼はとくに極低温での物質の諸性質を考察しています．ネルンストが1906年以来いくつもの重要な応用を行ってきた絶対零度でのエントロピーにかんする有名な定理がいまでは量子論から導かれるずっと一般的な法則の特殊なケースであると見なされるということ，このことをネルンストが彼の報告のなかでどのように語っているのかを読むことははなはだ興味深いことです．それでもある種の金属が極低温で示す

超伝導現象は，その発見についてはカマリング・オネスが報告していますが，大きな謎を提起していて，それが初めて説明されたのはずっと後になってからのことでした．

さまざまな側面から論評された新しいトピックスは，気体分子の量子化された回転運動というネルンストの着想でした．それは最終的には赤外吸収線の微細構造の測定によって見事に確かめられることになりました．量子論の類似の使用法は，物質の磁性の温度変化を説明することに成功したランジュバンの理論についての彼自身の報告においても提唱されています．この報告のなかでランジュバンは磁子(magneton)という表象にとくに触れていますが，その表象はワイスが彼の測定の分析から導いた原子の要素的磁気モーメントの強さのあいだに見られる著しい数値的関係を説明するために導入したものです．実際，ランジュバンが示したように，原子内の電子たちがプランクの量子に対応する角運動量で回転していると仮定することでこの磁子の値を少なくとも近似的には導き出すことが可能でした．

物質の多くの性質のなかに量子論の特徴を探り出そうとするその他の意欲的で発見法的な試みが，ゾンマーフェルトによって述べられています．とくに彼が論じているのは，高速の電子によるX線の発生そしてまた光電効果や電子衝突による原子のイオン化にまつわる諸問題です．後者の問題にふれてゾンマーフェルトは，彼の考察のいくつかとハースが最近の論文で述べているものとの類似性に注意を

促しています．ハースは，J. J. トムソンによって提案されたものに類似の一様に正に帯電した球をもつ原子模型における電子の結合に量子の観念を適用しようとした試みにおいて，光学スペクトルの振動数と同程度の大きさの回転振動数を得ていたのです．ゾンマーフェルトは自分自身の態度にかんしては，このような考察からプランク定数を導き出そうとするかわりに，むしろ作用量子の存在を原子や分子の構造の問題にたいする攻略のための基礎と見なしたいと付け加えています．その発展のもっと最近の動向に照らして見るならば，実際，この発言はほとんど予言的な性格を帯びています．

もちろんその会議の時点では，プランクの発見によって提起された問題の包括的な扱いはいまだに望むべくもありませんでしたが，物理学にたいして新しい広大な展望が開かれたという理解は一般的にゆきわたっていました．とはいうものの，基本的な物理学の概念を曖昧さなく適用するための基盤の根底的な改訂がここで必要とされていたにもかかわらず，まさにその時点で，希薄気体の諸性質の取り扱いや原子の計測のための統計的揺らぎの使用において古典論による攻略が新たに勝利を収めたことによって古典論という構造物の土台の堅牢さが劇的に示されたということは，すべての人たちを勇気づけることでした．これらの進歩についての詳細な報告が会議のなかでマルチン・クヌーセンとジャン・ペランによってなされましたが，まさにそ

れは時宜を得たものであったと言えます．

　この最初のソルヴェイ会議での議論については，私は，1911年にブリュッセルから帰ってきた直後のラザフォードにマンチェスターで会ったときに，彼からいきいきとした話を聞くことができました．しかしそのときにはラザフォードは，その後の発展に深く影響をおよぼすことになる最新の出来事，すなわち彼自身による原子核の発見についてはその会議ではまったく論じられなかったということには触れませんでした．私は，何カ月か後に会議の報告をつぶさに調べることによって初めて，そのことを知ったのです．実際，ラザフォードの発見は，単純な力学概念によって解釈可能な原子の構成についての証拠をこのように思いもよらない形で完成することによって，そしてまたそれと同時に，原子系の安定性にかかわるいかなる問題にとってもそのような力学概念が不適切であることを暴き出すことによって，量子物理学の発展のその後の多くの段階において道案内として役だつとともに挑戦課題でもあり続けたのです．

II

　物質の構造をテーマとした1913年の次のソルヴェイ会議の時点までに得られたもっとも重要な新しい情報は，1912年のラウエによる結晶でのX線の回折の発見であります．実際その発見は，この透過力のある輻射に波動性を

与える必要性についてのあらゆる疑念を一掃するものでしたが、しかし他方では、物質との相互作用をするさいのX線の粒子性は、ウィリアム・ブラッグによってとくに強調されていたように、気体中でその輻射の吸収によって叩き出された高速電子の飛跡を撮しているウィルソンの霧箱の写真によって印象的に示されていたのです．よく知られているようにラウエのその発見は、ウィリアム・ブラッグとローレンス・ブラッグが結晶構造についてのすぐれた研究にむかうことになった直接的な契機でありました．彼らは結晶格子中の一連の平行な平面状の原子配置から反射される単色輻射〔X線〕を分析することにより、その輻射の波長を決定し、そしてまた格子の対称型を導き出すことに成功したのです．

その会議の主要なトピックスであったこれらの発展をめぐる議論は、原子の電子的構成にかんする巧妙な考え方についてのJ. J. トムソンによる報告によって口火を切られました．それによれば、すくなくとも定性的には、古典物理学の諸原理から離反することなく物質の多くの一般的な性質を調べることができたのです．その当時の物理学者の一般的な態度を理解するうえでは、そのような研究のための唯一の基盤がラザフォードによる原子核の発見によって与えられているということがいまだに一般的には認められていなかったという事実が役に立つでしょう．この発見にたいする唯一の言及はラザフォード自身によるものでした．

彼はトムソンの報告にひき続いての討論で，原子の有核模型を裏づけている実験的証拠が正確でしかも十分な数が揃っていることを強調しています．

　実際にはこの会議の数カ月前に，元素の固有の諸性質を原子核のまわりの電子の結合にもとづいて説明するためにラザフォードの原子模型の使用の第一歩を踏み出した原子構造の量子論にかんする私の第1論文が公表されていたのであります．すでに指摘しておいたことですが，原子核のまわりの電子の結合というこの問題は，従来の力学や電気力学の考え方で扱うならば克服しがたい困難を提起しています．従来の力学や電気力学によれば，点電荷よりなる系では静的な平衡はありえませんが，他方では，原子核のまわりの電子のどのような運動も電磁輻射によるエネルギーの散逸をもたらすことになり，その結果として電子の軌道は急速に収縮してゆき，ついには一般的な物理学的・化学的経験から導き出された原子の大きさにくらべてはるかに小さい1個の電気的に中性の系に退化してしまいます．したがってこの状況は，安定性という問題は作用量子の発見によって示されている原子的過程の単一で不可分な性質に直接に基礎づけられなければならないということを示唆していたのです．

　出発点は，元素の光学スペクトルを結合原理で表すことができるという最初にリュードベリによって認められた経験的規則性によって与えられました．結合原理とは，任意

のスペクトル線の振動数はその元素に固有の項の集合の二つの要素の差できわめて正確に表されるというものです．アインシュタインの光電効果の扱いに直接依拠するならば，この結合原理を原子が単色の輻射を放出ないし吸収する過程がいわゆる定常状態のひとつからいまひとつに移行する要素的な過程であるということの証拠として解釈することが実際に可能でした．この見方では，プランク定数とスペクトル項の任意のひとつとの積をそれに対応する定常状態での電子の結合エネルギーに等しいと見なすことができますが，この見方はまた，スペクトル系列における放出線と吸収線の一見気紛れに見える関係にたいする単純な説明をも提供するものです．というのも，放出線では私たちは原子のある励起状態からより低いエネルギーの状態への遷移に直面しているのに反して，吸収線では私たちは一般にはエネルギーのもっとも低い基底状態から励起状態のひとつへの遷移過程にかかわっているからです．

電子系のこのような状態をさしあたってケプラーの法則にしたがう惑星の運動のように図式的に捉えると，調和振動子のエネルギー状態にたいするプランクのもとの表現とうまく比較することでリュードベリ定数を導き出しうることが判明しました．ラザフォードの原子模型との密接な関係がとりわけ顕著に認められるのは，各1個ないし2個の要素的電荷をもつ小さな広がりの原子核に結合されている1個の電子よりなる系を扱わなければならない，水素原子

とヘリウム・イオンのエネルギー・スペクトルのあいだの単純な関係においてであります．この点に関連して，まさにこの会議の時点で，モーズリーが元素の高振動数スペクトルをラウエ - ブラッグの方法で調べていたという事実は興味深いことです．こうして彼は，任意の元素の核電荷の決定を可能とするだけではなく，有名なメンデレーフ表に表されている特異な周期性の原因となる原子内の電子配置の殻構造の存在をも初めて直接的に示している，注目すべき単純な法則をすでに発見していたのです．

III

第一次世界大戦によって科学の国際協力が立ち行かなくなってしまったので，ソルヴェイ会議は1921年春まで再開されませんでした．原子と電子をテーマとした1921年の会議は，古典電子論の諸原理についてのローレンツの明快な概説でもって幕が開けられました．古典電子論はなによりもとくにゼーマン効果の本質的特徴を解明するものでしたが，それは原子内の電子の運動こそがスペクトルの起源であることを端的に指し示しています．

次に講演したラザフォードは，この間に彼の原子模型によって説得力のある形で解釈されることになった数多くの現象についてくわしい説明を与えました．ラザフォードの原子模型によって放射性変換の本質的特徴や同位体の存在が直接的に理解されるようになったことはさておくにして

も，原子内での電子の結合に量子論を適用することによって，相当の進歩がすでにその当時達成されていたのです．不変な作用積分の使用による定常的量子状態のより完全な分類がゾンマーフェルトとその学派の手で進められていたために，スペクトルのディテールととくにシュタルク効果が説明されるようになりました．シュタルク効果の発見は線スペクトルの出現を原子内の電子の調和振動に求めるという可能性をきっぱりと締め出すものであります[1]．

その後の年月にシーグバーンやカタランやその他の人たちによって高振動数スペクトルや光学スペクトルがひき続き調べられたことにより，メンデレーフ表の周期性を明瞭に反映している原子の基底状態での電子分布の殻構造をくわしく描き出すことが可能となりました．このような進歩は，それにともなって，同一の量子状態が相互に排除しあうというパウリの原理や，ラザフォード原子模型にもとづいて異常ゼーマン効果を説明するために必要とされる電子の結合状態における中心対称性からの外れを産み出す電子の固有スピンの発見のような，いくつかの重要な論点の明確化を迫っていたのです．

理論的な考え方のこのような発展はまだ先のことではありましたが，会議では物質と輻射の相互作用の特徴にかんする最近の実験的発展が報告されています．たとえばモーリス・ド・ブロイは X 線をもちいた彼の実験で直面した放出過程と吸収過程の関係をとくに明らかにしたいくつか

のきわめて興味深い効果を論じていますが，その関係は光学領域におけるスペクトルで示されているものを連想させるものであります．さらにミリカンは光電効果についての彼のひき続いて行われた系統的な研究について報告しましたが，周知のように，それはプランク定数の実験的決定の精度を大幅に向上させることになりました．

　量子論の基礎についての根本的に重要な寄与は，すでに〔第一次〕世界大戦中にアインシュタインによってなされていました．彼は，スペクトルの規則性の説明にとって有効なことが立証され，しかも電子の打撃による原子の励起についてのフランクとヘルツの実験によって著しい形で裏づけられることになったのと同様の〔定常状態の存在という〕仮定にもとづいて，プランクの輻射公式の単純な導き方を示しました．実際，定常状態間の誘導輻射遷移ならびに自発輻射遷移の生起にたいするアインシュタインの一般的な確率法則の巧妙な定式化と，そしてとくに彼の放出と吸収の過程におけるエネルギーと運動量の保存の分析は，その後の発展にとっての基礎であることがやがて明らかになります．

　会議の時点でも，熱力学の原理の維持を保証し，またかかわっている作用量が十分に大きくて個々の〔作用〕量子を無視することが許される極限では古典物理学の理論による記述への漸近的な接近を保証している一般的な議論の使用によって，すでに前段階の進歩が達成されていました．前

者については，エーレンフェストが定常状態の断熱不変性の原理を導入していました．後者の要請を表現したものがいわゆる対応原理の定式化であり，それは当初から多くの異なる原子的現象の定性的な説明にとっての道標を提供してきましたが，その意図するところは，個々の量子過程の統計的説明が古典物理学の決定論的記述の合理的一般化として現れるようにすることにありました．

そのときの会議には，私は量子論のこの最新の発展について一般的な概要を報告するようにと招待されていたのですが，体調が思わしくなかったために出席できませんでした．そのためエーレンフェストが親切に私の論文を紹介する労をとってくれたのですが，そのさいに，彼はさらに対応論の本質的な論点についてのきわめて気のきいた要約を付け加えてくれました．欠陥を鋭く見抜きそしてどのような控え目な進歩にたいしても暖かく熱中するというエーレンフェストのひととなりのおかげで，彼の説明はその時点での私たちの考え方の流動的な状態とそして決定的な前進に近づきつつあるという期待感を忠実に反映したものになっています．

IV

1924 年の次のソルヴェイ会議は金属の電気伝導の問題に当てられましたが，そのときの議論では，物質の諸性質のよりいっそう包括的な記述のための適切な方法が開発さ

れるに先だってなされるべきことがどれだけ残されているのか,その輪郭が明らかになってきました.古典物理学の諸原理にもとづいて電気伝導の問題を扱うための手続きについての概説がローレンツによって与えられています.それまでに彼は,一連の有名な論文で,金属中の電子がマックスウェルの速度分布にしたがう気体のように振る舞うと仮定した場合の帰結を追跡していたのです.しかしこのような考察は当初は成功したにもかかわらず,その基礎にある仮説が当を得たものであるのか否かについては,しだいに深刻な疑惑がもちあがってきました.これらの困難は会議の討論のなかでさらに強調されるようになりました.この会議では,実験上の進歩はブリッジマン,カマリング・オネス,ローゼンハイン,ホールらの専門家によって報告され,状況の理論的な側面にはとくにリチャードソンによって論評が加えられました.彼もまた原子の諸問題にもちいられている路線にならった量子論の適用を試みていたのです.

　さらにこの会議のころには,これまで対応論的な攻略法においては維持されていた力学的描像のこのような制限された使用でさえ,もっと込み入った問題を扱うときにはもはや維持しえないことがますます明らかになってきました.この当時のことを顧みるならば,その後の発展にとってきわめて重要となるさまざまな進歩がすでに始まっていたことが思い起されるのは,実際興味深いことです.たとえば

アーサー・コンプトンは，1923年には自由電子による散乱でX線の振動数が変化することを発見し，電子による光子の吸収過程と放出過程のあいだの相関を原子スペクトルの解釈にもちいられるような単純なやり方で図式的にとらえることがますます困難になっているにもかかわらず，自分自身でもそしてまたデバイも，この発見がアインシュタインの光子の考え方を裏づけるものであるということを強調していました．

しかし一年もたたずしてこれらの問題は，ルイ・ド・ブロイによる粒子の運動と波動の伝播の適切な比較によって新たな光を当てられることになりました．そのド・ブロイのアイデアは，結晶での電子回折についてのデヴィソンとガーマー，そしてまたジョージ・トムソンの実験によってやがてものの見事に確かめられることになりました．このド・ブロイのもともとのアイデアが数理物理学の高度に発展した方法を新しく適用することによって原子にかんするさまざまな問題の解明のための強力な道具を提供することになる一般的な波動方程式の確立にとって決定的なものであるということが，シュレーディンガーの手によってどのように明らかにされていったのか，ここではその一部始終をくわしく思い起すにはおよばないでしょう．

いまでは誰もが知っているように，量子物理学の基本問題へのいまひとつのアプローチは1924年にクラマースによって開始されました．彼はこの会議の一月前に，原子系

による輻射の一般的な分散理論を発展させることに成功していました．分散の扱いは当初から輻射の問題にたいする古典的な攻略法の本質的部分をなしていたのであり，ローレンツ自身が量子論においてはそのような指針がないということにくりかえし注意を促していたことを思い起すのは，興味深いことです．しかしクラマースは対応論に依拠することによって，どのようにすれば分散効果を個々の自発輻射過程や誘導輻射過程の確率にたいするアインシュタインによって定式化された法則と直接に関連づけうるのかを明らかにしたのです．

　実際，ハイゼンベルクが量子力学の理論形式への飛躍にむけての足掛かりを得たのは，ほかでもない電磁場によって作り出された原子系の状態の摂動によって生じる新しい効果を含めるようにクラマースとハイゼンベルクによってさらに発展させられた分散理論においてでありました．そのハイゼンベルクの量子力学では，漸近的対応を越える古典論の描像についての論及は完全に拭い去られています．ボルン，ハイゼンベルクそしてヨルダン，さらにまたディラックの研究をとおして，この大胆で巧妙な考え方はすぐさま一般的な形式を与えられました．そこでは古典論の運動学的変数〔位置座標〕と動力学的変数〔運動量〕は，プランク定数を含む非可換代数に支配される記号的な作用素で置き換えられています．

　量子論の諸問題にたいするハイゼンベルクのアプローチ

とシュレーディンガーのアプローチの関係，およびその理論形式の解釈の全容は，まもなくディラックとヨルダンによって，古典力学の諸問題のハミルトンのもともとの取り扱いにそった変数の正準変換の助けで，きわめて啓発的なかたちで解明されました．そのような考察は，波動力学の重ね合わせの原理と要素的量子過程の単一不可分性の要請のあいだの見かけ上の食い違いを説明するのに，とくに役だちました．さらにディラックは，このような考察を電磁場の諸問題に適用することにも成功し，電磁場を構成する調和成分の振幅と位相を正準共役変数としてもちいることによって，アインシュタインのもともとの光子の概念が矛盾なく組み込まれている輻射の量子論を開発したのです．この革命的な発展の全体こそが，次回の，そして私がはじめて参加することのできたソルヴェイ会議の背景を形成することになります．

V

電子と光子をテーマとする 1927 年の会議は，電子による高振動数輻射の散乱にかんする新しい豊富な実験的証拠についてのローレンス・ブラッグとアーサー・コンプトンによる報告で幕を開けました．その散乱は，電子が重い物質の結晶構造に固く束縛されているときと，軽い気体の原子のなかに事実上自由な形であるときとでは大きく異なる性質を呈しています．これらの報告の後には，すでに私が

言及しておいた量子力学の首尾一貫した定式化をめぐる巨歩の進歩にかんする，ルイ・ド・ブロイ，ボルンとハイゼンベルク，そしてまたシュレーディンガーによるきわめてためになる解説が続きました．

討論のひとつの主要なテーマは，決定論的で図式的な記述の断念という，その新しい方法に必然的に含まれている特徴にありました．とくに問題になったのは，作用量子の発見がその当初からもたらしてきたパラドックスを解決するすべての試みにおいて従来の物理学的記述からの根底的な離反がこれまで試みられてきましたが，波動力学はその離反をより穏やかな形で済ませる可能性をどの程度指し示しているのかという点にありました．とはいえ，物理学的経験の波動像による解釈が本質的に統計的な性格のものであることは，衝突問題にたいするボルンの扱いの成功から明らかなことであります．それだけではありません．波動像の観念全体が記号的性格のものであることは，従来の3次元空間での座標付けを配位空間における波動関数による状態の表現で置き換える必要性があり，しかもその配位空間は系が複数個の粒子を含むものである場合その系の全自由度と同じ数の座標をもつということにもっとも印象的に表されています．

　同一の質量と電荷とスピンをもつ複数個の粒子を含む系の取り扱いについてはすでに大きな進歩が達成されていましたが，このことに関連して，議論の過程では最後の点は

とくに強調されることになりました．つまりそのような「同一」の粒子の場合，古典的な粒子概念に含意されていた個体性は制限されるということが明らかにされたのです．このような目新しい特徴の予兆は，電子にかんしてはすでにパウリによる排他原理の定式化のうちに孕まれていたのであり，輻射量子の粒子表象にかんしては，もっと早い段階にボースが，多粒子系の状態数を数えるさいに古典統計力学のおびただしい数の応用においては適切であったボルツマン流のやり方とは異なる統計を適用することによって，プランクの熱輻射の公式を簡単に導き出しうることに注意を促していたのです．

すでに 1926 年には，ヘリウム・スペクトルの特異な二重性についてのハイゼンベルクによる説明によって，複数個の電子を含む原子の取り扱いにたいする決定的な寄与がなされています．この問題は，長年にわたって原子構造の量子論にたいする主たる障害のひとつとして残されてきたものです．ディラックとそしてその後フェルミによって独立に考察された配位空間の波動関数の対称性を調べることにより，ハイゼンベルクは，ヘリウム原子の定常状態が反平行な電子スピンと平行な電子スピンのそれぞれに結びつく対称な空間的波動関数で表される状態と反対称なもので表される状態の二つのクラスに分けられ，それに対応してスペクトル項もたがいに結合することのない二つの組に分かれるということを示すのに成功しました．

この注目すべき成果が文字どおり雪崩をうつようなその後の発展の導火線となり，また一年を待たずして，水素分子の電子的構成についてのハイトラーとロンドンによる同様の扱いがどのように非極性化学結合〔共有結合〕の理解のための最初の手掛かりを与えたのか，このようなことはあらためて思い起すまでもないでしょう．さらには，回転する水素分子の陽子の波動関数についての同様の考察により，陽子にたいしてスピンをあてがうように導かれ，そうすることで〔水素分子の〕オルソ状態とパラ状態の分離についての理解がもたらされ，それはまたデニソンによって示されたように，低温での水素ガスの比熱のこれまでは不可解とされていた異常性を説明するものであります．

　この発展の全体は，今日ではフェルミオンおよびボソンと呼ばれている二組の粒子の存在が認識されるにおよんでその頂点をむかえました．たとえば電子や陽子のような半整数スピンをもつ粒子〔フェルミオン〕よりなる系のどの状態も，同種類の二つ粒子の〔空間座標とスピン座標の双方の〕座標の入れ換えでその符号を変えるという意味で，反対称な波動関数によって表さなければなりません．逆に，ディラックの輻射理論によればスピン1を割り振らなければならない光子やあるいはスピンをもたない α 粒子のような存在物〔ボソン〕にたいしては，対称な波動関数のみが考えられるのです．

　この状況は，α 粒子とヘリウム原子核あるいは陽子と水

素原子核のような同種粒子どうしの散乱の場合に見られるラザフォードの有名な散乱公式とのあからさまな齟齬をモットが説明したことによって，鮮明に示されることになりました．理論形式のこのような応用によって，じつは私たちは軌道描像なるものが不適切であるという事態に直面しているだけではなく，関連している粒子の識別を断念しなければならないという事態にさえ立ちいたっているのです．実際には，分離された空間領域にあることが確かめられることによって粒子の個体性についての慣れ親しんだ考え方が維持しうるような場合であれば，フェルミ-ディラック統計とボース-アインシュタイン統計はどちらも粒子の確率密度にたいして同一の表現に導くという意味で，どちらを使うかはどうでもよいことになります．

会議のわずか数カ月前にハイゼンベルクは，正準共役変数の確定の相反的限界を表すいわゆる不確定性原理を定式化することによって，量子力学の物理学的内容の解明にきわめて重要な貢献をすることになりました．この限界はそのような変数のあいだの交換関係の直接的な帰結であるだけではなく，観測される系と測定装置のあいだの相互作用を直接に反映しています．しかしこの最後の決定的な論点を全面的に認めることは，古典物理学の諸概念を原子的現象の説明に曖昧さなく適用できる範囲如何という問いにつながってゆきます．

会議では私は，この点についての討論の糸口になるよう

にと，量子物理学において私たちが直面している認識論上の諸問題にかんする報告を行うように求められましたが，私はその機会をとらえて適切な用語法の問題に踏み込み，相補性の観点を強調することにしました．主要な論点は，物理学的証拠を曖昧さなく伝達するためには観測の記録だけではなく実験の設定も古典物理学の用語でしかるべく洗練された日常言語で表現されなければならないということにありました．現実のすべての実験では，その物体の安定性や性質にとっては作用量子が決定的な役割を果たしているにもかかわらず十分に大きくてしかも重いためにその位置や運動の説明にはいっさいの量子効果を無視することが可能な隔壁やレンズや写真乾板のような物体を測定装置として使用することで，この要求は満たされています．

　古典物理学の適用範囲内では，私たちは理想化を扱っています．つまり古典物理学では，すべての現象は任意に分割可能であり，そしてまた考察中の対象と測定装置のあいだの相互作用は無視しうるかすくなくとも補正することが可能であります．しかし量子物理学では，そのような相互作用は当の現象の不可欠な部分を表しており，測定装置が観測がなされる諸条件を定義するという目的に適うものであるかぎり，その相互作用を分離して考えることはできません．この点に関連して，観測の記録は究極的には，光子や電子が写真乾板上にあたったときに作られるスポットのような恒久的な印を産み出すことに依拠しているというこ

とを忘れてはなりません．このような記録が本質的に非可逆な物理学的・化学的過程をともなっているということは，なんらかのとくに厄介な事情をもたらすものではありません．むしろそのことは，まさに観測という概念自体にこめられている非可逆性という要素を強調するものであります．量子物理学に固有の新しい特徴は，たんに現象の分割可能性が限られていることにあり，それゆえ現象を曖昧さなく記述するためには実験設定のすべての意味のある部分を特定しなければならないということにあります．

　量子物理学ではまったく同一の実験設定でも一般にはいくつもの異なる個々の効果が観測されるので，統計に依存することは原理的に避けられないことです．のみならず，異なる実験条件のもとで得られ単一の像で理解することの不可能な実験的証拠は，見かけ上は矛盾しているにもかかわらず併用することによって原子的対象にかんする確定的なすべての情報を尽くすことになるという意味で，相補的と見なされなければなりません．この観点からでは，量子論の理論形式のすべての目的は与えられた実験条件のもとで得られる観測にたいする期待値を導き出すことに尽きています．この点に関連して，矛盾がどこにもないということはその理論形式の数学的な無矛盾性によって保証されているのであり，またその記述がその守備範囲内で過不足ないということはそれが考えうるどの実験設定にも適用できることによって示されているということ，このことが強調

されました.

　このような点をめぐる活発な討論では,ローレンツが公平で無私な態度でなんとか議論を実りのある方向に誘導しようと舵取りをしたのですが,認識論上の諸問題にかんして意見の一致を見出すうえで言葉使いの曖昧さが大きな障害となっていました.この状況はエーレンフェストによってユーモラスに表現されました.彼はバベルの塔の建設を妨げている言語の混乱を描いている聖書の一節[2]を黒板に書き付けたのです.

　会議の席で始まった議論の応酬は夕刻になっても小さなグループで熱心に続けられ,私にとってはアインシュタインやエーレンフェストと長く議論する機会がもてたことがこの上なく喜ばしい経験でした.決定論的な記述を原理的に放棄することには気が進まないということは,とくにアインシュタインによって表明されました.彼は原子的対象と測定装置のあいだの相互作用をもっとあからさまに考慮することが可能なように見える議論で私たちに挑戦したのです.そのような目論見が無駄であるという私たちの回答はアインシュタインを納得させることはできず,事実,彼は次回の会議でこの問題に立ち戻ったのですが,ともあれそのときの議論は,量子物理学における分析と綜合にかんする状況,そしてまた慣れ親しんできた用語法が経験が獲得される条件に注意するように要求している人間の知識の他の分野でのそれと類似の状況をさらに調べあげるように

促すことになりました．

VI

1930年の会議では，ローレンツの逝去の後にはじめて議長を勤めたランジュバンが，エルネスト・ソルヴェイの死によってソルヴェイ研究所が蒙った損失について語りました．ソルヴェイ研究所は彼の発案と度量によって創設されたのです．議長はまた，ローレンツがこれまですべてのソルヴェイ会議を牽引してきたユニークなやり方と，彼が彼の輝かしい科学研究をいまわの際まで続けてきたその熱意をくわしく語りました．そのときの会議の主題は物質の磁気的性質であり，それはその理解のためにランジュバン自身がきわめて重要な役割を果たしたテーマであり，その実験的知識はとくにワイスとその学派によってそのころに著しく豊富なものになっていました．

会議はゾンマーフェルトによる磁気と分光学についての報告で幕を開けました．この報告で彼がとくに力を入れて論じたのは，原子の電子的構成の研究から導かれた角運動量と磁気モーメントの知識でした．その知識は周期律表の説明を与えることになります．希土類のなかでの磁気モーメントの特異な変化という興味深い論点については，ヴァン・ヴレックが最新の結果とその理論的解釈を報告しました．また原子核の磁気モーメントについてはフェルミによって報告されましたが，そこにスペクトルのいわゆる超微

細構造の起源が見出されるはずであるということは，最初パウリによって指摘されたことであります．

　物質の磁気的性質にかんして急速に増大する実験的証拠についての一般的な概観はカブレラとワイスの報告で与えられました．彼らは，キュリー点のような特定の温度での物質の性質の突然の変化を考慮した強磁性体の状態方程式を論じています．とくにワイスによる強磁性状態に関連づけられる内部磁場の導入のようなこのようないくつもの効果を関連づけようとする初期の試みにもかかわらず，この現象を理解するための手掛かりは，強磁性物質中での電子スピンの整列と波動関数の対称性を支配している量子統計の比較というハイゼンベルクのオリジナルな着想によって，そのころ初めて見出されたのです．その波動関数の対称性は，ハイトラーとロンドンの分子形成の理論においては化学結合の原因となっています．

　会議では磁気現象の理論的扱いのゆきとどいた説明がパウリの報告で与えられました．彼はまた，ディラックのあざやかな電子の量子論によって提起された諸問題を，彼ならではの明晰さで本質的な点を浮き彫りにして論じました．ディラックの理論では，クラインとゴルドンが提唱した相対論的波動方程式が電子の固有スピンと磁気モーメントが自然な形で組み込まれうるような一組の一階微分方程式で置き換えられています．このことに関連してとくに論じられた点は，電荷や質量の定義は百パーセント古典論の用語

で説明できる現象の分析に依拠しているのですが，これらのスピンや磁気モーメントというような量はどの程度まで電荷や質量と同じ意味で測定可能な量と見なしうるのかという問題でした．しかし，作用量子そのものの使用と同様に，スピンの概念の矛盾のないいかなる使用もこのような分析を受けつけない現象にかかわるものであり，またとくにスピンの概念は角運動量の保存の一般化された定式化を可能とする抽象なのです．この事情は，自由な電子の磁気モーメントを測定することが不可能であるというパウリの報告によってくわしく論じられた事実により裏づけられています．

実験技術の近年の進歩によって切り開かれた磁気現象のさらなる研究のための展望は，会議ではコットンとカピッツアによって報告されました．一方ではカピッツアの思いきった取り組みにより，この上ない強力な磁場を限られた空間領域に限られた時間のあいだ作ることが可能となり，他方ではコットンによる巨大な永久磁石の巧妙な設計によって，これまで利用可能であったものよりも大きな広がりで一定不変な磁場を得ることができるようになりました．コットンの報告を補足するものとしてキュリー夫人は，とくにローゼンブルムの仕事によれば α 線スペクトルの微細構造にかんして新しい重要な結果をもたらすであろう放射性過程の研究にこのように強い磁場を利用することに注意を促していました．

そのときの会議の主要なテーマは磁気現象ではありましたが，その当時物質の諸性質の他の側面の扱いにおいてもまた長足の進歩を遂げていたことは，興味深いことです．たとえば，金属中の電気伝導の理解を妨げていた数多くの困難は，1924年の会議の議論では非常に深刻に感じられていたものですが，このころまでには克服されていました．すでに1928年に，ゾンマーフェルトは〔金属中の〕電子にたいしてマックスウェルの速度分布則のかわりにフェルミの分布則をもちいることで，この問題の解明にむけてはなはだ有望な結果を得ています．よく知られているように，ブロッホはこの基盤のうえに波動力学をうまくもちいて，金属の電気伝導について多くの特徴，とりわけその現象の温度依存性を説明する精巧な理論を展開するのに成功していました．それでもその理論は超伝導を説明することができませんでした．超伝導の理解のための手掛かりは，近年になって多体系の相互作用を扱う洗練された方法が開発されてはじめて見出されたのです．このような方法は，超電流の量子化された性質についての最近得られた注目すべき証拠を説明するのにも適しているように見えます．

　しかし1930年の会議の特別な思い出は，1927年の会議で論じられた認識論上の問題についての議論を再開する機会を与えてくれたということに結びついています．今回はアインシュタインは，相対性理論から導かれたエネルギーと質量の同等性を利用することによって不確定性原理をう

まく回避しようとする新しい議論を持ち出しました．つまり彼は，時間的に制御された輻射のパルスのエネルギーを，そのパルスを送り出すシャッターに連動している時計を含む装置の質量を測定することで無制限に正確に測定することが可能になるであろう，と提案したのです．しかしよりたちいって検討することで，その見かけ上のパラドックスの解は，時計の時間の刻み方にたいする重力場の影響という事実に見出されることになりました．まさにその事実こそ，以前にアインシュタイン自身が重い天体から放射されるスペクトル分布の赤方偏移を予言したさいに依拠したものに他ならなかったのです．それでも量子物理学において対象と測定装置を厳格に分離することの必要性をきわめて教訓的に浮き彫りにすることになったこの問題は，とくに哲学のサークルのなかでは数年にわたって熱心に議論されることになりました．

　このときの会議は，アインシュタインが出席した最後のソルヴェイ会議になりました．その後のドイツにおける政治情勢の進展のために，アインシュタインは合衆国に亡命を強いられることになったのです．次の 1933 年の会議の直前に，私たちはエーレンフェストの早すぎる訃報に接して衝撃を受けました．私たちがふたたび一堂に会したとき，人を鼓舞せずにはおれないエーレンフェストの人柄についてランジュバンが感動的な言葉で弔辞を述べました．

VII

とくに原子核の構造と性質の討論に当てられた 1933 年の会議は，その問題が堰を切ったように急テンポにかつ華々しく発展していた段階でとり行われました．会議はコッククロフトの報告で幕を開けました．それまでにラザフォードとその共同研究者たちによって α 粒子の打撃をもちいて得られていた原子核の崩壊についての豊富な実験的データに手短に触れた後にコッククロフトは，そのために設計された高電圧装置で高速に加速された陽子を原子核にぶつけることで得られた新しい重要な結果についてくわしく報告しました．

よく知られているように，リチウム原子核に陽子をぶつけることで高速の α 粒子を作るというコッククロフトとウォルトンの最初の実験は，その後の原子核研究において一貫して変わることのない指針となったエネルギーと質量の一般的な関係にたいするアインシュタインの公式をはじめて直接的に立証するものでした[3]．さらにコッククロフトは，その過程にたいする断面積が陽子の速度とともにどのように変動するのかについての測定が，ガモフが彼自身や他の人たちが発展させた自発的な α 崩壊の理論に関連して導き出した波動力学の予測をどれくらいよく確かめることになったのかを語っています．いわゆる人工的な原子核崩壊に関連してその当時利用可能であった実験的データ

を網羅しているその報告においてコッククロフトは，ケンブリッジで行われた陽子の打撃による実験の結果を，ローレンスによって新しく建設されたばかりのサイクロトロンで加速された重陽子をもちいたバークレーの実験結果とも比較しています．

　それにひき続く討論の口火はラザフォードによって切られました．彼は，彼が常日頃口癖にしていた現代の錬金術の最近の発展が彼に与えた大きな喜びを語った後に，彼とオリファントがリチウムを陽子や重陽子で叩いたことによって得られたばかりの新しいはなはだ興味深いいくつかの結果を語ったのです．実際，これらの実験は水素やヘリウムのこれまで知られていなかった原子量3の同位体が存在していることの証拠を与えるものであり，それらの性質は近年大きな関心を集めています．サイクロトロンの建設についてくわしく語ったローレンスもまた，バークレー・グループの最新の研究の報告をしました．

　飛び切り重要ないまひとつの発展は，チャドウィックによる中性子の発見であります．その発見は劇的な展開の末に，原子核は重い中性の構成粒子をもつというラザフォードの予測を裏づける結果になりました．チャドウィックの報告は，α 線散乱の異常性にたいするケンブリッジでの目的意識的な研究の描写にはじまり，原子核変換をひき起す中性子の重要な役割についてだけではなく，原子核の構造において中性子が果たしている役割についても，きわめて

要を得たいくつかの考察で締めくくられています．会議ではこの発展の理論的側面が検討されるに先だって，参加者たちは，制御された原子核崩壊によって作り出されたもうひとつの決定的な発展，すなわちいわゆる人工放射能の発見を告げられたのです．

会議のわずか数カ月前になされたこの発見の説明は，フレデリック・ジョリオとイレーヌ・キュリーの報告に含まれていました．その報告は彼らの実り多い研究の多くの側面を概観するものでしたが，そのなかで負の電子だけではなく正の電子の放出をもともなうβ崩壊の過程が確かめられています[4]．この報告にひき続く討論で，ブラケットは，宇宙線研究におけるアンダーソンと彼自身による陽電子の発見の顛末とディラックの相対論的電子論によるその解釈を語りました．じつにこの地点で私たちは，光子が生成されたり消滅したりする輻射の放出や吸収と類似の，物質粒子の生成と消滅を問題とする量子物理学の新しい段階のはじまりに立ち会っていたのです．

周知のようにディラックの出発点は，彼による相対論的に不変な量子力学の定式化を電子に適用したならば通常の物理学的状態間の遷移過程の確率だけではなくそのような状態から負のエネルギー状態への遷移も予測されるという彼の認識にありました．このような望ましくない結論を回避するためにディラックは，すべての負のエネルギー状態が同等の定常状態にたいする排他原理と両立する範囲内で

完全に埋め尽されているという,いわゆるディラックの海(Dirac sea)という巧妙なアイデアを導入しました.この描像では,電子の生成は対で行われます.つまりその対の一方の通常の〔負の〕電荷のものはその海から持ち上げられたものであり,他方の逆の〔正の〕電荷のものはその海に残された空孔で表されます.今ではよく知られているように,この考え方は逆符号の電荷とスピン軸にたいして反転した磁気モーメントをもつ反粒子という表象を準備するものであり,それはやがて物質の根本的な性質であることが判明します.

会議では放射性過程のいくつもの側面が討論されましたが,もっとも啓発的な報告はγ線スペクトルの解釈にかんしてガモフにより与えられたものです.その報告は,α線や陽子の自発的な放出や誘導された放出とα線スペクトルの微細構造にたいするその関係についての彼の理論にもとづくものです.熱心に討議された特別の論点は,β線の連続スペクトルにまつわる問題でした.放出された電子の吸収によって産み出された熱効果にたいするエリスの研究は,個々のβ崩壊の過程でのエネルギーと運動量の保存とは両立しないように思われたのです.そればかりか,この過程にともなう原子核のスピンについての実験事実は角運動量保存則とも矛盾しているように見えました.β崩壊においてはニュートリノ〔中性微子〕と言われる静止質量をほとんどもたずスピンが$1/2$の粒子よりなるきわめて透

過性の高い放射線が電子と一緒に放出されているという大胆なアイデアをパウリが提唱したのは，ほかならぬこのような困難を避けるためでしたが，それはその後の発展にとってきわめて実りの多いことが判明したのであります．

原子核の構造と安定性をめぐるすべての問題は，ハイゼンベルクのはなはだ重厚な報告で扱われています．不確定性原理の観点からすれば電子のように軽い粒子が原子核のような狭い空間的広がりのなかに存在すると仮定することが困難であるということを，彼は目ざとく見抜いていたのです．そういうわけで，彼はこの中性子の発見を原子核の本来の構成要素として中性子と陽子のみを考えるという観点の基礎として捉え，そのことにもとづいて原子核の多くの性質を説明しました．とくにハイゼンベルクの考え方では，β 崩壊の現象は，中性子が陽子に変わる過程ないしその逆の過程にともない，エネルギー放出とともに負ないし正の電子とニュートリノが生成される事実を立証するものと見なされるべきである，ということを意味しています．実際，この方向にむけての大きな発展は会議の直後にフェルミによって達成されました．この土台のうえにフェルミは β 崩壊の首尾一貫した理論を発展させましたが，それはその後の発展のなかでもっとも重要な指針であることが判明したのです．

ラザフォードは，いつものように多くの議論に熱心に加わりました．いうまでもなく彼は，この 1933 年のソルヴ

ェイ会議では中心人物でありました．そしてそのときの会議は，彼が生前に参加した最後の機会になりました．1937年の彼の死は物理学の歴史においてほとんど比肩するもののない実り多い生涯に終止符を打ちました．

VIII

やがて第二次世界大戦へと連なってゆくことになるいくつもの政治的な出来事のために，ソルヴェイ会議の定期的な開催は何年ものあいだ中断され，再会されたのはようやく1948年になってからでした．この戦乱の時代にも核物理学は衰えることなく発展し続け，それどころか原子核のなかに蓄えられていた膨大なエネルギーの解放の可能性を実現するにまでいたりました．この発展が誰の心のなかにも重くのしかかっていたにもかかわらず，素粒子の問題を扱ったその会議ではそのことには何も言及されませんでした．この分野では，陽子と電子の中間の静止質量をもった粒子の発見によって新しい展望が切り開かれていたのです．周知のようにこのような中間子の存在は，1937年のアンダーソンによる宇宙線中での検出に先だって，量子物理学の発端において研究された電磁場とは本質的に異なる核子間に働く短距離力の場のための量子として，湯川によってすでに予言されていたものです．

粒子の問題のこの新しい側面が内容豊かであるということは，ブリストルのパウエルと彼の共同研究者たちによる

宇宙線に晒した写真乾板上の飛跡の系統だった研究，およびバークレーの巨大サイクロトロンによって初めて作り出された高エネルギーの核子の衝突で作られたいくつもの効果の考察によって，会議の直前に明らかにされたばかりでした．実際，このような衝突で直接的にいわゆる π 中間子〔パイオン〕が作られ，それがその後ニュートリノを放出して μ 中間子〔ミューオン〕に崩壊することが明らかになりました．μ 中間子は π 中間子とちがって核子と強く結合することなく，自分は二つのニュートリノを放出して電子に崩壊します．会議では，新しい実験的証拠についてのくわしい報告の後に，その理論的解釈についていくつもの側面から大変興味深い論評が加えられました．しかしさまざまな方向への有望な前進にもかかわらず，私たちは新しい理論的な観点の必要とされる発展のとばくちに立ち止まっている，という認識が一般的でした．

　特別に議論されたのは，荷電粒子の自己エネルギーにとりわけ顕著に見られる量子電気力学における発散の出現に関連した困難をどのように克服するのかという点であります．古典電子論を定式化し直すことによってその問題を解決しようという試みは，対応論の扱いにとっては基本的でありますが，問題にしている粒子がしたがっている量子統計の種類におうじて特異性の強さが異なるために，明らかにうまくゆきませんでした．実際，ワイスコップによって最初に指摘されたように，量子電気力学における特異性は

フェルミ粒子の場合は大きく押さえられるのですが，ボース粒子の場合には自己エネルギーは古典電気力学の場合よりも強く発散します．ところが古典電気力学の範囲内では，すでに 1927 年の会議で強調されていたように，異なる量子統計のあいだのすべての違いは排除されています．

ここでは決定論的で図式的な記述からの根底的な離反にかかわっているにもかかわらず，対応論的なアプローチにおいては，慣れ親しんだ因果性の考え方の基本的特徴は競合する個々の過程を共通の時間・空間的広がりのなかで定義された波動関数の単純な重ね合わせに関係づけることによって維持されています．しかしこのような扱いが可能であるのは，議論の過程で強調されたことですが，無次元定数〔微細構造定数〕$\alpha = 2\pi e^2/hc$ が小さいということに表されているように〔電磁〕場と粒子の結合が比較的弱く，そのため電子たちの系の状態と電磁場にたいするその反作用を高い近似で区別することが可能であるという事実にもとづいています．量子電気力学にかんして言うならば，その時期はシュヴィンガーと朝永の仕事によって重要な発展がまさに開始されたばかりであり，それは α について同一次数の補正をまとめあげるいわゆるくりこみの手続きに導くものでした．その補正は，ラム効果〔ラム・シフト〕の発見によってとくにはっきりと認められました．

しかし核子とパイオン〔π 中間子〕の場は強く結合するため，単純な対応論をうまく適用することができません．と

くに多数個のパイオンが作り出される衝突過程の研究は，基礎方程式が線形性から離反する必要性と，さらにはハイゼンベルクによって提唱されたように時間・空間的座標付け自体の究極の限界を表す要素的な長さの導入の必要性すら指し示しています．観測という観点からではこのような限界は，すべての測定装置が原子から構成されたものであるということによる時間と空間の測定に課せられる制限に密接に関連しているかもしれません．もちろんこのような状況は，物理学的経験のはっきり定義された記述においては考察中の原子的対象と観測装置の相互作用をあからさまに考慮することが不可能であるという議論と矛盾するどころか，むしろもっぱらこのような立論にたいしてさらなる規則性の論理的な理解のための十分な余地を与えるものになると思われます．

　攻略法全体の一貫性の条件としては，結合定数や素粒子の質量のあいだの比のような無次元定数の導出だけではなく，定数 a の値をも確定するということがありますが，そうした可能性を含む展望を実現することは，会議の当時にはいまだにほとんど試みられてはいませんでした．しかしまもなく発展のひとつの道筋が対称性の研究に求められることになり，その後，さまざまな度合いの「ストレンジネス」で特徴づけられさえする思いもよらなかった振る舞いをする多くの素粒子の組が踵を接して発見されたによって，この対称性の研究が前面に押し出されてきたので

す．もっとも新しい発展を考えるならば，よく知られているようにパリティー〔偶奇性〕保存が限られた範囲でしか成り立たないという1957年の李と楊の大胆な提唱と呉女史とその共同研究者たちのあざやかな実験によるその検証によって，偉大なる前進への一歩が踏み出されたことが挙げられます．実際，ニュートリノのヘリシティーが立証されたことは，自然現象の記述における右と左の区別という旧来の問題を新たに提起しています．さらにはこの点における認識論上のパラドックスは，時間・空間反転の対称性と粒子と反粒子の対称性のあいだの関係性の認識によって回避されることになりました．

　もちろん私としては，このような駆け足のお話で，今回の会議での議論の主要なテーマを形成するであろう諸問題を予測するつもりは毛頭ありません．今回の会議は実験面でも理論的にも新しい重要な前進が見られている時期に開催されており，それらの最近の発展については，私たちは誰もが，比較的若い世代の参会者から学びたいと強く願っております．とはいえ今後私たちには，これまで私が参加した最後の会議であった1948年の会議には参加していたクラマースやパウリやシュレーディンガーのように，同僚や友人が故人となってその支援を受けられなくなるということがしばしば起ることでしょう．同様に，病気のために私たちのなかにマックス・ボルンの姿が見られないことは，私たちにとっては残念なことです．

話をおえるにあたって私は，歴史的発展のいくつかの側面についてのこの回顧的な報告が，物理学者の共同体がソルヴェイ研究所に負っている恩義とその研究所の将来の活動にたいして私たちすべてが共有している期待を表明するものになるようにとの希望を表明させていただきます．

訳　　注

1. 原子論と力学

第6回スカンジナヴィア数学会議講演(1925年8月30日)を大幅に書き直したもの．テキストは，

英語版; Atomic Theory and Mechanics;

- A：*Supplement to Nature*, Vol. 116, 1925, p. 845.
- B：*Atomic Theory and the Description of Nature*, Cambridge Univ. Press, 1934 (reprinted, *The Philosophical Writings of Niels Bohr*, Vol. I, Ox Bow Press, 1987), p. 25.

独語版; Atomtheorie und Mechanik;

- C：*Die Naturwissenschaften*, Vol. 14, 1926, p. 1.
- D：*Atomtheorie und Naturbeschreibung*, Springer Verlag, 1931, p. 16.

AとCは段落の分け方をのぞいてほぼ同一であり，BとDもほぼ同一であるが，A, CとB, Dでは節の分け方や小見出しの付け方は大きく異なる．また，A, Cには付けられていた脚注はB, Dにはない．翻訳にはAとCを用い，両者の異同は注記するか，あるいはAにしかない語句を括弧（　）でCにしかない語句をアンダーラインで記すことで区別した．段落はAにならったが，＃はCでは改行になっていないことを表す．

なお，Bからの訳は『原子理論と自然記述』(井上健訳，みすず書房，1990)に，Dからの訳は『世界大思想全集 社会・宗教・科学思想篇(35)』(菅井準一・藤村淳訳，河出書房，1960)

にあり．ただし，みすず書房の井上訳は，底本がBと書かれているが，A,BにはなくC,Dのみにある文言が訳されているところも何箇所かあり，よくわからない．

[1] Cでは，ここで改行．
[2] AとBでは，"transition"(引用符つき)，CとDでは，Überführung(引用符なし)．訳はA,Bにあわせた．なお，他の所では「遷移」にÜbergangの単語も使われている．
[3] Cでは，この後に次の小見出しがくる．
[4] 原語 veranschaulichen, visualize はボーアのよく使う言葉で，「時間・空間的描像で表す」というような意味で使われている．本書では「図式的に表す」ないし「直観的に表す」の訳語をあてた(論文集1，論文1，訳注5参照)．同様に anschaulich, visualizable は「図式的」「直観的」と訳す．なお Intuition, intuitiv, intuition, intuitive は「論証」「論証的」に対比される意味で使われていて，「直感」「直感的」の訳語をあてる．
[5] 独語版では，ungeachtet des grundsätzlichen Gegensatzes，英語版では，appropriate to the fundamental contrast(根本的な食い違いに適するように)．訳は独語版から．
[6] A,B では Lagrange，C,D では Legendre．後者は誤記と考えられる．
[7] 英語版では「実際私たちは，力学的描像にもとづいた量子数の一意的な割り振りを不可能とするような，電子の相互作用における力学的には記述不可能な '強制(strain)' の仮定を強いられるのである．」訳は独語版から．

［8］ 英語版では「つまりこれらの結果は，とくにここ数年のあいだにユトレヒトで発展させられてきたスペクトル線の相対強度の測定とみごとに一致していたのではあるが，しかし量子化の規則によって支配されている枠組みには，かなり人為的なやり方でしか組み込むことができなかったのである．」訳は独語版から．

［9］ D では，「クラマースが強調したように」の挿入あり．

2. 原子

Atom, *Encyclopædia Britannica*, 13th edition, 1926.

［1］ 「同位体(isotope)」が，ギリシャ語の「$ἴσος$(同じ)」と「$τόπος$(場所)」から作られた言葉であることを指している．

［2］ 表 1 は，ボーアが Atomernes Bygning og Stoffernes fysiske og kemiske Egenskaber, *Fysisk Tidsskrift*, 19 (1921) および *Theory of Spectra and Atomic Constitution*, Cambridge Univ. Press(1922) に載せたものと——原子番号 72 の Hf(ハフニウム)が記入されていることを除いて——同じである．つまりこれは，パウリの排他原理とスピンの発見以前に対称性と対応原理と経験のみにもとづいて作られたものであるが，本質的には正しい．本書論文 6，訳注 7 参照．なお表では，原子番号 71 は Cp(カシオピウム)，86 は Em(エマナチオン)であるが，現在ではそれぞれ，Lu(ルテチウム)，Rn(ラドン)と呼ばれている．「周期律表(periodic table)」は，現在は「周期表」と訳されるが，以前はこのように訳されたこともあり，歴史的文献ゆえこちらを採った．

［3］ リュードベリは，振動数 $ν$ ではなく，波長 $λ$，ないし波数 $σ=ν/c=1/λ$ でスペクトルを整理した(本書論文 14, p.

250).というのも,測定は波長で行われるが,当時は波長の測定精度(19世紀末で有効数字6桁)にくらべて光速測定精度はずっと悪かったからである.それゆえ通常「リュードベリ定数」と言われているものは,この R を c(光速)で割ったものを指す.本書論文14,訳注1および3参照.

[4] α 崩壊では原子番号が2下がり,β 崩壊では原子番号が1上がるという,ソディとファヤンスの放射性変位法則.

[5] 電子が半径 r の円軌道を描くとして,古典論では運動方程式は $mr\omega^2 = e^2/r^2$.したがって電子の回転振動数は

$$\nu_{\text{rot}} = \frac{\omega}{2\pi} = \frac{1}{2\pi}\sqrt{\frac{e^2}{mr^3}},$$

エネルギーは,無限遠で静止状態を基準にとって

$$E = \frac{m}{2}(r\omega)^2 - \frac{e^2}{r} = -\frac{e^2}{2r}.$$

この結果は,電子を無限遠に引き離すのに,$|E|=e^2/2r$ の仕事を要するということを意味している.それゆえ,これが n 番目の定常状態であるとすれば,$|E|=Rh/n^2$ と置くことができ,その軌道半径は $r=e^2n^2/2Rh=r_n$,回転振動数は

$$\nu_{\text{rot}}(n) = \frac{1}{2\pi}\sqrt{\frac{e^2}{mr_n^3}} = \frac{2R}{2\pi n^3}\sqrt{\frac{2Rh^3}{me^4}}.$$

他方,$n \to n-1$ の遷移のさいの輻射の振動数は,本文(1)式より,大きい n にたいしては

$$\nu_{\text{rad}}(n \to n-1) = R\left\{\frac{1}{(n-1)^2} - \frac{1}{n^2}\right\} \fallingdotseq \frac{2R}{n^3}.$$

ここで大きい n にたいして $\nu_{\text{rot}}(n)=\nu_{\text{rad}}(n \to n-1)$ が成り立つとすれば,本文(7)式の R が得られる(この R は論文14

および解説の R の c 倍で定義されていることに注意）．なおこのとき

$$r_n = \frac{n^2 e^2}{2Rh} = \frac{n^2 h^2}{4\pi^2 m e^2} = n^2 a$$

で，ここに $r_1 = a = 5.3 \times 10^{-9}$ cm はボーア半径．

［6］ 原文 is associated which changes は is associated with changes の誤記と判断した．

［7］ $n=1, k=1$ の円軌道（1_1 軌道）の半径（ボーア半径）を a とすれば，n_k 軌道は，長径 $n^2 a$, 短径 nka の楕円で，電子の核への最接近距離は

$$r_{\min} = n(n-\sqrt{n^2-k^2})a = \frac{k^2}{1+\sqrt{1-(k/n)^2}}a.$$

これは n にたいして k が小さければ，ほとんど n によらず，k だけで決まる．他方，核からの最大距離は

$$r_{\max} = n(n+\sqrt{n^2-k^2})a$$

で，n とともに増加する．なお量子力学では，副量子数 k は方位量子数 $l=k-1$（$l=0,1,2,\cdots\cdots,n-1$）で置き換えられる．

3. J. J. トムソンの古希の祝いへのメッセージ

Nature, Vol. 118, 1926, p. 879.

4. ゾンマーフェルトと原子論

ゾンマーフェルトの還暦祝いへのメッセージ．テキストは，Sommerfeld und die Atomtheorie, *Die Naturwissenschaften*, Vol. 16, 1928, p. 1036.

5. 原子論と自然記述の諸原理

第18回スカンジナヴィア自然科学者集会開会式(1929年8月26日)にデンマーク語で行われた講演に手をいれたもの(Atomteorien og grundprincipperne for naturbeskrivelsen; *Fysisk Tidsskrift*, Vol. 27, 1929, p. 103)の翻訳．翻訳にもちいたテキストは，

英語版; The Atomic Theory and the Fundamental Principles underlying the Description of Nature;

  A：*Atomic Theory and the Description of Nature*, Camb. Univ. Press, 1934 (reprinted 1987), p. 102.

独語版; Die Atomtheorie und die Prinzipien der Naturbeschreibung;

  B：*Die Naturwissenschaften*, Vol. 18, 1930, p. 73.

  C：*Atomtheorie und Naturbeschreibung*, Springer Verlag, 1931, p. 67.

これらはすべて，細部をのぞいて基本的には差はない．訳はAとBに依拠し，Aにだけある言葉を（　）で囲み，Bにだけある言葉をアンダーラインで記した．

Aからの訳は『原子理論と自然記述』にあり．

[1]　この文中の「黒体輻射の研究」および次の文中の「黒体輻射の法則」は，それぞれ，Aの 'investigation of black body radiation', 'law of black body radiation' からの訳であるが，B, C ではいずれも「熱輻射の現象(Wärmestrahlungserscheinungen)」となっている．

訳　注　419

［2］「直観性」の原語は Anschaulichkeit, visualization で，意味は論文 1，訳注 4 参照．
［3］訳は B から．A では「意志の自由が私たちの心的生活の経験的範疇であるのとまったく同様に，因果性は，私たちがそれをもちいて私たちの感覚印象を秩序づけるための知覚の様態と考えることができます．」なお，文中「経験的」は A の原文では experiental となっているが，もちろんこれは experimental の誤植であろう．

6. 化学と原子構造の量子論

ファラデー講演；1930 年 3 月 8 日，サルター・ホールで化学協会会員にたいして行ったもの．テキストは，

Chemistry and Quantum Theory of Atomic Constitution; *Journal of Chemical Society*, 1932, p. 349.

［1］本書論文 2，訳注 1 参照．
［2］本論文が書かれたのは，1932 年 2 月のチャドウィックによる中性子の発見の直前である．
［3］原子核が陽子と電子から構成されているという立場で書かれている本論文では，「核外電子(extra-nuclear electron)」，つまり原子を構成している(原子核の外にあり核のクーロン引力により束縛されている)通常の電子と「核内電子(intra-nuclear electron)」を区別している．
［4］物質による光の吸収は光子単位で行われ，個々の原子や分子は光子を 1 個ずつ吸収して活性化するという，1907 年にシュタルクが，1927 年にアインシュタインが提唱した法

則.「光化学第2法則」とも呼ばれる.

[5] 巻末解説(10)式.本書論文2,訳注5,および解説参照.

[6] 原子番号72の元素は,最外殻に2個,その内側の殻に10個の電子を有し,$_{22}$Ti(チタン),$_{40}$Zr(ジルコニウム)と同一の電子配置で類似の化学的性質をもち,希土類ではないというのは,周期律表にたいする自らの解釈にもとづいてボーアが主張したものである.この発見は1922年のボーアのノーベル賞授賞式の講演ではじめて発表された.ちなみに,ユリウス・トムセン(1826-1909)はコペンハーゲン大学教授を勤めたデンマークの化学者であり,元素名「ハフニウム」はトムセンおよびボーアを育てた都市コペンハーゲンにちなみ,その旧名称「ハフニア」から命名された.

[7] 1921-22年の段階では,主電子殻の電子数は,$n=1$(K殻),$n=2$(L殻),$n=3$(M殻),$n=4$(N殻)のそれぞれにたいして,順に2個,8個,18個,32個であることは知られていた.この時点でボーアは,副殻の分け方を

L殻; $8 = 4+4$,
M殻; $18 = 6+6+6$,
N殻; $32 = 8+8+8+8$,

と考えていた.ストーナーおよびメイン・スミスは,1924年に

L殻; $8 = 2+(2+4) = 2+6$,
M殻; $18 = 2+(2+4)+(4+6) = 2+6+10$,
N殻; $32 = 2+(2+4)+(4+6)+(6+8) = 2+6+10+14$,

という分類を提唱した.量子力学によれば後者が正しい.本書論文2,表2および訳注2参照.

［8］ 「極性結合(polar bond)」は，ここでは「イオン結合」の意味で使われている．なお，この後に出てくる「等極結合(homopolar bond)」は「共有結合」を指す．

［9］ 以下の記述は，中性子発見以前の，質量数 A，原子番号 Z の原子核は A 個の陽子と $(A-Z)$ 個の電子より構成されるという——誤った——考え方にもとづくものである．

中性子の発見以後の 1936 年の講義では，ボーアは次のように語っている：「原子核についての私たちの知識は，1932 年のチャドウィックによるいわゆる中性子，すなわち陽子の質量とほぼ同一の質量をもつ中性粒子の発見によって，さらに，とびきり豊富なものとされることになった．それは，最初はベリリウムを α 粒子で叩くことによって観測された．その反応は，次のように表される：${}^{9}_{4}\text{Be} + {}^{4}_{2}\text{He} \rightarrow {}^{12}_{6}\text{C} + {}^{1}_{0}\text{n}$．この中性子は，その後すぐに見出されたように，多くの異なる核反応で生じうるものであり，それゆえ，とくにハイゼンベルクによって強調されたように，中性子をすべての原子核の基本的構成要素と見なすのが自然である．したがってまた，すべての原子核は陽子と中性子のみを含み，その総数が質量数を表し，他方，陽子の数が核の電荷〔原子番号〕を与えることになる．このように見ることで，原子核自身のなかに電子が存在すると仮定したならば量子力学ではどうしても生じてしまう困難が取り除かれるのだが，この見方によれば，β 崩壊で放出される電子は，原子の定常状態のあいだの遷移によって光量子が生成されるのとまったく同様に，原子核の変換そのものの過程で創り出されると見なされなければならない．」(*Niels Bohr Collected Works*, Vol. 9, p. 174.)

[10] パウリがこのボーアのファラデー講演に応える形でニュートリノ仮説を最初に提唱したのは，1930年12月4日のガイガーとマイトナー宛の私信であり，パウリはその仮説を翌1931年10月のローマでの原子核国際会議で表明している．ボーアはこの会議に出席していたが，パウリの見解に同意しなかった．その後1932年に中性子が発見されたことにより核物理学の状況は一変し，パウリのニュートリノ仮説が認められていったのは1933年にフェルミが β 崩壊の理論を創り出してからである．ちなみに「ニュートリノ」という名称はフェルミによる．本書論文10, 12, 16参照．

7. 原子の安定性と保存法則

1931年10月のローマでの原子核国際会議での講演．テキストは，

Atomic Stability and Conservation Laws; *Atti del Convegno di Fisica Nucleare della "Fondazione Alessandro Volta"*, Reale Accademia d'Italia, 1932, p. 119.

[1] 原語は「electron diameter(電子直径)」となっているが，通常この(1)式の量はclassical electron radiusと言われているので，このように訳した．電子の静止エネルギー mc^2 が静電的なものであり，これが古典論による電子の自己エネルギー e^2/d に等しいとして得られる．
[2] 本書論文2，訳注5，および巻末解説(6)式参照．
[3] 電子スピン成分は $h/2\pi$ を単位にして $\pm 1/2$ の値をとる．それゆえ $h/2\pi$ の変化はスピンの完全な反転を意味する．

訳 注　423

［4］　輻射の反作用の力の大きさ F_R と水素原子で電子にはたらく原子核からのクーロン引力の大きさ F_C は，それぞれ，$F_R = 2e^2|\dot{\boldsymbol{v}}|/3c^3$, $F_C = e^2/a^2$ で与えられる．ここに a は軌道半径であり，$|\dot{\boldsymbol{v}}| = \omega^2 v$ かつ $v = \omega a$ を考慮すれば

$$\frac{F_R}{F_C} = \frac{2}{3c^3}|\dot{\boldsymbol{v}}|a^2 = \frac{2}{3}\left(\frac{v}{c}\right)^3.$$

ここに運動方程式 $mv^2/a = e^2/a^2$，およびボーアの量子条件 $mav = nh/2\pi$ から得られる $v = 2\pi e^2/nh$ を使うと

$$\frac{F_R}{F_C} = \frac{2}{3n^3}\left(\frac{2\pi e^2}{hc}\right)^3 = \frac{2}{3n^3}\alpha^3.$$

電子がもっとも強く結合している状態（基底状態）では，$n=1$ として $F_R/F_C \sim \alpha^3$.

［5］　原子番号を Z とする．もっとも強く結合されている電子はもっとも内側にあり，原子核の電荷 Ze のみから力を受けているとして，その軌道半径は $r = h^2/4\pi^2 mZe^2$（論文 2，訳注 5 の最後の式で，$n=1$ として e^2 を Ze^2 で置きかえる，または巻末解説 (6) 式）．したがって

$$\frac{r}{d} = \frac{1}{Z}\left(\frac{hc}{2\pi e^2}\right)^2 = \frac{1}{Z\alpha^2} = \frac{137^2}{Z}.$$

他方，もっとも強く結合されている電子のエネルギー準位は $E_1 = -Ze^2/2r = -2\pi^2 m(Ze^2)^2/h^2$．またボーアの振動数条件より $hc/\lambda = E_n' - E_n \leq |E_n| \leq |E_1|$ であり，スペクトルの波長 λ は

$$\lambda \geq \frac{hc}{|E_1|} = \frac{4\pi}{Z^2}\frac{h^3 c}{(2\pi)^3 me^4}$$

i.e. $\dfrac{\lambda}{d} \geqq \dfrac{4\pi}{Z^2}\left(\dfrac{hc}{2\pi e^2}\right)^3 = \dfrac{4\pi}{Z^2 \alpha^3} = \dfrac{4\pi \times 137^3}{Z^2}.$

すなわち，$Z \leqq 100$ ゆえ，つねに $r \gg d$, $\lambda \gg d$.

[6] ここでは本文の記号と異なり散乱前の光子の波長を λ, 散乱後の光子の波長を λ', 電子の運動量を p' とする．コンプトン散乱で反跳電子の速度が最大になるのは，電子が光子の入射方向に飛び出し光子が真後ろに跳ね返される場合である．そのときの運動量とエネルギーの保存則は

$$\dfrac{h}{\lambda} = -\dfrac{h}{\lambda'} + p', \qquad \text{①}$$

$$\dfrac{hc}{\lambda} + mc^2 = \dfrac{hc}{\lambda'} + c\sqrt{p'^2 + (mc)^2}. \qquad \text{②}$$

これより $\lambda' = \lambda + 2h/mc$ (散乱光子が入射光子の方向と θ の方向に飛び出すときは $\lambda' = \lambda + (h/mc)(1 - \cos\theta)$). それゆえ，$\lambda = h/mc$ (コンプトン波長) のとき $\lambda' = 3h/mc$ で，① より

$$p' = \dfrac{mv}{\sqrt{1-(v/c)^2}} = \dfrac{h}{\lambda} + \dfrac{h}{\lambda'} = \dfrac{4}{3}mc \quad \therefore \quad v = \dfrac{4}{5}c.$$

[7] 散乱前の電子と光子のエネルギーと運動量を
  もとの系；電子 mc^2, 0；光子 hc/λ, h/λ
  変換後の系；電子 E^*, p^*；光子 hc/λ^*, h/λ^*
とする．電子にたいするローレンツ変換は，エネルギー；$E^* = \gamma mc^2$, 運動量；$cp^* = -\gamma\beta mc^2$. これらから γ と β を求めて光子のエネルギーの変換式 $hc/\lambda^* = \gamma(hc/\lambda - \beta hc/\lambda)$ に代入して

$$\dfrac{hc}{\lambda^*} = \dfrac{E^* + cp^*}{mc^2} \dfrac{hc}{\lambda}. \qquad \text{③}$$

ここで，変換後の系では全運動量が0で，さらに輻射の振動数が大きい(波長が小さい)とするとき，$p^* = -h/\lambda^* < 0$ かつ $|p^*| \gg mc$ ゆえ

$$E^* = c\sqrt{p^{*2}+(mc)^2} \fallingdotseq c|p^*|\{1+(mc)^2/2p^{*2}\}$$

$$\therefore \frac{E^*+cp^*}{mc^2} \fallingdotseq \frac{|p^*|+p^*}{mc} + \frac{mc}{2|p^*|} = \frac{mc}{2h}\lambda^*$$

となり，③を整理すれば $\lambda^* = \sqrt{2h\lambda/mc}$，すなわち，$\lambda$ とコンプトン波長 h/mc の2倍の幾何平均(相乗平均)．書き直せば $\lambda^* = \sqrt{4\pi\lambda d/\alpha}$ であり，$\lambda > \alpha d$ なら $\lambda^* > \sqrt{4\pi}d$．

[8] 原子番号 Z の水素類似原子のエネルギー準位にたいしてディラックが導いた公式は

$$E = mc^2 \left\{1 + \left(\frac{Z\alpha}{n-(j+1/2)+\sqrt{(j+1/2)^2-(Z\alpha)^2}}\right)^2\right\}^{-1/2}.$$

ゾンマーフェルトの公式は，この式で $j+1/2$ を k で置き換えたもの．いずれにせよ，$Z < 1/\alpha = 137$，$j+1/2 \geqq 1$ ゆえ，根号の中が負になることはありえない．

[9] 本節の記述にたいしては，本書論文6，訳注9，10の記述がそのままあてはまる．

[10] 軌道半径を $r = d = e^2/mc^2$ とする．角運動量は $Mrv = h/2\pi$，したがって，陽子1個あたりの結合エネルギーは

$$B \sim \frac{M}{2}v^2 = \frac{M}{2}\left(\frac{h}{2\pi Mr}\right)^2 = \frac{Mc^2}{2}\left(\frac{hc}{2\pi e^2}\frac{m}{M}\right)^2.$$

他方，ヘリウムの質量欠損は $4B/c^2$ で，全質量 $4M$ との比は

$$\frac{4B}{4Mc^2} \sim \frac{1}{2}\left(\frac{hc}{2\pi e^2}\frac{m}{M}\right)^2 = \frac{1}{2}\left(\frac{\beta}{\alpha}\right)^2 = 0.003.$$

これは実測値 28 MeV/(4×930 MeV)＝0.007 と同程度．

[11]　原文の the essential stability of atoms in an implicit assumption の in は is の誤植であろう.

8. フリードリッヒ・パッシェンの古希の祝いによせて
Friedrich Paschen zum siebzigsten Geburtstag, *Die Naturwissenschaften*, Vol. 23, 1935, p. 73.

9. ゼーマン効果と原子構造の理論
Zeeman effect and theory of atomic constitution, *Zeeman Verhandelingen*, Haag, 1935, p. 131. 2 月 16 日受理.

[1]　ボーアの定常状態と振動数条件の仮説(本書論文1, p. 16f., 論文 2, p. 53, および巻末解説, p. 443f.)を指す.

10. 量子論における保存法則
Conservation Laws in Quantum Theory, *Nature*, Vol. 138, 1936, p. 25. レターの日付けは 6 月 6 日.

[1]　「上に述べられている」というのは, この *Nature* の同号・同ページの上部という意味.

11. 原子核の変換
Transmutations of Atomic Nuclei, *Science*, Vol. 86, 1937, p. 161.

[1]　温度とエネルギーの換算は, 熱平衡状態では絶対温度

T の物体の構成粒子の1自由度あたりの平均運動エネルギーが $E=kT/2$ で与えられることにもとづく。ここに $k=1.38\times10^{-23}$ J/deg $=8.63\times10^{-5}$ eV/deg はボルツマン定数であり，これによれば 10^{10} 度は約 0.4 MeV にあたる。なお原文では，the scale on the thermometer is in billions of degrees centigrade となっているが，これでは，図および計算とあわないので，billions は ten billions の誤りと判断した．

12. 作用量子と原子核

Wirkungsquantum und Atomkern; *Annalen der Physik*, Vol. 32, 1938, p. 5. 2月27日受理.

[1] 1934年の F. ジョリオと I. キュリーによる人工放射性原子核の発見は，ポロニウムの α 崩壊で生じた $^4_2$He(α 粒子)をアルミニウムにぶつける反応 $^{27}_{13}$Al$+^4_2$He $\to$ $^{30}_{15}$P$+^1_0$n による．こうして人工的に作られたリン $^{30}_{15}$P は放射性で，陽電子を放出する β 崩壊($^{30}_{15}$P $\to$ $^{30}_{14}$Si$+e^++\nu$)を行う．

[2] 余分なエネルギーを輻射(γ線)の形で放出する中性子反応の典型的な例は $^{127}_{53}$I$+^1_0$n $\to$ $^{128}_{53}$I$+\gamma$．このような場合の複合核の γ 放射の寿命は $\tau\sim10^{-13}$ s ないし 10^{-14} s 程度で，他方，原子核(直径 $\sim10^{-12}$ cm)を中性子が横切る時間 t は，運動エネルギー 1 MeV(通常の核反応で作られる中性子のエネルギーのオーダー)の中性子(速度 $\sim10^9$ cm/s)では $t\sim10^{-21}$ s，これより比 τ/t は 10^8 ないし 10^7 のオーダー．「百万(eine Million)」の根拠は不明．

［3］ 論文11，訳注1の換算式より，温度 10^{11} 度はエネルギー 4 MeV に相当．

［4］ 書かれている反応は，$^1_1\text{p}+^7_3\text{Li} \rightarrow ^8_4\text{Be}^* \rightarrow ^8_4\text{Be}+\gamma$ で，この γ 線のエネルギーは 17 MeV，中間状態の $^8_4\text{Be}^*$ はパリティ奇である．この中間状態が二つの α 粒子に崩壊したとすれば，角運動量保存則より分裂後の状態はパリティ偶にならなければいけないが，それはパリティ保存則に反し，したがってそのような分裂は禁じられる．

13. 重い原子核の崩壊

Disintegration of Heavy Nuclei, *Nature*, Vol. 143, 1939, p. 330. 1月20日受理．

14. リュードベリによるスペクトル法則の発見

Rydberg's discovery of the spectral laws, *Acta Universitatis Lundenis*, N. F.(Afdelning 2), Vol. 50, 1955, p. 15.

［1］ リュードベリの得た値は 109675 cm^{-1}．ただしこれは現在リュードベリ定数と言われているもの(本文(8)式の量で値は 109737.31534 cm^{-1})に対して，電子質量を m，陽子質量を M として，$(1+m/M)^{-1}$ を掛けたもので(本論文訳注4参照)，その点を考慮すれば有効数字5桁まで合っている．

［2］ アルカリ金属，たとえばカルシウムでは，$n=4, 5, \cdots\cdots$，$n'=5, 6, \cdots\cdots$ として，各系列とその極限は

$$\text{主系列} \quad \sigma_\text{p} = \frac{R}{(4+\alpha_1)^2} - \frac{R}{(n+\alpha_2)^2}, \qquad \sigma_{\text{p}\infty} = \frac{R}{(4+\alpha_1)^2},$$

鋭系列 $\sigma_\mathrm{s} = \dfrac{R}{(4+\alpha_2)^2} - \dfrac{R}{(n'+\alpha_1)^2},$ $\sigma_{\mathrm{s}\infty} = \dfrac{R}{(4+\alpha_2)^2},$

鈍系列 $\sigma_\mathrm{d} = \dfrac{R}{(4+\alpha_2)^2} - \dfrac{R}{(n+\alpha_3)^2},$ $\sigma_{\mathrm{d}\infty} = \dfrac{R}{(4+\alpha_2)^2}.$

これより, $\sigma_{\mathrm{s}\infty} = \sigma_{\mathrm{d}\infty}$, かつ $\sigma_\mathrm{p}(n=4) = \sigma_{\mathrm{p}\infty} - \sigma_{\mathrm{s}\infty}$.

[3] 論文 2, 訳注 5, および巻末解説参照. ただし論文 2 および論文 16 では, リュードベリ定数は(8)式の c 倍で定義されていることに注意. 論文 2 の(7)式および訳注 3 参照.

[4] リュードベリ定数の(8)式の表現は原子核の質量が無限大で原子核が動かないとしたときのものであるが, 正確には原子核の質量が有限で原子核が動くために, 電子の質量 m を電子と原子核の換算質量 m^* で置き換えなければならない. 原子核が水素(質量 M)のときとヘリウム(質量 $4M$)のときでは, これはそれぞれ,

$$m_\mathrm{H}^* = m(1+m/M)^{-1}, \qquad m_\mathrm{He}^* = m(1+m/4M)^{-1}$$

となり, 本文の趣旨はこのわずかな差が検出されたことを指す. 実際, ボーアの計算では, $R_\mathrm{He} : R_\mathrm{H} = m_\mathrm{He}^* : m_\mathrm{H}^* = 1.000405$, 1916 年のパッシェンの正確な測定では, $R_\mathrm{He} : R_\mathrm{H} = 1.00041$.

[5] この共通の定数は, 原文では $N^2 R$ と記されていたが, $(N+1)^2 R$ の誤記と判断した.

15. ヴォルフガング・パウリ追悼文集への序文

Forward, *Theoretical Physics in the Twentieth Century, A Memorial Volume to Wolfgang Pauli*, ed. by M. Fierz & V. F. Weisskopf, Interscience, New York, 1960 所収.

[１] *Relativitätstheorie*,『相対性理論』内山龍雄訳(講談社, 1974).

[２] *Die allgemeinen Prinzipien der Wellenmechanik*,『量子力学の一般原理』川口教男・堀節子訳(講談社, 1975).

16. ラザフォード記念講演──核科学の創始者の追憶とその業績にもとづくいくつかの発展の回想

1958年11月28日,ロンドン物理学会での講演.テキストは,

The Rutherford Memorial Lecture 1958, Reminiscences of the Founder of Nuclear Science and of some Developments based on his Work.

A:*Proceedings of the Physical Society*, Vol. 78, 1961, p. 1083.

B:*Essays 1958-1962 on Atomic Physics and Human Knowledge*, 1963 (reprinted, *The Philosophical Writings of Niels Bohr*, Vol. III, Ox Bow Press, 1987), p. 30.

この二つは基本的に違いはない.邦訳は『原子理論と自然記述』にあり.

[１] 西尾成子『現代物理学の父 ニールス・ボーア』(中央公論社, 1993)によると,この点はボーアの記憶違いで,ボーアがマンチェスターに行ってラザフォードに会ったのと,キャヴェンディッシュ晩餐会でラザフォードの講演を聞いたのは前後が逆らしい.同書 p. 42 参照.

[２] 通常「リュードベリ定数」というときは,ここでの R

(p. 290 の式)を c(光速)で割ったもの($2\pi^2 me^4/ch^3$)を指している.論文 14, 式(8)および訳注 1, 3 参照.

[3] 円運動の場合,方位角 ϕ を座標,それに共役な運動量を $p=mrv$ とすると,量子化条件 $\oint p d\phi = nh$ は $2\pi \times mrv = nh$ となり,これと運動方程式 $mv^2/r = e^2/r$ より,
$$r = \frac{n^2 h^2}{4\pi^2 me^2}, \quad E = -\frac{e^2}{2r} = -\frac{2\pi^2 me^4}{n^2 h^2},$$
また $-E = hT_n = hR/n^2$ より,本文の R の表式が得られる.

[4] テキスト A では origin of spectrum and hydrogen, B では origin of spectrum of hydrogen. 訳は B から.

[5] 論文 14,訳注 4 参照.

[6] 論文 6,訳注 7 参照.

[7] *Theoretical Physics in the Twentieth Century; A Memorial Volume to Wolfgang Pauli*, ed. by M. Fierz and V. F. Weisskopf (Interscience, New York, 1960).

[8] ウィルソン論文は 1915 年 3 月であり,ほとんど同一の量子化方法は同年 4 月に石原純によって提唱されている.M. ヤンマー『量子力学史 1』(小出昭一郎訳,東京図書), p. 113 参照.なお,いずれの論文も『物理学古典論文叢書(3) 前期量子論』(物理学史研究刊行会編,東海大学出版会)に訳出収録されている.

[9] $_2^4\text{He}(\alpha\text{粒子}) + _7^{14}\text{N}(\text{窒素}) \rightarrow {}_8^{17}\text{O}(\text{酸素}) + {}_1^1\text{H}(\text{陽子})$.

[10] 論文 6,および同訳注 6 参照.

[11] 反応は $_1^1\text{H}(\text{陽子}) + _3^7\text{Li}(\text{リチウム}) \rightarrow _2^4\text{He}(\alpha\text{粒子}) \times 2$.

標的のリチウム核は静止,もちいられた入射陽子の運動エネルギーは $E \simeq 0.12$ MeV. それゆえ古典論では,この陽子

がリチウム核にもっとも接近できる距離 r は(リチウム核は固定されているとして), $E=3e^2/r$ より

$$r = \frac{3e^2}{E} = \frac{3\times 1.4 \times 10^{-13} \text{ MeV·cm}}{0.12 \text{ MeV}} \sim 10^{-12} \text{ cm}$$

で,これは原子核同士が接触して核反応を起こす距離(核力の到達距離 $\sim 10^{-13}$ cm)の約10倍で,古典論では核反応は生じないが,量子力学ではトンネル効果で核反応が生じうる.そしてここで,作られた2個の α 粒子の飛程から計算された運動エネルギーは,それぞれ約 8.5 MeV で合計 17 MeV.

他方,質量の減少は,アストンの測定値によると
$$7.01818 \text{ u} + 1.00813 \text{ u} - 4.00389 \text{ u} \times 2 = 0.01853 \text{ u}$$
(u は原子質量単位)であり,質量とエネルギーのアインシュタインの関係 $E=mc^2$ ($1\text{ u}\times c^2=931$ MeV)をもちいてこれをエネルギーに換算すると,たしかに 17 MeV になる.

[12]　反応は,$^4_2$He(α)$+^9_4$B(ベリリウム)$\rightarrow {}^{12}_6$C(炭素)$+^1_0$n であり,この最後の n が未知の中性放射線である.炭素 C は直接には観測されていない.

[13]　X を中性原子として $\text{He}^{2+}+\text{X} \rightarrow \text{He}^+ + \text{X}^+$ という反応.現在では「電荷移行(charge transfer)」と言われている.

[14]　論文 12, 訳注 1 参照.なお,本文では「1933 年」とあるが,発表は 1934 年 1 月で,通常は 1934 年とされている.

[15]　本論文,訳注 9 参照.

[16]　*Rutherford; Being the Life and Letters of the Rt. Hon. Lord Rutherford, O. M.*, A. S. Eve (Cambridge Univ. Press, 1939).なおボーアのスピーチ云々は,同書,p. 361f.

17. 量子力学の誕生

Die Entstehung der Quantenmechanik,

A：*Werner Heisenberg und die Physik unserer Zeit*, Fried. Vieweg und Sohn, Braunschweig, 1961.

B：*Atomphysik und menschliche Erkenntnis*, Fried. Vieweg und Sohn, Braunschweig, 1964.

The Genesis of Quantum Mechanics（英訳），

C：*Essays 1958-1962 on Atomic Physics and Human Knowledge*, Wiley, New York, 1963(reprinted, *The Philosophical Writings of Niels Bohr*, Vol. III, Ox Bow Press, 1987).

A は見ることができなかったので，訳は B を底本とした．C からの訳は『原子理論と自然記述』にあり．

［1］ ハイゼンベルクは 1924 年 3 月にコペンハーゲンを訪れ，2 週間ボーアの研究所に滞在している．

［2］ 論文 16，訳注 7 参照．

18. ソルヴェイ会議と量子物理学の発展

1961 年 10 月の第 12 回ソルヴェイ会議での報告，

The Solvey Meetings and the Development of Quantum Physics.

原文は，*La Théorie Quantique des Champs*(Interscience Publisher, New York, 1962)に収録されているのだが，見ることはできなかったので，翻訳は

Essays 1958-1962 on Atomic Physics and Human Knowl-

edge, Wiley, New York, 1963 (reprinted, *The Philosophical Writings of Niels Bohr*, Vol. III, Ox Bow Press, 1987) に再録されたものより. 邦訳は『原子理論と自然記述』.

[1] 論文 16, V (p. 304f.) 参照.
[2] 「ヤハウェは言った,'……さあわれらは降りてゆき, そこで彼らの言語を混乱させてしまおう. そうすれば, 彼らは互いの言語が聞き取れなくなるだろう.' こうして……彼らはその都市を建てることを止めた. それゆえその名をバベルと呼ぶ. ヤハウェがそこで全地の言語を混乱させたからである.」『旧約聖書 I 創世記』第 11 章 5 節 (岩波書店, 旧約聖書翻訳委員会 月本昭男訳), p. 31f.
[3] 論文 16, 訳注 11 参照.
[4] 論文 12, 訳注 1 参照.

解　説 ── ニールス・ボーアと量子物理学の発展

1. 助　走

　ニールス・ボーアはコペンハーゲン大学の生理学の教授を父，デンマーク有数の銀行家の娘を母として，1885 年に生まれた．父は進化論を受け入れ，男女同権をとなえ，男女共学を推進する開明的な学者にして教育者であって，父の友人の学者たちが自宅に集まって議論するときには，ニールスは後に数学者となる弟のハラルとともに同席を許されていた．きわめて恵まれた家庭環境のもとで育ったといえよう．

　1903 年にコペンハーゲン大学に入学し物理学を専攻したボーアは，1911 年に「金属電子論の研究」でもって博士の学位を得ている．このボーアの学位論文は，その後のボーアの歩みを見るうえで注目に値する．

　現在から回顧すれば，1900 年のプランクのエネルギー量子の導入による熱輻射の説明と 1905 年のアインシュタインの光量子仮説による光電効果の解明によって，量子物理学の幕が上げられたということになるけれども，その当時，物理学の世界でそのように思念され了解されていたわけではない．プランク本人ですら，1905 年のアインシュタインの相対性理論については最大級の評価を与え，そのことで無名のアインシュタインを一躍有名にしてみせたの

であるが，しかしその時点では，同年に発表されたアインシュタインの光電効果の論文は評価していなかったようだ．また，1908年のポアンカレの『科学と方法』の第3篇は「新力学」とあるが，その内容は各種の放射線と電子論・相対論であって，量子論にはまったく触れられていない．

　量子の問題が物理学の中心的問題のひとつとして物理学者の内部でそれなりに認識されるようになったのは，せいぜいが1911年の第1回ソルヴェイ会議あたりからである．

　実際，世紀の初めには，物理学が新たな飛躍の局面を迎えているという予兆を与えたのは，量子論ではなく，一連の放射線の発見であった．つまり，1895年のレントゲンによるX線の発見に始まり，翌96年のベックレルによる放射線の発見，さらに翌97年のJ.J.トムソンによる陰極線の粒子性の発見，そして98年のキュリー夫妻によるラジウムの発見とつづく，物質の内奥から発せられるこれらの未知の現象の発見のラッシュこそが，物理学の世界に興奮と関心を呼び起していたのである．事実，1901年の第1回ノーベル物理学賞はレントゲンが受賞し，1903年の第3回ノーベル賞はベックレルとキュリー夫妻に与えられた．そしてそれらにたいする当時のほとんど唯一の理論は，物理的世界が荷電粒子と電磁場の振動の担い手としてのエーテルより成ると考えるローレンツによる電子論であった．実際，1902年の第2回ノーベル物理学賞はローレンツとゼーマンに与えられたが，1897年のローレンツによるゼ

ーマン効果の鮮やかな説明，およびその後の陰極線と β 線とゼーマン効果の担い手の粒子がすべて同一のもの——すなわち「電子」——であるという発見は，電子論の成功を強く印象づけていたのである．

1907年に出版されたトムソンの『物質の粒子論』は，はじめの 1, 2, 3 章で電子の存在とその性質についての実験と理論を総括し，4, 5 章はその電子による金属の電気伝導と熱伝導を論ずるいわゆる金属電子論にあてられ，6, 7 章では原子内の電子の配置でもって原子価と化学結合を論じるトムソンの原子模型が展開されている．言うならば，これがその時点での最先端の物理学理論であった．

したがって，ボーアが 1910 年に学位論文のテーマとして金属電子論に挑んだのは，その当時の意欲と能力のある学生としては順当な選択であろう．金属電子論はドゥルーデやローレンツが先鞭をつけていたテーマであり，ボーア論文はそれを古典論の枠内でほぼ仕上げたといえる．しかし重要なことは，学位論文で「電磁理論のよってたつ基礎仮定を固持するなら，経験と一致するように熱輻射法則を説明することが除外されているかのように思われる」と記し，さらにはその末尾を「電子論の現在の立場では，この理論から物体の磁性を説明することは不可能に思われる」と結んでいるように，ボーアがすでにこの時点で古典電気力学と古典電子論の限界を相当明確に認識していたことである[1]．上述のトムソンの著書では作用量子にも熱輻射理

論にも触れられていないのにくらべると,ボーアははるかに先を見ていたことがわかる.

とはいえトムソンは当時の実験と理論の両面での電子論の第一人者であった.それゆえボーアが学位取得後の留学先としてトムソンのいたケンブリッジを選んだのは,自然な成り行きであろう.学位論文を携えて勇躍渡英したボーアであるが,しかしケンブリッジでは失意を味わわされることになる.ボーアがまだ旨く英語を喋れなかったこともあるようだが,トムソンもまたおそらくは忙しすぎたのであろう.トムソンと十分に話し合う機会も得られず,ボーアの論文は読まれることなくトムソンの机上に放置され,それをイギリスの学術雑誌に発表する希望も適わなかった.結局ボーアは一年をまたずに 1912 年春にラザフォードの率いていたマンチェスターに移る.このようにボーアはトムソンのもとでは少々惨めな思いもしたようだが,しかしトムソンから学び吸収したものは,実は大きかった.

トムソンが 1903 年に提唱した陽球模型と呼ばれる原子模型は,原子の大きさ全体に一様に帯電した正の電荷の中に負電荷の電子が存在するというものであった.しかしトムソンは単にそのようなアイデアを語っただけではなく,その模型とくにその電子の環状ないし殻状の配置にもとづいて元素の化学的諸性質,なかんずく,原子価と周期律を説明しようとしていた.そして,その遠大で魅力的なプログラムは,そっくりボーアに継承されてゆくことになる.

後年になってボーアは「X線の散乱や高速イオンの物質中への浸透にもとづいて原子内の電子の数を推定する巧妙な方法により，トムソンはいくつもの化学元素内の電子数をほぼ正確に割り出すことに成功しました」と記した後に，「おそらくトムソンがこれらの結果にもとづいて1904年に概略を描き出した，諸元素のあいだの一般的な類縁関係の解釈の試みほど強烈な印象を与えた成果はほとんどない」と語っている(論文6)．トムソンの野心的な問題意識は，若いボーアの心を捉えたのである．

　ラザフォードがガイガーやマースデンと共同で，金属箔によるα粒子の散乱に頻度は少ないがほとんど後方に跳ね返るような大角度散乱が見られることを発見したのは，ボーアがマンチェスターに移る前年の1911年春である．ラザフォードの得た結論は，高エネルギーのα粒子が跳ね返されるためには原子内にきわめて大きな電場が必要で，したがって原子のほぼ全質量と正の電荷はきわめて小さな領域に局所化された核を形成していなければならないというものである．これは後に有核原子模型と言われる．

　ボーアがマンチェスターに到着した時点では，この模型の重要性は一般にはかならずしも認識されていなかったようである．1911年秋の第1回ソルヴェイ会議ではそのことはまったく論じられていない(論文18)．しかし当然のことながら「原子核の発見がもたらした帰結をすべての方向に追究することが，マンチェスター・グループ全体の中

心的な関心事」であった．そしてボーア自身「たちまちのうちに，この新しい原子模型が一般的・理論的にもっている意味あいに熱中してしまった」のである(論文 16)．

　ボーアは非常に早い段階に，このラザフォードの有核原子模型にもとづいて，放射性崩壊は原子核の現象であり，他方，元素の通常の物理学的・化学的性質は核のまわりの電子系の性質であることを見抜いていた．それはまさしくボーアの慧眼であり，マンチェスター・グループの中で，ボーアはラザフォードの発見の意義をもっとも早くもっとも深く認識していたということができる．それとともに，電子配置が元素の化学的性質の決定に果たしている役割の捉え方にたいするトムソンの影響は明らかであろう．端的に言って，ボーアはトムソンから継承した問題意識とプログラムを現実化する基盤を有核原子模型に見出したのである．すなわち「物質のすべての通常の性質を整理し秩序だてるという点について，ラザフォードの原子模型は，自然法則の解釈を純粋数の考察に還元するといういにしえの哲学者の夢を思い起させる仕事を私たちに提起している」(論文 6)のであった．

　マンチェスターでボーアが最初に取り組んだのは，α 線や β 線にたいする物質の阻止能の問題で，これはその後もボーアの好んだテーマであるが，実はこれもトムソンに負っている．実際この問題は，内容としては，トムソンがおのれの原子模型にもとづいて行った計算をラザフォード

の有核原子模型に移植したものといえる．1912年の7月にコペンハーゲンに戻り8月に結婚したボーアは，新婚旅行でマンチェスターに立ち寄り，仕上げた荷電粒子の速度損失の論文の原稿をラザフォードに渡した．

新婚旅行から帰ったボーアは，講師としての講義のかたわら，マンチェスターで着想した原子構造論の研究を精力的に推し進めた．その成果は翌1913年に「原子と分子の構造について」と題された3部作の論文の第2部と第3部で公表された．それは，電子の環状配置が原子の物理学的・化学的性質ととくにその周期律を決定するというトムソンのアイデアを踏襲しそれを有核原子模型にもとづいて展開したもので，ボーアの当時の問題意識が化学的性質の解明にあったことや，あるいはトムソンの影響という点で，科学史的観点からは重要である．そればかりか，それは「はじめて放射性が核の現象であることを明言したものとして，歴史的意義をもっている．」[2] しかし，ここではこの問題についてはこれ以上踏み込まない．

2. スペクトル理論

この1913年の3部作の第2部と第3部は2月にはほぼ出来上がっていた．他方，スペクトル理論を扱ったもっとも重要なその第1部は，2月に友人のハンセンから水素のスペクトルの規則性（バルマー公式）を聞いたことが契機となって着想され，急遽追加された．後にボーアは「バルマ

ーの公式を見た瞬間に私にはなにもかもが見て取れたのです」としばしば口にしたそうである[3]．事実ボーアは，バルマーの公式を知ってからわずかひと月でスペクトル理論を仕上げ，草稿を書き上げている．

この論文第1部冒頭でボーアは，ラザフォード原子模型では「電子の系が明らかに不安定である」としている[4]．もちろんそれは，正負の電荷間には静的平衡がありえないだけではなく，動的平衡のためには電子は原子核のまわりを周回しなければならないが，古典電気力学によればそのときには電子は輻射を放出してエネルギーを失ってゆき，軌道が連続的に収縮してゆくからである．それは古典物理学を前提とした解釈であるが，しかし論文ではボーアは，そのことの根拠をむしろラザフォード模型では「電子および正電荷をもつ原子核の電荷と質量が現れるだけで，これらの量だけでは長さを決めることができない」からであると，原子の問題にたいする古典論の原理的・構造的な欠陥としてより一般的に捉え，そのうえでその解決の鍵をプランクの作用量子〔作用素量〕に求めている．すなわち

エネルギー輻射の理論の発展と比熱・光電効果・X線などのさまざまな現象についての実験によって，この理論に導入された仮説の直接的な検証のために，近年この種の問題を考察する方法は本質的な変更をうけている．これらの問題の考察の結果，原子的な大きさの系の振

舞いを記述するのに，古典電気力学は不適切であることが一般的に認められるように思われる．電子の運動法則の修正がどんなものであれ，この法則のなかに古典電気力学とは何の関係もない量，すなわちプランク定数またはしばしば作用素量と呼ばれている量の導入は避けられないように思われる．この量の導入によって，電子の安定な配置の問題は本質的に変わってくる．この量は，粒子の質量と電荷を組み合わせてちょうど要求される程度の長さを決定するような次元と大きさをもっている．

この一文は物質と物質的世界の安定性を支えているのが作用量子であるという，量子物理学の根幹を人類がはじめて認識し表明した一節であるといっても過言ではない．

その上でボーアは，ボーア以前に原子の問題にプランク定数を適用したハースとニコルソンの研究について，古典論にのっとって輻射の振動数を回転運動の振動数に直接結びつけているそれらの理論ではバルマーやリュードベリの法則を説明できないことを指摘し，次の二つの仮説——後に「量子仮説」と呼ばれるもの——を置く：

（ⅰ）定常状態(stationary state)にある系の動力学的平衡は，従来の力学によって論ずることができるが，異なる定常状態間の移り変わりは，そのようなものにもとづいては取り扱いえない．

(ii) 後者の過程には一様な光の放出がともない，放出されるエネルギーと振動数の関係は，プランクの理論で与えられるものに等しい．

実はこの論文には，仮説(i)の「定常状態」の決定の仕方について，もうひとつの仮定——後の「量子条件」に相当するもの——が置かれている．

電荷 Ze をもつ原子核のまわりで半径 r の円軌道を周回する電子を考える．運動方程式 $mv^2/r = Ze^2/r^2$ により $mv^2/2 = Ze^2/2r$ (m と $-e$ は電子の質量と電荷，SI 単位では e^2 は $e^2/4\pi\varepsilon_0$)，それゆえ系の結合エネルギーすなわち電子を核から無限遠にまで引き離す仕事を W として

$$\frac{m}{2}v^2 - \frac{Ze^2}{r} + W = 0 \quad \therefore \quad W = \frac{m}{2}v^2 = \frac{Ze^2}{2r}. \tag{1}$$

したがって電子の軌道半径と回転数は

$$r = \frac{Ze^2}{2W}, \tag{2}$$

$$\nu_{\text{rot}} = \frac{v}{2\pi r} = \frac{1}{2\pi r}\sqrt{\frac{Ze^2}{mr}} = \frac{\sqrt{2}\,W^{3/2}}{\pi\sqrt{m}Ze^2} \tag{3}$$

となり，それぞれ W をもちいて表される．裏返せば「もし W の値が与えられなければ，問題の系に特有の回転振動数 ν_{rot} および r の値も与えられない」，つまり原子の大きさが決まらない(記号は原論文と少し変えてある)．

ここでボーアは，電子は「核と相互作用する初期の段階では，核から十分離れた所にあり，核にたいしてほとんど動いていない」が，「相互作用をした後では，核のまわりの定常軌道に落ち着く」と考え，そのうえで「電子が束縛(binding)されていく間に，振動数 ν の一様な光が放出され，この光の振動数は最終段階の軌道における電子の回転の振動数の半分に等しい」と仮定する．すなわち

$$W(n) = \frac{1}{2} n h \nu_{\text{rot}} \qquad (n = 1, 2, \cdots\cdots). \qquad (4)$$

このときボーアは，振動数 ν の振動子は $h\nu$ の単位(エネルギー量子)でエネルギーを放出するというプランクの仮説を踏まえて，振動数 0 の状態にあった電子が振動数(回転数) ν_{rot} の回転状態まで移り行く間に放出するエネルギーは，平均振動数 $\nu_{\text{rot}}/2$ のエネルギー量子 $h\nu_{\text{rot}}/2$ を n 個放出する，と推論したようである[5]．

いずれにせよ，この少々不可解な仮定をもちいれば

$$W(n) = \frac{2\pi^2 m (Ze^2)^2}{n^2 h^2} \qquad (n = 1, 2, \cdots\cdots) \qquad (5)$$

となり，それに対応して (2), (3) より

$$\nu_{\text{rot}} = \frac{4\pi^2 m (Ze^2)^2}{n^3 h^3}, \qquad r = \frac{n^2 h^2}{4\pi^2 m Z e^2}, \qquad (6)$$

すなわち，電子の回転数と軌道半径が決定される．

ボーアによればこの定常状態は「エネルギー輻射のない状態」であって「外部から乱されないかぎり定常的であ

る.」とくに $n=1$ はもっとも安定な状態（いわゆる基底状態）に対応する．これより，ボーアは定数 e, m, h の当時知られていた値をもちいて，水素原子の基底状態にたいして $2r=1.1\times 10^{-8}$ cm, $W(1)=13$ eV を得ている．たしかにこのイオン化エネルギーの値は実測値とよくあっている．

しかしボーアの原子模型が物理学の世界に衝撃を与えたのは，なんといってもそれがスペクトルの法則性をものの見事に説明したことにあった．

上述の仮説(ii)によれば，系が $n=n_1$ の状態から $n=n_2$ ($n_2<n_1$) の状態に移るときに放出されるエネルギー $W(n_2)-W(n_1)$ とそのとき放出される輻射の振動数 ν_{rad} は，後に「振動数条件」と呼ばれる関係

$$h\nu_{\text{rad}} = W(n_2)-W(n_1) \qquad (7)$$

で結びついている．これより，(5)式を考慮して

$$\nu_{\text{rad}} = \frac{2\pi^2 m(Ze^2)^2}{h^3}\left(\frac{1}{n_2^2}-\frac{1}{n_1^2}\right). \qquad (8)$$

水素原子の場合，この式で $Z=1$ とおき，$n_2=2$ として n_1 をいろいろ変えればバルマー系列が得られ，$n_2=3$ とすればパッシェンが赤外部で観測した系列が得られる．そして「この一致は定性的であると同時に定量的でもある.」すなわち「理論値と測定値の間の一致は，理論値を与える表式の中の定数の実験誤差による不定性の範囲内である.」実際には測定は波長 $\lambda=c/\nu_{\text{rad}}$（$c$ は光速）で行われ，観測結果は λ ないしその逆数（波数）で

と表されていた．ここに R はリュードベリ定数と言われる．当時知られていた e, m, h の値をもちいてボーアが(8)式から計算したその値，すなわち

$$R = \frac{2\pi^2 me^4}{ch^3} \tag{10}$$

は，もちいた定数の誤差の範囲で測定値に完全に一致していた．それまでリュードベリ定数を導こうとした理論がまったく存在しなかったことを考えれば，これは画期的な成果であった．事実その年の9月にボーアは，ドイツのゾンマーフェルトから「その定数の導出は偉大なる成果であります」との葉書を受け取っている[6]．

それだけではなく，もっと一般的に，スペクトルの「結合原理」，すなわち任意の元素のスペクトルが

$$\nu_{\text{rad}} = F(n_2) - F(n_1) \tag{11}$$

の形に表されるというリュードベリとリッツの発見をも，ボーアの仮説は無理なく説明する．すなわち「二つの整数の関数の差で振動数が書けることは，スペクトル線の起源が水素原子にたいして仮定したようなものであることを暗示している．すなわちスペクトル線は，二つの異なる定常状態間の移行のさいに放出される輻射に対応する．」

そして論文第1部の§3でボーアは，円軌道では先の仮定(4)は

$$M(\text{軌道角運動量}) = mrv = n \times \frac{h}{2\pi}$$

$$(n=1, 2, \cdots\cdots) \qquad (12)$$

と書き直されることを記している．すなわち「系の定常状態にある核のまわりの電子の角運動量は，核の電荷にかかわらず，普遍定数の整数倍である．」さらに§5には，「ひとつの核とそのまわりをまわるひとつの電子からなる系にたいしては」，「永久状態(permanent state)」つまりエネルギーの一番低い状態は「核のまわりの電子の角運動量が $h/2\pi$ に等しいという条件で決定される」とある．これが現在では「角運動量の量子化」とか「ボーアの量子条件」と言われているものであり，これこそが原子の安定性を保証するものである．

3. ボーア理論の受容

当初ボーアのこのスペクトル理論は，一方では戸惑いや冷笑，他方では歓迎と称賛で迎えられた．

ボーア論文が出てまもなくチューリヒで行われたあるコロキウムで，ラウエが「これはナンセンスである．マックスウェル方程式はどんな状況にも妥当するし，円軌道を周回する電子は輻射を放出するにきまっている」と批判したのにたいして，アインシュタインは「この背後には何かがあるに違いない．リュードベリ定数の導出が単なる偶然であるとは，私には信じられない」と語ったといわれる[7]．

つまり一方では，定常状態では電子は円運動をしていても輻射を放出しないというボーアの仮説やさらには輻射の振動数を電子の回転振動数と無関係と見るボーアの扱いは，古典論への背反，つまりすでに確立され立証されている電気力学を不当に制限し恣意的にねじ曲げるものとして批判され，他方では，にもかかわらずこれまでどの理論もなしえなかったスペクトルの定量的説明にボーアが成功したことが，原子の世界への鍵を探り当てたものと見なされ強い印象を与えたのである．

しかし古典論への背反という批判はボーアにはあまり応えなかったであろう．というのもボーアは，原子の領域では古典物理学がそのままではもはや無力であることを確信していたからである．その年の12月にデンマークの物理学会で行った講演では，ボーアは次のように語っている：

　　従来の電気力学の枠内に留まるかぎり，ラザフォード原子模型の採用は不可能であることがわかります．しかしこれは予想されないことではありません．すでに述べたように，どのような原子模型をもちいようとも，電気力学の助けによっては熱輻射の実験にたいする満足のゆく説明が得られないことは，確立された事実と考えてよいでしょう．それゆえ私たちが考察している原子模型の欠陥が明白だからといって，そのことはそれほど重大な瑕疵ではありません．他の原子模型ではこの欠陥がかり

にもっと旨く糊塗されているとしても，欠陥が存在しそれが深刻であることには変わりがないのです[8].

ボーアの意図したものは，従来の理論の枠内で巧妙な模型を考案することでも，量子仮説を古典論と折り合わせることでもなかった．先の仮説にかんして「第二の仮説は従来の電気力学とは明らかに対立するものではあるが，実験事実を説明するためには不可欠である」と記しているように[9]，ボーアのとった行き方は，むしろ古典論との食い違いを洗い出し強調することによって，原子世界の新しい首尾一貫した理論を模索することであった：

> 私のねらいは，スペクトル法則のひとつの説明を提出しようとするのではなく，逆にスペクトル法則を，この科学の現状では同様に説明の不可能に見える元素のその他の諸性質と関連づけることを可能とするような道を指し示すことにあります[10].

1913年9月の英国科学振興協会の大会で，理論物理学の大御所ローレンツからその模型の「力学的基礎はどうなのか」と問われたボーアは，「理論のその部分はいまだに不完全ではありますけれども，しかし量子論を認めるかぎりこのような理論は必然的であります」と答えたと言われる[11]．時にローレンツは60歳，28歳の若造のこの発言を

古典論の巨匠はどのように聞いたのだろうか．

いずれにせよ，ボーアのこの原子模型が承認されるにいたったのは，もちろんバルマー，リュードベリ，リッツの分光学の経験法則をそれがあざやかに説明したことにあるが，さらには次の事情が強力に後押しした．

ボーア論文が出るまでに，ピカリングが星のスペクトルの中に見出した系列と，ファウラーが水素とヘリウムの混合気体の放電で観測したスペクトル系列が知られていた．それらはバルマーの公式に半整数を入れたもので表され，リュードベリを含め当時の分光学者のあいだでは水素のスペクトルの新しい系列と考えられていた．しかしボーアは，それをみずからが導いた公式(8)の$Z=2$のヘリウムの1価イオンのスペクトル系列にあたると主張した．そのことはその年のうちにエヴァンスによる純粋なヘリウム気体の放電の観測によって裏づけられることになった．のみならず，観測されたスペクトルがボーアの得た公式とわずかに(0.04%)ずれていることをファウラーから指摘されたとき，ボーアは核の運動を考慮することにより水素原子核とヘリウム原子核の質量差によってその食い違いを見事に説明してのけた（論文14訳注4）．9月にウィーンでヘヴェシーからそのことを聞かされたアインシュタインは，ボーア理論を最大級に評価し，「光の振動数は電子の振動数とまったく無関係である」事実を受け容れたのである[12]．

ほとんど同時期にモーズリーが測定した特性X線スペ

クトルがボーアの公式で説明されたことも，ボーア理論にとっては大きな追い風となった．

　そしてまたボーアは論文で，定常状態の存在から導かれる事実として，「自由電子と束縛電子の衝突では，束縛電子は衝突によって隣り合う定常状態に対応するエネルギーの差より小さいエネルギーを得ることができず，したがって，衝突する自由電子はそのエネルギーよりも小さいエネルギーを失うことはできない」と予言していたのであるが[13]，それは翌 1914 年にドイツのフランクとヘルツの実験によって，ものの見事に確かめられることになった．

　結局，ボーア理論の古典論からの逸脱や理論的根拠の欠如にたいする批判より，ボーア模型の観測事実にたいする説明能力への評価が上まわっていったのであった．

4. 原子構造論

　通俗的な歴史では，ラザフォードの原子模型がトムソンの原子模型を葬り去ったとしばしば語られているが，実際には，ボーア論文が登場した時点でもトムソン模型は命脈を保っていた．事実，1913 年にケンブリッジで出版されたキャンベルの『現代電気論』ではトムソン模型だけが扱われているし，その年秋のソルヴェイ会議ではトムソン模型が主要に論じられていたのにたいして，ラザフォード模型に言及したのはラザフォードとキュリー夫人ら若干名であった(論文 18)[14]．のみならず，当初ラザフォードと

トムソンの違いは，有核か否かという原子模型の違いとしてではなく，むしろ α 線の大角度散乱が単一散乱によるのか多重散乱によるのかという対立として受け止められていたようである[15]．とすれば，ラザフォードの有核模型の上にボーアの理論が形成されたというよりは，むしろボーアの理論によってラザフォードの発見が有核模型として認識され，その重要性が認知されたと言えよう．その意味で，有核原子模型はボーアの原子模型なのである．

さらに言うならば，ボーア論文登場の時点で原子構造や分子構造とプランクの仮説を関連づける研究は，わずかとはいえ他にもあったが，それらは原子や分子の構造によってプランク定数(作用量子)を導出しようとしたものであった．ハースは 1910 年に水素原子の半径を a として

$$h = 2\pi e\sqrt{ma}$$

という式を得ているが[16]，それは原子の大きさからプランク定数 h を導いたのであって，その逆ではない．

作用量子の存在を基本的事実として原子や分子の構造を説明しようとしたのは，このボーアの論文をもって嚆矢とする．まさにボーアは原子論の新紀元を開いたのである．

しかし作用量子の役割については同じように考えていた人物もいた．ゾンマーフェルトは，1911 年の第 1 回ソルヴェイ会議で分子模型からプランク定数 h を導き出す類いの試みにかんして，次のように語っている：

私は，ハースやローレンツが試みたようには，定数 h の起源をこの種の関連性のなかに求めるべきであるとは信じない．……むしろ私にとって好ましく思われるのは，これとは逆の見地に立つことで，分子の大きさより h を導出することではなく，分子の存在を作用素量の存在の結果と考えるのである．作用素量の電磁気学的ないし力学的説明づけは，マックスウェル方程式の力学的説明と同様に見込みが少ないと私には思われる[17]．

後にボーアは，このゾンマーフェルトの見解を「ほとんど予言的な性格を帯びている」と記している(論文 18)．そしてそのゾンマーフェルト，さらにイギリスのウィルソンと日本の石原純は，1915 年に，(12)式で表される「ボーアの量子条件」を，作用積分はプランク定数の整数倍しかとれないという多重周期系にたいする量子化規則に一般化し，ここに前期量子論が登場する．とくにゾンマーフェルトは，ボーアの円運動模型を電子の楕円運動にまで拡張しただけではなく，さらにはそれを相対論的に扱うことで水素スペクトルの微細構造を説明することに成功した．またシュヴァルツシルトとエプシュタインによるシュタルク効果(電場によるスペクトル線の波長変化)の計算結果と観測値の一致は——水素原子の場合——すばらしいものであった．こうしてボーアの原子模型は，こと水素原子および水素類似原子にかんするかぎりは，広く承認されてゆく．

こうして 1914 年から 16 年にかけてボーア理論の「勝利の行進」が続き，アインシュタインは，16 年には「スペクトルについてのボーアの理論が大きな成果を収めた」ことを認め，翌 17 年には「振動数条件」すなわち(7)式を「私たちの科学の十分に確立された部分になっている」と断言している[18].

ところでボーア理論は，水素原子にたいしてはこのようにきわめて良好な結果を与えたが，複数個の電子を含む系にたいしては本質的な困難を有していると言われる．理論的には確かにそうであり，それは電子を 2 個有するヘリウム原子にたいしてすら，その正しいイオン化エネルギーを与えることができない等の欠陥を有していた．しかしそれは，前期量子論一般の困難であり，実際にはボーアの原子模型は，高い原子番号の原子にたいしても定性的にであれそれなりの有効性を示していたのである．

元素の化学的性質さらには可視光や赤外スペクトルの構造が原子番号とともに特有の周期性を示すのにひきかえ，その特性 X 線の波長は原子番号とともに単調に変化する．ボーアの原子構造論では，そのことは次のように説明された．原子番号とともに次々に電子が原子核に捕獲されてゆくが，そのさい電子軌道は殻構造をもち，捕獲された電子でひとつの殻が満杯になるとその外側の殻が始まる．その最外殻にある電子が価電子を与え，その数により化学的性質が決まり，またこの電子が励起され，もとの状態に戻る

ときに可視光や赤外線を放出する．こうして元素の化学的性質やスペクトルの構造は，殻ごとに同一の変化が繰り返される結果，顕著な周期性が示されることになる．というのも，最外殻の電子に働く核の引力は，それより内側の殻を埋めた電子の負電荷により核の電荷が遮蔽されているため，どの周期でもほぼ等しいと考えられるからである．

それにたいして特性X線は，原子の内側の(核の近くの)殻の間の遷移による輻射と考えられ，その振る舞いはほとんど原子核の強い引力だけで決定される．それゆえどの元素にたいしても特性X線のスペクトル構造は，原子核の電荷が原子番号倍になったことを除いて，水素やヘリウム1価イオンのスペクトルと類似しており，しかもモーズリーにより実際に確かめられているように，原子番号とともに単調に変化する．

このような考え方にもとづいてボーアは，1920-21年に元素の周期律を説明している．それは細部にかんしてはその後に訂正されたところもあるが(論文6訳注7参照)，希土類は先に外側の殻に電子が入り後から内側の殻が埋められてゆく逆転現象であることを正しく指摘するなど，量子力学形成以降に確定された電子配置をほぼ正しく捉えている．1912年にボーアがトムソンから継承した問題意識，すなわち「電子数と周期律表の関係にかんするトムソンの一般的な考え方(論文6)」がひとまずの完成を迎えたといえよう．

そしてボーアは，この結果にのっとり，モーズリーのX線スペクトルの研究から指摘されていた原子番号72の未発見の元素を，当時考えられていたような希土類元素ではなくチタンやジルコニウムと同性質の元素であると予測した．そしてその元素は，ボーアの予測どおりにヘヴェシーとコスターによりジルコニウム鉱石から発見された（論文6訳注6参照）．もちろんそのことは，ボーア理論の正しさを強く印象づけることになった．

　とりわけスピンや排他原理が見出される以前であることを斟酌するならば，その成果はかなり驚くべきことである．ハフニウム発見の翌1923年から量子力学形成後の28年までコペンハーゲンに滞在して，ボーアと日常的に接しながらコスターと共同でX線スペクトルの研究に従事していた仁科芳雄は，「ボーアの原子構造論は其後メイン‐スミスならびにストーナーによって多少改められたが，ともかく今日の量子力学とパウリの原理とからして得られる結果と少しも異なる所はない．今日から見ると対応原理を唯一の信条として，よくも此処迄漕ぎ着けられたものと思われる．これもボーアの勘の好さによるのである．」と記している[19]．「勘」というような言葉で語られるように，その推論はかならずしも論理的で合理的なものではないが，それにしても90にもおよぶ元素を統一的観点で整理したことは，有核原子模型の巨大な成果である．

　いずれにせよ前期量子論は，古典論で決定される運動の

なかから量子条件で許される状態（定常状態）のみが量子論では実現されると見なす，折衷的で過渡的な理論である．それは一言でいって古典論に量子条件を接ぎ木したものであって，一貫性を欠くことは否めない．しかし物理学者はおびただしい実験データとくに分光学上の観測データの洪水のなかを，このおぼつかない理論を唯一の武器にして進んでいった．そのような局面では「勘」とか「センス」のような論理化不可能な力が威力を発揮する．そしてそのときの道標となったのが，後に対応原理と呼ばれることになるボーアの考え方であった．

5. 対応原理の形成

対応原理の萌芽的な形は，1913年の論文ですでに使用されていた．

すでに見たように，ボーア理論に当初多くの物理学者が難色を示したのは，電子が放出する輻射の振動数 ν_{rad} と電子の回転運動の振動数 ν_{rot} がまったく異なるものであるという，従来の電気力学の常識に真っ向から反するボーアの仮説にあった．しかしボーアの理論は，二つの振動数をただ単に無関係なものとして放置していたのではない．

1913年の論文第1部でボーアは，初めの奇妙な仮定(4)に関連して，この点を明らかにしている．すなわち，(4)の代わりに，もっと一般的に $W(n)=f(n)h\nu_{\mathrm{rot}}$ とおくと，$W(n)=\pi^2 m(Ze^2)^2/2\{hf(n)\}^2$ となり，これより仮説(ii)を

もちいれば，n から $n-1$ への移行にともなう輻射の振動数は $f(n)$ をもちいて表され，それがバルマー公式を与えるためには $f(n)=\alpha n$ の形でなければならず，このとき

$$\nu_{\text{rad}}(n \to n-1) = \frac{1}{h}\{W(n-1)-W(n)\}$$
$$= \frac{\pi^2 m(Ze^2)^2}{2\alpha^2 h^3}\frac{2n-1}{n^2(n-1)^2}.$$

他方，輻射を出す以前と以後の電子の回転数は

$$\nu_{\text{rot}}(n) = \frac{\pi^2 m(Ze^2)^2}{2\alpha^3 h^3 n^3}, \qquad \nu_{\text{rot}}(n-1) = \frac{\pi^2 m(Ze^2)^2}{2\alpha^3 h^3 (n-1)^3}.$$

ところが n が十分大きければこの二つの回転数はほぼ同一で，それゆえ輻射の振動数と回転の振動数も従来の電気力学にしたがって等しくなることが期待されるが，そのためには $\alpha=1/2$ でなければならない．こうしてボーアは，仮定(4)の正当性をあらためて主張する．

要するに，定常状態間の差が小さくなり，定常状態が事実上連続的につながっていると見なしうる大きい n の極限では，量子論は古典論の結果に漸近的に一致しなければならないというものである．その年の12月のデンマーク物理学会の講演ではボーアは，その根拠として低い振動数（長波長）の領域では古典論で計算した熱輻射法則が実験とよく一致していることを挙げている．この考え方を精密化したものこそ対応原理と呼ばれるもので，それは1918年の大論文「線スペクトルの量子論」においてはじめて表明

された[20].

　論文全体の序論でボーアは，ゾンマーフェルトからシュヴァルツシルト，エプシュタインにいたる発展に簡単に触れた後に，「これらの研究によってもたらされた大きな進歩にもかかわらず，……放出されるスペクトル線の偏光と強度の問題にかんして基本的な性質の多くの困難が未解決に残された．これらの困難は，量子論の主要な諸原理に含まれている力学および電気力学の通常の観念からの根本的な離脱，およびこれらの観念と同様に首尾一貫しかつ発展した構造をなす他の観念でそれを置き換えることがこれまでのところ不可能であったという事実と密接に関連している」と，現状を把握している．つまり，原子からの輻射の振動数はたしかに量子仮説によって決定されるけれども，その強度や偏光を決めるものがない．これがこの時点での問題であった．

　この論文の冒頭に，1913年の論文で表明した二つの量子仮説(定常状態の存在と振動数条件)が，あらためてより正確な形で表されている．それは本書収録の論文1や2に書かれているもの(本書 p. 16f., p. 53)と本質的に同一であるから，それらを見ていただきたい．なおこの論文ではここでボーアは，量子条件を作用変数が h の整数倍しかとりえない，すなわち $J=nh$ の状態のみが実現されるというゾンマーフェルトの形で表現している．これは多重周期運動では，各自由度ごとに $J_k = n_k h$ と表される．

さてボーアは，定常状態では輻射の放出がないということにもとづき「根本的な変更なしにこれらの状態に従来の電気力学の法則を適用することはできない」ことを認め，また遷移過程の本質的な不連続性より「近似的にせよこの現象を従来の力学によって記述したり，この過程で吸収・放出される輻射の振動数を従来の電気力学によって計算することが不可能である」ことは明らかであるとする．そのうえで，「ゆっくりした振動の極限領域では従来の力学と電気力学によって熱輻射の現象を説明することが可能であったという事実から，この現象を観測と一致するように記述しうるいかなる理論も従来の輻射理論のある種の一般化をなすものであることが期待できよう」と，新たなるその輻射理論の考究にむけた方向を指し示している．そしてその路線の現実化の鍵を与えたのが，実は1916-17年のアインシュタインによる「遷移確率」の導入であった[21]．

アインシュタインは，ボーアによる定常状態と量子遷移の仮説を踏まえて，次のように考える．輻射場と相互作用する「分子」は，外部場の作用がなくとも，高いエネルギー E_m の定常状態から低いエネルギー E_n の定常状態へ，エネルギー $E_m - E_n$ を放出してある確率で遷移する．「分子」はまた外部場の影響によっても，E_m から E_n へエネルギーの放出をともなってある確率で遷移し，逆に，E_n から E_m へエネルギーを吸収して遷移する確率をも有しているであろう．そこでアインシュタインは，前者の「自発

遷移」の単位時間あたりの確率 $A(m\to n)$, および後者の外部場の作用による「誘導遷移」の確率をもちいて熱平衡における遷移の釣り合いを書き下し、こうして輻射の放出や吸収のメカニズムにいっさい立ち入ることなく熱輻射の法則を簡単に導き出すのに成功した．そのさい(1917年の論文では)アインシュタインは遷移を確率過程として扱っているが，そのことは彼がそれを原理的に確率的な現象と考えていたことを意味するわけではかならずしもない．

しかしボーアは遷移過程を原理的に確率的なものと受け止め，「与えられた系の線スペクトルを決定するための量子論の適用にかんしては」これとまったく同様に「二つの定常状態間の遷移のメカニズムについての立ち入った仮定を導入する必要はない」と考える．つまり「定常状態におけるエネルギーの値を決定するのにもちいられる条件は，隣接する定常状態における運動が相対的にごくわずかしか異ならなくなる極限では，(1)〔振動数条件〕によって計算される振動数が従来の輻射理論にもとづいて期待される振動数と一致するような形のものである」のと同様に，「ゆっくりした振動という極限において従来の輻射理論とのあいだになければならない関係をうるため，私たちは，この極限における二つの定常状態間の遷移の確率についての一定の結論へとただちに到着する」のであり，さらに「これらの考察はある与えられた系のスペクトルの種々の線の偏光や強度の問題の解決に光明を投げかける」ことになる．

具体的に言うとこうだ．古典論では原子のように正負の電荷よりなる振動子系からの輻射の強度は，その電気双極子モーメントを $P=eX$ として，$\ddot{P}$ の2乗に比例し，またその系の振動数 ν_{cl} は，数学的に書くと系のエネルギー E と作用変数 J から，$\nu_{\mathrm{cl}}=\partial E/\partial J$ で得られる．したがって位置座標 X をフーリエ展開したときの振動数 $\tau\nu_{\mathrm{cl}}$ は

$$\tau\nu_{\mathrm{cl}} = \tau\frac{\partial E}{\partial J} \tag{13}$$

であり，X の τ 倍振動のフーリエ振幅を C_τ とすれば，この振動から放射される τ 倍振動の輻射の強度は $|C_\tau|^2$ に比例している．

　これにたいして量子論では，E_m から E_n への遷移では，振動数は $\nu_{\mathrm{qu}}=\{E(m)-E(n)\}/h$ で与えられる（$E=-W$）．さらに新しい量子条件では $J=nh$ ゆえ，(7), (8) と同様に

$$\nu_{\mathrm{qu}} = (m-n)\frac{E(m)-E(n)}{(m-n)h} = (m-n)\frac{\varDelta E}{\varDelta J}. \tag{14}$$

m と n が大きくその差が小さいときにはこの差分 $\varDelta E, \varDelta J$ は微分に置き換えてよく，その極限で量子論は古典論と一致するとすれば，この2式より古典論の τ 倍振動の輻射が量子論の遷移 $m\to n=m-\tau$ に相当することがわかる．

　ところで量子論では，対応する輻射の強度は上に導入した自発遷移の確率 $A(m\to n=m-\tau)$ に比例している．もちろん現時点ではこの確率を直接に決定する理論は存在し

ないが，ここでも n が τ にくらべて十分大きい極限では「係数 C_τ が自発遷移の確率を決定すると期待しなければならない」ので，その極限では $A(m \to n = m-\tau)$ が $|C_\tau|^2$ に比例しているはずであろう．そこでボーアは，正しい遷移確率 $A(m \to n)$ を直接計算する手段がない段階での方策として，一般の n にたいしてもこの比例関係が成立すると要請する．というのも，n が小さい場合も C_τ が「なんらかの仕方で遷移確率にたいする目安を与えると期待できる」からである．とくに $C_\tau = 0$ となる場合は，古典論では対応する振動数の輻射は存在しないが，量子論でもその遷移は禁じられていると考えられ，こうしていわゆる「選択規則」が得られる．そしてこの考え方にのっとってクラマースが計算した水素のシュタルク効果のスペクトル線強度は，実際に測定値ときわめてよく一致していることが判明した．

　対応原理とは，基本的には遷移の振動数と確率にたいする以上の要請を理論形成の指針としておくことに他ならない．後のボーアの言葉では「対応原理は，古典論の諸概念が限界をもつにもかかわらず量子論で維持されるその仕方を特徴づけるものである」と表される（論文9）．ただしそれはかならずしも明確に定式化されていたものではないので，「むしろ"ボーアならこんなふうに進んだだろう"ということをいろいろな言い回しで述べたもの」というような皮肉な見方もないわけではない[22]．

6. 対応原理から量子力学へ

　1916年に，コペンハーゲン大学の新設の理論物理学講座の教授に任命されたボーアは，すぐさま理論物理学研究所の新設を提案し，その実現にむけて，資金集めから建物の図面の検討にいたるまで多大なる時間と精力をつぎ込んだ．第一次大戦で物理学の国際協力が一挙に崩壊したのを目の当たりにしたボーアは，デンマークのような中立を国是とした小国にこそ国際協力のセンターが樹立されなければならないと確信していたのではないだろうか．

　戦争が終わり，1920年にボーアはベルリンで講演し，初めてアインシュタインと会い，肝胆相照らすとも言うべき仲になった．そのアインシュタインは翌1921年に光電効果の理論でノーベル賞を獲得し，このころから量子論に関心を寄せる研究者の数は飛躍的に増加し始める．ゲッチンゲンのボルンが同僚となったフランクにせきたてられて量子論にむかったのも，弱冠20歳で有名な相対論の教科書を書き上げてボルンの助手となったパウリが関心を量子論に移したのもこの年であった[23]．そしてこの年の3月，コペンハーゲンでは念願の研究所が開所した．研究所の新設にむけての過労がたたってその年のソルヴェイ会議への出席を医師から止められるというようなこともあったが，ボーアは翌1922年，原子構造論でノーベル賞を受賞し，こうしてアインシュタインとならんで新しい世代の新しい物理学の指導者としての地位を確立した．

1922年の6月には，ボーアはゲッチンゲンで量子論の現状についての連続講義を行い，パウリやハイゼンベルクらの戦後のドイツの若い物理学者との親交を得，他方で，1919年にトムソンの後任としてキャヴェンディッシュ教授職に就任したラザフォードとの繋がりは，ひきつづき維持されていた．このボーアの働きと人柄により，後にニールス・ボーア研究所と称されるコペンハーゲンの新設研究所は，ボーアの意図したとおりに，ミュンヘン，ゲッチンゲン，そしてケンブリッジの学問上の中点に位置する国際的な研究センターとなり，世界中から若い物理学者がまさしく雲集してきた．

しかし，ボーアとゾンマーフェルトを中心として進められてきた前期量子論は，このころ行き詰まりを見せ，「量子論の危機」が語られるようになる．そしてその混乱と困難を乗り切って1925-27年の量子力学の形成へと導いた指導理念は，やはりボーアの対応原理であった．ボーアが「対応原理」という言葉を初めて使用したのは，1920年4月27日にベルリンの物理学会で行った講演であった．その講演では古典論の法則と量子論の法則の質的な違いが，次のように明確に語られている：

〔古典論と量子論の〕両方の方法で計算されたスペクトル線の振動数は，隣接する定常状態の差がほとんど消滅するような領域では，完全に一致する．しかし私たちは，

双方の場合で〔輻射の〕放出のメカニズムがまったく異なることを忘れてはならない．従来の輻射理論では，運動のさまざまな調和成分に対応する異なる振動数〔の輻射〕は，これらの振動の振幅の比に直接依拠した相対強度でもって，同時に放出される．しかし量子論では，さまざまなスペクトル線が放出されるのは，ひとつの定常状態からいくつもの隣接する状態への遷移よりなり，まったく別個の過程であり，……各個別の線の放出される相対強度は異なる遷移の出現の相対頻度でもって決まる[24]．

つまりボーアは，古典論で現象が一意的に決定されるあり方と，個々の輻射の出現が確率的にしか表現されない量子論の現象とは本質的に異なっていると理解していた．実はボーアはこのような見方をかなり初期からもっていたのではないかと推量される．

ボーアの1913年の論文の草稿を読んだラザフォードが「由々しい困難」として指摘した点は，「電子がある定常状態から他の定常状態へと移行するときに電子はどれだけの振動数で振動することになるのかをどのように決定するのか」という問題であり，「電子がどこで止まることになるのかをあらかじめ知っていると仮定せざるをえない」のではないかという疑問であった(論文16)．これは初めてボーア論文を読んだ者が誰しも感じたことである．日本でも，ボーアの原子論の紹介を聞いた寺田寅彦が「何だか原子が

自分の行先を知っていて，それに相当する波長の光を出すような気がしますがね」と言って長岡半太郎を苦笑させたというエピソードが伝えられている[25]．当然ボーアはこの手の質問をあちらこちらで浴びせられたであろう．

1913年の12月にボーアがデンマーク物理学会で水素のスペクトル線に関連して行った講演の次の一節は，そのような糾問にたいするさしあたっての回答であろう：

　　通常説明と称されているものを私が与えようとしているわけでは決してないことは，おわかりいただけるでしょう．実際ここでは，輻射がどのようにしてまた何故に放出されるのかにかんしては，なにも語られていません．しかし一点では，従来の考え方との関連づけを期待できます．すなわち，低い〔振動数の〕電磁振動の放出は古典電気力学にもとづいて計算することが可能であろうということであります[26]．

ところで従来どおりの物理学の考え方にのっとるならば，未知の量子論の法則が古典論のものと異なるとしても，その背後にはやはり輻射を決定するなにがしかのメカニズムがあり，遷移確率はその真のメカニズムが知られていない段階でのさしあたっての現象論にすぎず，そのメタレベルの法則性こそが量子論の法則であり，したがってその法則が明らかになったときには遷移確率は不要になるであろう

というように理解されやすい．たとえばアインシュタインは，遷移過程を確率過程として扱った 1917 年の論文で「素過程の時間と方向が"偶然"に委ねられていること」は「この理論の"弱点"である」との認識を示している．そういう立場では，対応原理は新しい法則を見出すための過渡的で暫定的な方策でしかないことになる．

しかし，ボーアはしだいにそのような見方を脱却していった．そもそも原子的現象では，たとえば電子が「いつ，どこで，どのように」輻射を放出するのか，というような古典論では通常設定される設問自体が成り立たないのではないのか，つまり量子的な現象は本質的に確率的であって，その背後に個々の現象の生起を確定的に支配しているメカニズムを探し求めることは意味がないのではないか，と考えるようになっていった．

実際，10 年後の 1923 年に発表した「量子論の原子構造への適用について」という論文では，もっと明確に次のように語られている：

　　量子論の仮説によるならば，私たちは原子の運動とその〔輻射の〕放出や吸収過程の結果とのあいだの直接的な関連を放棄しているだけではなく，このような過程の結果がその実際にはその始状態だけではなく終状態にも左右されると仮定しなければならないというまでに，従来の自然記述からは離反しなければならないのである．お

そらくこの関係は，現時点では輻射の放出過程にもっとも明瞭に現れているであろう．というのも，量子仮説によるならば，原子の一個同一の定常状態がまったく異なる輻射過程の起源でありうるからである．……このような事情では，最初アインシュタインが量子仮説にもとづいて熱輻射の法則を導出したさいにもちいた方法に，私たちはおのずと導かれることになる．その方法によるならば，私たちは輻射過程にたいする**原因**を求めるのではなく，それらは**確率法則**に支配されていると単純に仮定するのである(27)．〔強調原文ママ〕

端的に言って，遷移確率はそれ以上還元できないものであり，探し求めるべき新しい法則はその遷移確率そのものについての法則であるということになるであろう．

ところがそのように考えたときには，遷移確率を求めるさしあたって唯一の手段である対応原理がいまもって不完全な原理であることは，歴然としている．たとえば遷移確率を古典論のフーリエ振幅から求めると言っても，そもそもその振幅は遷移前のものか遷移後のものか，それすら曖昧である．実際，クラマースがスペクトル強度を求めたときには始状態と終状態で適当な平均をとっている．量子力学ができた直後に，ボルンが「このような〔クラマースの〕方法では一意的に強度を求めることができないという点が不満足である．これがこのような困難を含まない新しい量

子論を作り上げたひとつの大きな理由である」と明言しているのは[28], このような事情を指している. つまり新しい力学は, 対応原理そのものの明確な定式化とそれによる定量的精密化・合理的一般化のなかに求められるべきである, と考えられるようになっていったのである.

事実その先にやがて量子力学が形成されてゆく. それは, 古典論の位置座標 X のフーリエ振動数 $\tau\nu_{cl}$ とフーリエ振幅 C_τ を遷移振動数 $\nu(m\ m-\tau)$ と遷移振幅 $X(m\ m-\tau)$ で置き換えることで達成された. その経路を切り開いたハイゼンベルクは, その過程を次のように回顧している:

　　量子論の明確な数式化は, 二つの相異なる発展から現れてきた. 一方はボーアの対応原理から出発した. 電子軌道の概念は断念すべきであったが, それでも高い量子数の極限において, すなわち大きい軌道にたいしては, それを保持すべきであった. 量子数の大きい場合には, 原子の出す輻射は, それの振動数と強度によって電子軌道の像を与える. それは数学者の言う軌道のフーリエ展開を表す. この考え方は力学の法則を電子の位置と速度にたいする方程式としてではなく, それらのフーリエ展開の振動数と振幅にたいする方程式として書き下すべきだということを指示していた. こういう方程式から出発して, それをほんの少しだけ変えて, 原子の出す輻射の振動数と強度に対応する量の関係に, つまり原子の小さ

な軌道やその基底状態にたいしてさえも成り立つ関係に到達できるだろうと期待された．この計画は実行され，1925年の夏に行列力学，あるいはもっと一般的に量子力学と呼ばれる数学的体系に到達した[29]．

　一言で言って，「量子力学の全体系は，対応原理が目指していた内容を正確に定式化したものと見なしうるのである．」(論文1)
　量子力学(行列力学)形成のこの最終段階はハイゼンベルクやディラックの手になり，その数学的仕上げはボルンやヨルダンも関与したが，いずれにせよ量子物理学の形成・発展の全過程でのボーアの直接的・間接的な貢献は抽んでている．それはもちろんボーアの才能や努力に負っているだろうけれども，それだけではない．
　一方において，若くしてケンブリッジとマンチェスターに学び，ケルヴィン以来，トムソン，ラザフォードと受け継がれてきた力学的で具象的な模型を重視するイギリス物理学の洗礼を受け，他方で，ドイツに隣接し第一次大戦中も中立を保った小国デンマークゆえに，プランク，アインシュタイン，ゾンマーフェルトらにより切り開かれていったドイツにおける論理性を重視する量子物理学の発展との緊密な繋がりを大戦中にかけても維持することができ，戦後は逸早く国際的孤立下にあったドイツの物理学者との交流を開始する位置にいたということは，ボーアの業績を産

み出す大きな背景であったに違いない．実際ボーアの立脚点は，イギリスの原子模型とドイツの量子論にあった．現に「ボーア自身，しばしば彼が国家的虚飾のない小国に生まれ，若き日に大陸の理論的伝統とイギリス経験主義の二つの最善のものを受け取ることができた，彼の幸運な環境を強調した」のである[30]．

ボーア自身がこのように自覚していたからこそ，やがて「原子物理学の首都」と呼ばれるようになるコペンハーゲンの研究所を作るのに，みずから心血を注いだのであった．そしてその研究所を中心とした議論のなかで量子力学は産まれてきた．その意味で量子力学は，ハイゼンベルクやディラック個人というよりは，まさにニールス・ボーア研究所が産み出したものというべきものであろう．

＊　　　　　＊　　　　　＊

本論文集の出版にあたって，木田元・江沢洋両氏からは多くの御助力をいただいている．また伏見康治・谷口亘両氏からは文献を送っていただいた．さらにまた，私の何人かの教え子の諸君にも文献の探索や複写で協力をいただいている．これらの方々，および岩波書店・編集部の石川憲子氏に，この場を借りて御礼申し上げます．

　　1999 年　秋　　　　　　　　　　　　　　　山　本　義　隆

注
(1) 「金属電子論の研究(1911)」,西尾成子訳,物理学史研究刊行会編『物理学古典論文叢書(11)金属電子論』,東海大学出版会,pp. 107-229,該当箇所は p. 211, p. 228.
(2) 広重徹・西尾成子:「ボーアの原子構造論の起源」,『科学史研究』No. 71, 1964, 西尾成子編『広重徹科学史論文集(2)原子構造論史』,みすず書房,所収, p. 16.
(3) L. Rosenfeld:「ボーア原子模型の成立(2)」,江沢洋訳,『自然』1968年5月号,p. 64, および Rosenfeld and E. Rüdinger:「決定的な年月 1911-1918 年」,S. Rosental 編『ニールス・ボーア』,豊田利幸訳,岩波書店(1970)所収, p. 53.
(4) 「原子および分子の構造について(第1部,1913)」,後藤鉄男訳,物理学史研究刊行会編『物理学古典論文叢書(10)原子構造論』,東海大学出版会,pp. 161-186. 以下本節終わりまで,本論文からの引用はすべてこれからであり,注記しない.
(5) くわしくは,広重徹・西尾成子:前掲論文(注2)参照.
(6) L. Rosenfeld:「ボーア原子模型の成立(3)」,江沢洋訳,『自然』1968年6月号,p. 76, および Rosenfeld and Rüdinger: 前掲論文(注3), p. 58.
(7) M. Jammer:『量子力学史(1)』,小出昭一郎訳,東京図書, p. 103.
(8) 英訳, 'On the Spectrum of Hydrogen', *The Theory of Spectra and Atomic Constitution*, Cambridge Univ. Press (1922)所収, p. 9f.
(9) Bohr:前掲論文(注4), p. 169.
(10) Bohr:前掲論文(注8), p. 4.
(11) Rosenfeld:前掲論文(注6),『自然』1968年6月号, p. 73.
(12) Rosenfeld:前掲論文(注3),『自然』1968年5月号, p. 67.
(13) Bohr:前掲論文(注4), p. 181.
(14) N. R. Campbell, *Modern Electrical Theory*, Cambridge (1913), P. Marage and G. Wallenborn, *The Solvay Councils and the Birth of Modern Physics*, Birkhäuser (1999), p. 120, S. Quinn:『マリー・キュリー』,田中京子訳,みすず書房, p. 567.

(15) 西尾成子：「α 線と原子核」，『科学史研究』No. 76, 1965, p. 145, および「放射能と原子核」，辻哲夫監修『現代物理学の形成』，東海大学出版会，所収，p. 169 参照．
(16) A. E. Haas：「プランクの輻射法則の電気力学的な意義および電気素量と水素原子の大きさに関する新しい決定について(1910)」，井田幸次郎訳，『物理学古典論文叢書(10)原子構造論』(注4)所収, p. 117.
(17) A. Sommerfeld：「非周期的分子現象への作用素量の理論の適用」，小川和成訳・解説，『物理科学の古典 8 第1回ソルベイ会議報告，輻射の理論と量子』，東海大学出版会，所収，p. 344.
(18) A. Einstein：「量子論による輻射の放出と吸収(1916)」，「輻射の量子論について(1917)」，ともに湯川秀樹監修『アインシュタイン選集1』，共立出版，所収．該当箇所は，それぞれ p. 151, p. 164.
(19) 仁科芳雄：「学者伝記(1) NIELS BOHR」，『岩波講座物理学』(1938), p. 15.
(20) 「線スペクトルの量子論について(第1部, 1918)」，荒巻正也訳，「同(第2部, 1922)」，及川浩訳，物理学史研究刊行会編『物理学古典論文叢書(3)前期量子論』，東海大学出版会，pp. 189-303. 以下本節終わりまで，本論文からの引用はすべてこれからであり，注記しない．
(21) A. Einstein：前掲論文(注18).
(22) E. Segrè：『X線からクォークまで』，久保亮五・矢崎裕二訳，みすず書房, p. 165.
(23) J. Hendry：『量子力学はこうして生まれた』，並木美喜雄監修，宣野座光昭・中里弘道訳，丸善，p. 30.
(24) 'On the Series Spectra of the Elements(1920)', 前掲書(注8)所収，p. 27.
(25) 中谷宇吉郎：『冬の華』，岩波書店(1938), p. 316f.
(26) Bohr：前掲論文(注8), p. 12f.
(27) 英訳，*On the Application of the Quantum Theory to Atomic Structure, Part 1, The Fundamental Postulates*, Cambridge Univ. Press(1924), p. 20f.
(28) M. Born：『原子物理学の諸問題(1926)』，岩本文明訳，三省

堂, p. 35.
(29) W. Heisenberg:『現代物理学の思想(1958)』, 河野伊三郎・富山小太郎訳, みすず書房, p. 14.
(30) Rosenfeld and Rüdinger: 前掲論文(注3), p. 46, なお, H. J. Folse: *The Philosophy of Niels Bohr*, North-Holland (1985), p. 32 参照.

以上, 邦訳のある文献はできるだけ邦訳を挙げたが, 訳文は原典から訳出した場合が多く, 記した邦訳のものとは限らない.

索　　引

あ　行

アインシュタイン(A. Einstein)　　113, 258, 275
　——〔光量子仮説/光子仮説〕　　13, 19, 87f., 224, 287, 325, 387, 389
　——〔光量子仮説と光電効果〕　　52f., 83, 222, 256f., 381
　——〔磁気・力学効果(アインシュタイン‐ド・ハース効果)〕　　196
　——〔遷移確率と熱輻射の法則の導出〕　　18f., 117, 229, 296, 320, 384
　——〔相対性理論〕　　12, 93, 198, 265, 306
　——〔熱輻射のエネルギーのゆらぎ〕　　175
　——〔光化学反応および光化学当量の法則〕　　117, 281
　——〔比熱の量子論〕　　144, 256f., 281, 373, 375
　——〔輻射遷移確率〕　　34, 85, 160, 267, 322, 363, 388
　——〔量子力学批判〕　　335, 396, 400f.
　——の関係〔$E=mc^2$〕　　154, 157, 343, 402
　——の(基本)公式〔$E=h\nu,\ p=h/\lambda$〕　　139, 324
アーク・スペクトル　　262, 298, 322
アストン(F. W. Aston)　　45, 109, 226, 316, 343
　——の整数法則　　158
アトキンソン(R. Atkinson)　　341
アルキメデス(Archimedes)　　9
α線/α粒子　　45, 80, 105f., 158, 161, 185, 275, 346-348
　——スペクトル　　161, 230, 350, 405
　——による(で誘導される)原子核の崩壊　　312f., 343, 402
　——による電子捕獲　　350
　——のエネルギー準位　　185
　——の(大角度)散乱　　105, 110f., 148, 157, 160, 328, 340
　——の生成　　342
　原子核からの——の放出　　340

α崩壊　88, 109, 185
　——の説明/——の法則/——の理論　160, 217, 341, 355, 402
アレクサンダー(S. Alexander)　311
アーレニウス(S. A. Arrhenius)　102
アンダーソン(C. D. Anderson)　328, 404, 407
アンドレイド(E. N. da C. Andrade)　300
イオン化エネルギー〔中性ヘリウム原子の〕　136
異常ゼーマン効果/異常ゼーマン・パターン　→ゼーマン
異性核　243
一般相対性理論　198
イーブ(A. S. Eve)　354
因果性
　——の原理　94
　——の二つの相補的側面　150
　——の要求　81, 93f.
　——の理想　150, 187, 198, 225
因果的で連続的な記述　86
因果的(な)記述(様式)/因果的で図式的な記述　80, 85, 88, 91f., 96, 336
陰極線の研究/陰極線の実験　43, 193
ウー(呉健雄, Wu Chien-Shiung)　411
ヴァン・ヴレック(J. H. van Vleck)　397
ウィグナー(E. P. Wigner)　210, 235, 326
ウィディントン(R. Whiddington)　283
　——の経験則　125
ウィリアムス(E. J. Williams)　201
ウィルソン(C. T. R. Wilson)　20, 274f.
ウィルソン(W. Wilson)　129, 306
ウィン・ウィリアムス(C. E. Wynn-Williams)　350
ヴェーガール(L. Vegard)　128
ヴォルタ(A. Volta)　101
ウォルトン(E. T. S. Walton)　342, 402
ウッド(R. W. Wood)　322
ウーレンベック(G. E. Uhlenbeck)　197, 223

索 引　479

エヴァンス(E. J. Evans)　122, 261, 295, 297, 309
X 線/特性 X 線/レントゲン線
　——スペクトル　28f., 49f., 58, 61, 68, 111, 125f., 128, 256, 283
　——の回折　126, 139, 378
　——の散乱　15, 19f., 103, 111
　——の発生　376
エディントン(A. S. Eddington)　341
エドレン(B. Edlén)　123, 142, 262
エネルギー
　——等分配則　374
　——と質量の同等性/——と質量の一般的な関係　400, 402
エネルギーと運動量の保存法則　20, 90, 168f., 175, 181, 183, 201,
　203, 227, 325, 336, 384
エネルギー保存(法)則/エネルギー保存原理　10, 167, 170, 181, 187
　β 崩壊と——　162-164, 167, 170, 269, 405
エプシュタイン(P. S. Epstein)　25, 306
エリス(C. D. Ellis)　317, 349, 405
エルステッド(H. C. Oersted)　10, 101
エルミット(C. Hermite)　41
　——行列　323, 364
エーレンフェスト(P. Ehrenfest)　24, 31, 307, 312, 385, 396, 401
　——の条件/——の原理〔断熱不変性の原理〕　32, 129
遠紫外線領域の分光学　122
エントロピー(増大)則　10, 151
オイケン(A. Eucken)　146
オイラー(L. Euler)　9, 25
オッペンハイマー(J. R. Oppenheimer)　218, 355
オリファント(M. Oliphant)　352f., 403
オルソ系列とパラ系列〔ヘリウム・スペクトルの〕　141
オルソ状態とパラ状態〔水素分子の〕　146, 392
オルソ・ヘリウムとパラ・ヘリウム　141
オルンスタイン(L. S. Ornstein)　36
温度　151f., 212, 214f., 237, 246
　原子核の——/複合核の——/中間状態の——　212, 237-239

か 行

ガイガー(H. Geiger)　　20, 110, 277, 314, 317, 330, 341
　　ガイガー - ヌッタルの法則/……の規則　　160, 185, 230, 341
回転バンド　　145-147
化学結合　　136, 145, 224, 338, 398
　　——の電子的構成　　321
核外電子　　110, 155, 158, 181
　　——の配置　　115
殻構造〔原子核のまわりの電子配置の〕　　62-64, 69, 127, 129, 131-134, 263, 300, 302, 304, 308, 382f.
　　——の分類(法)　　129, 134, 263
核光電効果　　226, 241f.
核内電子　　157-159, 162f., 182
核物質の加熱　　236
核分裂/分裂　　245-247, 350, 352
確率概念の役割
　　原子論における——　　151
確率法則　　104, 140, 162
　　アインシュタインの——　　363, 384, 388
　　輻射過程にたいする——　　117, 160
　　放射性崩壊にたいする——　　88
確率論的考察　　85, 151, 160
核力　　184, 217, 228, 340
重ね合わせの原理　　175, 325
　　波動力学の——　　389
仮想的振動子　　363
加速器　　340, 342
カタラン(M. A. Catalán)　　383
価電子　　65, 136
ガーネイ(R. W. Gurney)　　160, 230, 341, 351
カピッツァ(P. Kapitza)　　317, 355f., 399
カブレラ(B. Cabrera)　　398
ガーマー(L. H. Germer)　　139, 324, 387

索　引　481

カマリング・オネス(H. Kamerlingh-Onnes)　376, 386
ガモフ(G. Gamow)　160, 230, 341f., 351, 355, 402, 405
ガリレイ(G. Galilei)　9, 12, 333
カルカー(F. Kalckar)　218, 220, 226
観測問題　330, 334, 368
γ線　104
　——スペクトル　161, 185, 208, 234, 405
気体運動論　10
気体放電/希薄気体の放電　14, 43, 102
ギブズ(J. W. Gibbs)　10, 151
逆散乱〔第2種衝突〕　118, 160
キュリー(I. Curie)　231, 344, 350, 404
キュリー夫人(M. Curie)　104, 278, 300, 399
強磁性　367, 398
共鳴現象/共鳴効果　218, 239, 351
　量子力学的(な)——　210, 235
共鳴準位　219
共鳴状態　241
行列力学/行列理論　39, 41, 326, 365f.
極性結合　136
ギル(E. Gill)　356
キルヒホッフ(G. R. Kirchhoff)　221
　——の法則　117
金属(中)の電気伝導　75, 96, 148, 385, 400
空洞輻射〔黒体輻射，熱輻射〕
　——のスペクトル分布　372
　——の法則　366
クヌーセン(M. Knudsen)　377
クライン(O. Klein)　18, 32, 118, 179, 320, 326, 366, 398
　——のパラドックス　180
クライン-仁科の公式　177
クラウジウス(R. J. E. Clausius)　10
クラマース(H. A. Kramers)　25, 34f., 38, 40, 138, 201, 224, 268, 307, 319, 322, 363, 367, 387f., 411

くりこみ　　409
クルックス(W. Crookes)　　102
クロウサー(J. G. Crowther)　　345
クローニッヒ(R. de L. Kronig)　　36, 158
ケイ(W. Kay)　　313, 315
ケイザー(H. G. J. Kayser)　　253f.
系列スペクトル　　60
結合原理/結合法則〔リュードベリ - リッツの結合原理〕　　17, 116f.,
　　119, 128, 130, 134, 145, 181, 195f., 255, 257, 282, 287, 380f.
決定論的記述　　373, 385
決定論的で図式的な記述　　329, 390, 409
ケプラー運動/ケプラー軌道/ケプラー楕円　　25, 59, 112, 129, 259,
　　288f., 291, 305
ケプラーの法則　　21, 120, 381
ケーリー(A. Cayley)　　41
ゲルラッハ(W. Gerlach)　　30, 135, 196
原子
　　——と分子の区別　　105
　　——内の正電荷(の分布)　　44, 104f.
　　——内の電子の数　　15, 40, 50, 71, 103, 255
　　——内の電子の配置　　302
　　——(内の電子分布)の殻構造　　62f., 132, 263, 308
　　——の(電気的)構成要素　　43, 71, 82, 84, 86, 193, 254
　　——の電気的構成　　106, 111
　　——の電子的構成　　130, 276, 280, 299, 302, 379, 397
　　——の有核模型　　50, 54, 115, 380　(→有核原子)
原子価　　62f.
原子核　　44, 106, 182, 339
　　——が崩壊する確率　　89
　　——からのα線の放出　　340
　　——からの輻射　　240f.
　　——からのβ線の放出　　159, 203
　　——による荷電粒子の散乱　　328
　　——の安定性　　157, 185, 228, 338

索　引　483

　　——の位置の不確定性　　338
　　——の(エネルギー)準位分布／——の準位のスペクトル／——の(とびとびのエネルギー)準位／——のとびとびの量子状態　　208, 211, 230, 234-236
　　——の大きさ　　44, 157, 160, 182
　　——の温度　　237
　　——の構成要素／——の構成粒子　　182, 226, 406
　　——の構造と安定性　　225, 406
　　——の構造と性質　　402
　　——の質量　　182, 226, 277
　　——の諸問題の量子力学的な扱い　　161
　　——の電荷　　44, 50f., 111, 182, 226, 255, 278
　　——の統計　　158f., 163, 182
　　——の(内部)構造　　46, 107, 110, 114, 156-158, 162, 190, 199, 229
　　——の発見　　51, 62, 107, 194, 221, 255, 275, 277, 281, 308, 314, 329, 378f.
　　——の陽子 - 中性子模型　　228
　　——の励起　　236f., 241, 243
　　水素(の)——　　106, 110
原子核衝突　　205
原子核反応　　229, 231, 245
原子核(の)変換　　205, 230, 233, 237f., 341
　　α線による打撃で引き起される——　　350
　　衝突による——／物質粒子の打撃で引き起される——　　205, 241
　　人工(の)——　　160, 315, 351
　　中性子により引き起される——　　231, 233, 351
原子核(の)崩壊／原子核の破壊　　45, 79f., 105, 156, 160, 185, 187, 218, 226, 313
　　α線による——／α粒子の打撃をもちいた——　　312f., 343, 402
　　人工的な——／制御された——　　314, 402, 404
　　陽子やα粒子によって引き起される——　　218
原子核模型　　228
原子性／原子的性格
　　——の二つの側面　　114, 156

自然法則における—— 113
電気の——/電荷の—— 103, 183, 203
原子(構造)の安定性/原子系の安定性　26, 28, 51, 53, 101, 111, 115f., 120, 127, 145, 150, 152, 154, 167, 170, 183, 187, 221f., 256, 281, 286, 289, 338, 378
　——と作用量子の関係　119
　量子仮説によって表現される——　137
原子(の)構造/原子の内部構造　14f., 21, 71, 105, 124f., 229, 255
　——の電子論　194
　——の問題　15, 52, 56, 81, 85, 103f., 119, 149, 176, 263, 300, 309
　——の量子論　195f., 293, 312, 361, 367, 380, 391
　——の理論　73, 225
原子番号　23, 33, 50, 62, 65, 79, 85, 110, 126f., 129-132, 255, 277, 279f., 284
　——にのっとった元素の並べ方　301
　——の決定　256
　——の割り振り　302
原子模型
　——の驚くべき単純性　123
　新しい——　277
　トムソンの——　282, 299
　ラザフォード(の)——　111, 127, 280-282, 316, 321, 381-383
　ラザフォード以前の——　115
元素
　——間の類縁関係　32, 46, 48, 62, 79, 85, 103, 127, 129, 222f., 249, 267
　——の諸性質の起源　44
　——の人工的変換/——の変換　80, 105f., 195
　——のスペクトル/——のスペクトル間の関係　84, 121
　——の不変性　222
ゲントナー(W. Gentner)　241
光学スペクトル　68, 125, 249, 377, 380, 383
　——の規則性　303
　——の構造/——の微細構造　61, 307

——を支配している法則　　286
高振動数スペクトル/高振動数領域の分光学　　126, 132, 301-303, 307, 382f.
光電効果　　53, 83, 195, 222, 257, 373, 376, 381, 384
光量子/光子　　13, 19f., 83, 89f., 140, 175f., 178, 224, 257, 287, 373, 387, 389
光量子論　　19f., 35, 83, 87f.
黒体輻射/黒体輻射の法則〔熱輻射，空洞輻射〕　　82, 117, 147
コスター（D. Coster）　　30, 132, 319
ゴーチャー（F. S. Goucher）　　310
コッククロフト（J. D. Cockcroft）　　317, 342, 402f.
コッセル（W. Kossel）　　28f., 62, 127f., 136, 302f.
コットン（A. Cotton）　　399
古典電子論　　153, 168, 194-197, 382
ゴルドン（W. Gordon）　　398
コンドン（E. U. Condon）　　160, 230, 341
コンプトン（A. H. Compton）　　20, 387, 389
　　　——散乱/——効果/——の発見　　19, 139, 177, 201f., 267, 325
　　　——波長　　177, 179f., 337

さ　行

サイクロトロン　　353, 403, 408
最小作用の原理　　375
サイモン（A. W. Simon）　　20
サウンダース（F. A. Saunders）　　33
サハ（M. N. Saha）　　320
サーバー（R. Serber）　　218
作用概念の改鋳　　375
作用量子　　13, 52, 169, 222, 282, 335, 361f., 394
　　　——に結びついた全体性/——に象徴される全体性　　332, 368
　　　——の存在　　114, 116, 138, 147, 149, 153f., 156, 170, 197, 202, 225f., 377
　　　——の発見　　82, 92, 113, 151, 167, 195, 221, 256, 266, 281, 372, 375, 380, 390

――の分割不可能性　83f., 86, 91
時間・空間座標/時間・空間的な座標付け　149f., 170, 202
時間・空間的描像/時間・空間的記述/時間・空間的分析　20f., 145, 150, 169f., 197
磁気・光学現象　194
磁気モーメント　135, 183, 197, 397, 399
　原子核の――　135, 158, 269, 397
　原子(系)の――　135, 172, 376
　電子の――　61, 135, 141, 171, 335, 398f.
磁気・力学現象/磁気・力学効果〔磁気回転効果〕　196, 199
シーグバーン(K. M. Siegbahn)　29, 122, 132, 264, 307, 383
自己エネルギー〔荷電粒子の〕　408
磁性　376
自然体系〔周期律表〕　110, 124, 126, 133
質量欠損　157f., 184
質量分析法　316, 343
自発遷移/自発輻射過程/自発輻射遷移/自発放射　34, 170, 175, 178, 296, 363, 384, 388
シャンクランド(R. Shankland)　201
シュヴァルツシルト(K. Schwarzschild)　25
シュヴィンガー(J. S. Schwinger)　409
周期系/周期律表　29f., 46, 49f., 62, 65, 72, 79, 108-110, 124, 126f., 132f., 136, 223, 255, 279, 397
――の解釈　319
自由電子による輻射の散乱/……X線の散乱〔コンプトン散乱〕　177, 387
主系列　252f., 257f., 260
シュスター(A. Schuster)　253, 286
シュタルク(J. Stark)　25, 304f.
――効果　25, 304f., 307, 383
シュテッケル(P. Stäckel)　24
シュテルン(O. Stern)　30, 135, 196
シュテルン‐ゲルラッハ効果/……の実験/……の方法　30, 135, 196, 365

シュトラースマン (F. Strassmann)　245, 352
シュレーディンガー (E. Schrödinger)　87, 139, 224, 324f., 365f., 387, 389f., 411
　　——の波動関数　140
　　——の方法　140
状態関数　→波動関数
衝突現象　20
衝突問題　326, 366, 390
蒸発　212, 214-216, 237f., 246f.
　中性子の——　212
ジョリオ (F. Joliot)　231, 344, 350, 404
人工放射能の発見/人工 β 放射能の発見　231, 350, 404
ジーンズ (J. H. Jeans)　300, 374
振動数条件　19, 23, 38, 53
水素/水素原子　21, 54, 110
　　——のエネルギー　364
　　——の定常状態　124, 129, 289
　　——の半径　170
　　——の有核模型　54
水素(の)原子核　106, 110
水素(の)スペクトル(線)/水素原子(の)スペクトル(線)　21f., 39, 48, 54, 57, 112, 119, 121f., 137, 259, 288, 291, 293, 304, 307
　　——系列　305
　　——と原子模型の関連/……の結びつき　55, 121
　　——にたいする磁場と電場の効果　306
　　——の微細構造　25, 73, 306
　　——の分裂　307
水素分子　137, 146, 328
　　——の電子的構成　392
　　——の波動関数　146
水素類似原子
　　——のエネルギー準位の微細構造　180
ストーナー (E. C. Stoner)　32, 134, 303
ストーニー (J. Stoney)　43, 102

ストレンジネス　410
スパーク・スペクトル　262, 298
スピノル解析　328
スピン　135, 335, 399
　　——の発見　367, 383
　　——変数　172
　　原子核の——　269, 405
　　電子(の)——　135, 141, 171, 196f., 223, 305, 328, 367, 398
スペクトル/スペクトル線
　　——の起源　43, 53, 84, 117, 144
　　——の規則性　29, 32, 249f., 254, 256, 338, 384
　　——の系列構造の起源　74
　　——の結合原理/——の結合法則　→結合原理/結合法則
　　——の多重構造　30, 69
　　元素の——　84
　　諸元素の——間の関係　121
スペクトル系列　27-29, 254, 305
　　——の規則性　194
スペクトル現象　195
スペクトル項　17, 27, 49, 53, 60f., 257, 286, 288
　　——の多重構造　61f.
　　——の分類　29, 130, 140
　　水素の——　21f.
スペクトル(線)の超微細構造/……最微細構造　135, 158, 190, 199, 269, 397f.
スペクトル(線)の微細構造　39, 129, 224
　　α 線——　230, 350, 399, 405
　　光学——　61, 307
　　水素原子とヘリウム・イオンの——　306
　　水素の——　25
スペクトル法則　15, 17, 53, 222, 254, 286
スミス(E. Smith)　311
スメカル(A. Smekal)　35, 138
スレーター(J. C. Slater)　34, 201, 363

索引　489

正準方程式　323
正常3重項〔正常ゼーマン3重項〕　194, 197
赤外吸収線/赤外吸収バンド　143f., 282
　——の微細構造　144, 376
赤方偏移　401
ゼーマン (P. Zeeman)　14, 43, 193, 304
ゼーマン効果/ゼーマンの発見　14, 134, 190, 193f., 197f., 382
　異常——　14, 30, 61, 194, 197, 305, 383
　正常——　196, 305
　ローレンツによる——の説明　14, 26, 44, 193f., 254, 304
ゼーマン・パターン　134, 194, 196
　異常——　194f., 197
遷移〔定常状態間の〕　16, 53, 117, 257, 260
　負エネルギー状態への——　154, 178, 404
　臨界——　178f.
遷移確率/遷移過程の確率　18f., 23, 34, 36-40, 176, 323
遷移過程
　——に付随する輻射の要素的性格　222
　定常状態間の——　84
　要素的——/——の要素的性格　116f., 120, 128, 151, 161
線スペクトル　16, 48, 53, 255, 256, 286f.
　——の起源　256, 304f.
　——の出現　383
　——放出のメカニズム　194
全体性　257
　原子的過程における——　373
　作用量子により象徴される——/作用量子に結びついた——　332, 368
選択規則　29, 130, 144
相対性　153
相対性理論　12, 25, 93, 198, 265, 306
相対論的電子論　141, 224, 269, 337, 404
相対論的波動方程式　398
相対論的不変性　154, 173

作用の—— 181
相対論的量子力学 173, 183f., 404
　——の困難性 155, 173, 179-181
相補性 152, 198, 225, 332, 335, 394
相補的 395
　——記述 338
　——な関係 170
　——不確定性 170
阻止能 283-285
ソディ(F. Soddy) 45, 104, 106, 108f., 279f., 296
ソルヴェイ(E. Solvay) 397
ゾンマーフェルト(A. Sommerfeld) 24f., 29, 36, 59, 73f., 85, 129, 148, 196, 223, 263, 266, 306, 312, 361f., 376f., 383, 397, 400
　——の公式〔水素類似原子のエネルギー準位についての〕 180

た　行

対応原理 21, 23, 25, 29, 34, 37f., 55f., 61, 86, 196, 305, 307, 361, 363f., 385
　——によって目論まれていた統計的記述 325
　——のさらに一般な定式化／——の精密化 36f., 322
　——の萌芽的なあらわれ 290
対応論 121, 134, 145, 151, 155, 157, 175, 178, 222-224, 259, 266
　——的考察／——的な議論 130, 259
　——の改善 224
　——の精神 138
　——の要請 222
対称性
　——の研究 410
　原子核模型の—— 228
　時間・空間反転の—— 411
　波動関数の—— 367, 391, 398
　粒子と反粒子の—— 411
対象と測定装置の(あいだの有限の)相互作用 91, 149, 198, 225, 331, 394, 396, 410

索 引　491

第2種衝突〔逆散乱〕　　18, 118, 160, 320
太陽エネルギーの起源/太陽のエネルギー源　　341, 353
ダーウィン (C. G. Darwin)　　284, 300f., 309, 317f., 321, 328, 335
タウト (T. F. Tout)　　311
楕円軌道　　51, 54
多重周期系
　　——にたいする量子化規則　　26, 30f., 36f.
　　——の理論　　31, 36
単一不可分性　　222
　　原子的過程の——/量子過程の——　　267, 325, 389
単一不可分な過程/……遷移過程/……輻射過程　　84, 116, 287
断熱不変性　　24
　　——の原理　　307, 385
　　定常状態の——　　129
力の有限(速度での)伝播　　173f., 176, 180
チャドウィック (J. Chadwick)　　111, 227, 317, 340, 343f., 346, 403
中間原子核/中間状態　　205, 207, 233
　　——の形成　　217
　　寿命の長い——　　233, 242
中間子の存在　　407
中性子　　231, 344–347
　　——によって引き起される原子核変換　　231, 233, 351
　　——の衝突　　231
　　——の蒸発　　212
　　——の発見　　227, 343, 345, 403, 406
　　——捕獲　　210, 232, 234, 351
超伝導　　376, 400
超電流　　400
直観性と因果性　　84, 92
直観性の要求　　87, 93
直観の形式　　78, 83, 88, 95
ディー (P. Dee)　　345
ディヴィス (B. Davis)　　310
定常状態　　16, 21f., 38, 53, 59, 85, 87, 140, 150, 161, 186, 287, 324, 381

——間の(自発)遷移(過程)　　84, 117, 170, 289
——の安定性　　26
——のエネルギー(の値)　　17, 39, 53, 116, 257, 324
——の図式的な表現/——の力学的描像/——の力学的な図式化
　　21f., 26, 31, 36, 54-56, 69, 120, 290
——の存在　　40, 222
——の断熱不変性　　129, 307, 385
——の分類　　24, 38, 85, 129, 137, 172, 289, 299, 306, 312, 321, 323
——の量子数　　87
水素原子の——　　124, 129, 289
複合系の——　　210
ヘリウム原子の——　　391
ディラック(P. A. M. Dirac)　　139, 141, 180, 201f., 224, 318, 321, 323, 326, 354, 364, 366, 388f., 391f.
——の海　　405
——の輻射理論〔輻射の量子論〕　　392
——の理論/——の電子論/——の電子の量子論/——の相対論的電子論　　141, 154, 174, 179, 197, 224, 328, 335, 389, 398, 404
デヴィソン(C. J. Davisson)　　139, 324, 387
デニソン(D. M. Dennison)　　146, 368, 392
デバイ(P. Debye)　　139, 387
デュワー(J. Dewar)　　250
電気的モーメント　　161
電気と作用の要素的量子　　114
電気の要素的量子〔素電荷〕　　102f., 113
電気力学的(な)模型　　15f., 36
電子　　14, 43, 79, 103, 110, 193
——の安定性/——の恒存性　　79, 157, 174
——の結合エネルギー　　287f., 381
——の(相対論的)量子論　　141, 328
——の発見　　51, 62, 71, 102
——の波動的性質　　140
電子殻　　68, 128, 130, 132, 134
——の安定性　　267

主―― 131f.
電子(の)質量と陽子(の)質量の比　　157, 173
電子(線の)回折　　139, 202, 387
電子直径/電子半径　　153f., 157, 168, 171, 176f., 181, 183, 337
電子対の発生/電子の対発生　　197, 224, 337
電磁的相互作用の伝播の有限性　　153（→力の有限伝播）
電磁場
　　――成分の測定可能性　　336
　　――の量子論　　155, 268
電子配置の安定性　　158
電子捕獲　　350
電子や陽子の安定性　　164, 168
電子や陽子の存在　　168
電子論　　194, 196f.
　　原子構造の――　　194
　　古典――　　153, 168, 194-197, 382
　　相対論的――　　224, 269, 337
　　ディラックの――　　→ディラック
　　物質の一般的――　　193
同位体　　45, 108f., 158, 279, 343
　　――トレイサー法　　319
　　――の存在　　316
同位体現象　　108f.
ドゥヴィエ(A. Dauvillier)　　32
等極結合/等極化学結合　　136, 145, 328, 367
統計的(な)記述(様式)　　86, 88, 90, 332
　　原子的現象の――　　169
　　対応原理によって目論まれた――　　325
　　量子論に固有の――　　88
統計的(な)性格
　　波動力学の――　　326
　　量子力学の――　　169, 225
統計的(な)説明　　374
　　量子過程の――　　385

統計的法則　　88, 322
　　自発輻射過程を支配している――　　296
統計力学/統計熱力学　　10, 151f.
同種粒子どうしの散乱/……衝突　　328, 393
動力学的保存則　　150, 198
特性 X 線　　→ X 線
ド・ハース (W. J. de Haas)　　196
ド・ブロイ (L. de Broglie)　　87, 139f., 224, 323, 365, 387, 390
ド・ブロイ (M. de Broglie)　　383
トムセン (J. Thomsen)　　46, 126, 133
トムソン (G. P. Thomson)　　139, 324, 387
トムソン (J. J. Thomson)　　14f., 29, 40, 43, 50, 62, 71f., 100, 103, 109f., 127, 193, 274, 276, 283, 299, 315f., 377, 379f.
　　――の原子模型　　282, 299, 377
　　――の公式〔電子による光の散乱についての〕　　111, 178
朝永振一郎 (S. Tomonaga)　　409
ドルゲロ (H. B. Dorgelo)　　36
ドールトン (J. Dalton)　　102
トレイサー　　278, 300, 319
トンネル効果　　218, 341

　　　　な　行

内部転換　　161, 349
ナポレオン (Napoléon)　　311
ニコルソン (J. W. Nicholson)　　282, 299
ニュートリノ　　227, 269, 350, 405f., 408
　　――仮説　　203
　　――のヘリシティー　　411
ニュートン (I. Newton)　　9, 101, 329, 373
　　――力学　　25, 112, 281, 306
ヌッタル (J. M. Nuttall)　　341
熱核反応　　341, 353
熱(の)運動論　　81f.
熱の力学的理論/熱の統計理論　　10, 151

熱輻射〔空洞輻射，黒体輻射〕
　——現象　　256
　——にたいするプランクの公式　　296, 320, 325, 375
　——の(一般)法則/——(の)理論　　12f., 18f., 52, 221, 229
熱力学
　——第1法則/——第2法則　　10, 13
　——的なアナロジー　　212
　——的非可逆性　　152
　——の統計的解釈　　372
　——の二つの原理　　10
ネルンスト(W. Nernst)　　282, 375f.

　　　　は　行

配位空間　　140, 326, 390f.
パイエルス(R. Peierls)　　201, 336
ハイゼンベルク(W. Heisenberg)　　9, 33, 320, 361–369, 390
　——〔核物理学(原子核の陽子‐中性子模型とβ崩壊)〕　　227f., 406
　——〔強磁性体の理論〕　　367, 398
　——〔クラマース‐ハイゼンベルクの分散理論〕　　35f., 322, 363, 388
　——〔排他原理の波動力学的説明〕　　141
　——〔場の量子論〕　　155
　——〔不確定性原理の考察と提唱〕　　91, 202, 368, 393
　——〔分子スペクトルの分析〕　　145
　——〔ヘリウム・スペクトルの二重性の解明〕　　141, 327, 367, 391
　——〔要素的な長さ〕　　410
　——〔量子力学(行列力学)の形成と提唱〕　　56, 87, 224, 364, 388
　——の記号体系/——(の)理論　　38–41, 56, 138
　——の不確定性関係/——の不確定性原理　　150, 169, 198, 225, 334
排他原理〔パウリの原理〕　　134, 140f., 146, 148, 159, 172, 181f., 197, 223, 228, 263, 267f., 303, 327, 367, 383, 391
　——が組み込まれた量子力学/——を量子統計に組み込む　　142, 268

波動関数による——の定式化　　141
π中間子/パイオン　　408-410
ハイトラー(W. Heitler)　　145, 328, 367, 392, 398
パウエル(C. F. Powell)　　407
ハウトスミット(S. Goudsmit)　　33, 36, 135, 197, 223
パウリ(W. Pauli)　　265-271, 305, 320, 362, 398f., 411
　——〔行列力学による水素の定常状態の解明〕　　39, 364
　——〔スペクトルの超微細構造と原子核のスピン〕　　135
　——〔スペクトルの分析〕　　32f.
　——〔電子スピンと4番目の量子数の導入〕　　134, 328
　——〔電磁場の量子化〕　　155, 327
　——〔排他原理の提唱〕　　197, 263, 267f., 303, 391
　——〔β崩壊とニュートリノ仮説〕　　203, 227, 269, 350, 406
　——の原理　→排他原理
ハーキンス(W. D. Harkins)　　228
バークラ(C. G. Barkla)　　125, 283
　——輻射〔特性X線〕　　283, 299, 303
ハース(A. E. Haas)　　282, 376f.
波数　　250, 252
バック(E. Back)　　190, 194
発散の困難　　174, 178
　　量子電気力学における——　　408
パッシェン(L. C. H. F. Paschen)　　27, 124, 189-191, 194, 254, 262
　——系列　　48, 190
　——の法則　　189
　—— - バック効果　　134, 190, 194, 197
　—— - ルンゲ・マウンティング　　190
波動関数　　140f., 326, 390
　——の対称性　　367, 391, 398
　　水素分子の——　　146
　　中性ヘリウム原子の——　　141
波動方程式　　324, 365f., 387
　　相対論的——　　398
波動力学　　88, 160, 324-326, 366, 389f., 400

――の記号体系　　160
　　――の統計的解釈　　366
ハートリー (D. R. Hartree)　　318, 321
　　――の近似法　　142
ハートレイ (W. N. Hartley)　　250
バーネット (S. J. Barnett)　　196
パネット (F. Paneth)　　300
場の量子論の無矛盾性　　336
ハフニウム　　133, 319
ハミルトン (W. R. Hamilton)　　9, 323, 326, 361, 366, 389
　　――の運動方程式　　335
　　――の偏微分方程式　　25
バリー (Bury)　　132
パリティー保存　　411
バルマー (J. J. Balmer)　　15, 48, 84, 116, 286
　　――系列　　48, 260
　　――の公式　　22, 27, 39, 48, 54-56, 59, 119, 121-123, 125, 128, 252
ハーン (O. Hahn)　　243, 245, 352
バンド・スペクトル　　142-145, 147, 158, 264
反粒子　　328, 405, 411
ビエルム (N. Bjerrum)　　144, 282
非可逆性
　　観測過程における――/観測にこめられている――　　334, 395
　　熱力学的――　　152
　　量子力学の記述に固有の特異な――　　152
光
　　――の電磁理論　　11
　　――の波動論　　11, 19
　　――の本性をめぐる議論　　83
　　――の粒子像と波動像　　373
　　――の粒子的性質　　140
光化学当量の法則　　117
光化学反応　　281
ピカリング (E. C. Pickering)　　122, 260, 291f.

——系列/——線　　260f., 292f., 298
非極性(化学)結合　　392
非決定性　　91
微細構造定数　　173, 409
非弾性衝突　　207, 231
比熱　　281
　　——の低温で観測される異常性　　257, 375
　　——の量子論　　144
　　——の理論　　147
　　水素の——/低温での水素(ガス)の——　　146, 367, 392
　　低温での固体の——　　211, 373
ビュルガー(H. C. Burger)　　36
ヒレラス(E. A. Hylleraas)　　142
ファウラー(A. Fowler)　　27, 122, 124, 261f., 292, 295, 298
　　——(の)線　　261, 298
ファウラー(R. H. Fowler)　　317f., 320f., 345
ファヤンス(K. Fajans)　　109, 280
ファラデー(M. Faraday)　　10, 99, 101, 165f., 193
ファン・デン・ブルック(A. van den Broek)　　51, 280
フェザー(N. Feather)　　344
フェルミ(E. Fermi)　　227, 232, 350f., 391, 397
　　——統計/——-ディラック統計　　148, 159, 161, 327, 393
　　——の分布則　　400
　　——の理論(β崩壊についての)　　203, 406
フェルミオン　　392
不確定性　　91, 150, 152, 169, 171, 335
　　——関係/——原理　　91, 150, 169, 181, 198, 225, 334, 368, 393, 406
　　角運動量の——　　171f.
副殻　　64f., 68, 131f.
複合核/複合系　　205, 216, 232f., 238f.
　　——の温度　　212
　　——の共鳴状態　　241
　　——の形成(や崩壊)　　214, 217, 236, 238, 245, 351
　　——の寿命　　207, 212, 219

——の定常状態　　210
　　——の崩壊(過程)　　207, 212
　　——の励起　　208, 210, 215
　　——の励起エネルギー　　234
輻射
　　——の原因　　11
　　——の電磁理論　　82, 373
　　——の粒子性と波動性　　201
　　——の量子論　　326, 389
輻射過程/輻射遷移過程　　117, 175, 229, 233, 237, 241, 267, 289
　　——にたいする確率法則　　117, 160, 388
　単一不可分な——　　116, 186
　要素的——　　160, 373
物質
　　——の原子的構成　　99, 221, 327, 371
　　——の電気的構成　　103
　　——の電子的構成　　198
物質波　　87–89, 139f., 224
普遍的作用量子　　→作用量子
ブライト(G. Breit)　　210, 235
プラウト(W. Prout)　　110
ブラウン運動　　10, 12
ブラケット(P. M. S. Blackett)　　317, 328, 351, 404
　　——系列　　48
プラツェク(G. Placzek)　　210, 235
ブラッグ(W. H. Bragg)　　49, 126, 283, 379
ブラッグ(W. L. Bragg)　　126, 283, 379, 389
フランク(J. Franck)　　118, 142, 319f.
フランクとヘルツの実験/……の発見　　18, 54, 84, 118, 222, 258, 309, 384
プランク(M. Planck)　　13, 52, 100, 181, 256, 275, 293
　　——(による作用量子)の発見　　82, 84, 93, 113, 115, 195, 221, 243, 266, 281, 335, 372, 375, 377
　　——の仮説〔調和振動子のエネルギーについての〕　　24, 289, 381

——の関係/——の公式〔$E=h\nu$〕　116, 257, 282
　　——の輻射公式/——の輻射法則　18, 117, 147, 229, 296, 320, 325, 366, 375, 384, 391
プランク定数　13, 52
　　——の決定　114, 169, 384
ブリッジマン(P. W. Bridgman)　386
フリッシュ(O. R. Frisch)　210, 245, 247, 352
プレストン(T. Preston)　194
フレック(A. Fleck)　280
フレンケル(J. Frenkel)　212, 237
不連続性　52, 83
ブロッホ(F. Bloch)　400
分割不可能性
　　作用量子の——　83f., 86, 91
　　量子の本質的な——　116
分光学の法則/分光学の基本法則/分光学の経験法則　84f., 116
分散/分散現象/分散効果　34, 138, 322, 366
　　光学的分散の問題　322
　　分散公式　322
　　分散の対応論的な扱い　138
　　分散理論　36, 38, 268, 363, 388
分子構造の問題　142
分子スペクトル　145, 282
フント(F. Hund)　33, 145
分裂　→核分裂
ベヴァン(P. V. Bevan)　322
ヘヴェシー(G. von Hevesy)　108, 132f., 258, 278f., 300, 319
β 線/β 粒子　45, 79, 105
　　——スペクトル/——の連続スペクトル　349, 405
　　——のエネルギー　186
　　——の放出　159, 162, 203
β 崩壊　109, 162, 164, 167, 186, 227, 405f.
　　——で放出されるエネルギー　162
　　——とエネルギー保存原理　162-164, 170, 269

——の理論　　350, 406
ベックレル (H. Becquerel)　　278
ベーテ (H. Bethe)　　210, 235, 284
ペラン (J. Perrin)　　12, 377
ヘリウム/ヘリウム原子　　110, 122, 136, 141f.
　　——の定常状態　　391
　　——の波動関数　　141
ヘリウム・イオン　　122, 261, 297
　　——スペクトルの微細構造　　306
　　——のスペクトル　　124
ヘリウム原子核　　106, 156, 159, 184
　　——の安定性　　157
　　——の大きさ　　157
ヘリウム・スペクトルの二重性　　141, 322, 327, 367, 391
ヘルツ (G. Hertz)　　319
ヘルムホルツ (H. von Helmholtz)　　102, 165
変位法則　　→放射性変位法則
変換理論　　326, 366
ヘンダーソン (G. H. Henderson)　　350
ヘンル (H. Hönl)　　36
ボーア (N. Bohr)　　201-203, 205, 226, 293, 345
ポアンカレ (H. Poincaré)　　9
ホイヘンス (C. Huygens)　　11, 366, 373
ホイーラー (J. A. Wheeler)　　352
ボウエン (I. S. Bowen)　　299
崩壊法則/崩壊理論　　104, 160, 186, 229f.
放射性物質/放射性元素　　79, 104, 109
　　——の自発的な崩壊　　105
放射性変位法則　　109f., 280, 299
放射性崩壊　　85, 88, 160, 167, 170, 227, 277-279
　　——の(基本)法則　　185, 229, 296
放射能　　45, 104, 107, 158, 185, 195, 229
　　——の科学　　278
ボース (S. N. Bose)　　147, 391

――統計/―― - アインシュタイン統計　　148, 159, 161, 327, 393
ポーズ (M. Pose)　　351
ボソン　　392
ホーターマンス (F. Houtermans)　　341
ボーテ (W. Bothe)　　20, 201, 239, 241, 344
ポテンシャル障壁　　217, 230f., 239, 341, 355
ホーリンガー (T. Heurlinger)　　264
ホール (E. H. Hall)　　386
ボルツマン (L. Boltzmann)　　10, 13, 151, 372
ボルトウッド (R. B. Boltwood)　　108
ボルン (M. Born)　　38, 41, 88, 138, 224, 320, 323, 326, 364, 366, 388, 390, 411
ボンヘッハー (K. F. Bonhöffer)　　146

ま　行

マイトナー (L. Meitner)　　243, 245, 247, 352
マイヤー・ライプニッツ (H. Maier-Leibnitz)　　201
マコウアー (W. Makower)　　277, 309f.
マースデン (E. Marsden)　　110, 277, 314f.
マックスウェル (J. C. Maxwell)　　10f., 101, 193, 329
　　――の(速度)分布(則)　　151, 216, 238, 386, 400
　　――の電気力学/――の電磁理論　　10, 130, 281, 372
μ 中間子/ミューオン　　408
ミリカン (R. A. Millikan)　　29, 121, 124, 384
メイン・スミス (J. D. Main Smith)　　32, 134
メンデレーフ (D. I. Mendeléeff)　　46, 103, 249
　　――の予言　　126
　　――表　　256, 279, 283, 299, 302, 308, 327, 382f.
モーズリー (H. G. J. Moseley)　　49f., 126, 264, 300-303, 311f., 319, 382
　　――の経験則/――の法則　　128, 302
　　――の項曲線　　132
　　――の発見/――の研究　　28, 49, 111, 125, 133, 256, 283, 302
モット (N. Mott)　　148, 321, 328, 393

索　引　503

や　行

ヤコビ(C. G. J. Jacobi)　　25, 361
ヤコブセン(J. C. Jacobsen)　　201
ヤン(楊振寧，Yang Chen-Ning)　　411
有核原子/有核原子模型/有核原子理論　　15, 21, 23, 44, 63, 108, 119, 127, 143, 195, 221, 223　(→原子の有核模型)
誘導遷移/誘導放射/誘導輻射遷移　　34, 175, 320, 363, 384, 388
湯川秀樹(H. Yukawa)　　407
ユーリー(H. C. Urey)　　352
陽子　　110, 157
　　——の結合エネルギー　　157, 184
要素的作用量子　→作用量子
要素的電気的粒子　　156
　　——の安定性　　153
要素的な長さ　　410
要素的量子
　　電気と作用の——　　114, 164
陽電子　　328, 336, 404
ヨルダン(P. Jordan)　　38, 41, 138f., 224, 323, 326, 364, 366, 388f.
四重極輻射/四重極モーメント　　240

ら　行

ライヴィング(G. D. Liveing)　　250
ライマン(T. Lyman)　　29, 48
　　——系列　　48
ラウエ(M. von Laue)　　49
　　——の(X線回折の)発見　　126, 283, 378f.
　　——‐ブラッグの方法　　301, 382
ラグランジュ(J. L. Lagrange)　　9, 25
ラザフォード(E. Rutherford)　　100, 107f., 258, 273–279, 284–286, 293, 295–297, 299–301, 304, 308–316, 318, 330, 338–340, 342, 345, 348–360, 382, 403, 406
　　——〔α 崩壊にたいする古典論の困難の指摘〕　　230

——〔原子核の人工的変換〕　　46, 80, 105f., 160, 233, 312-315, 351, 402
　　　——〔原子核の電荷の推定〕　　50f., 111
　　　——〔原子核の発見，有核原子の提唱〕　　15, 44, 105, 115, 194, 221, 243, 255f., 275, 308, 329, 339, 379f.
　　　——〔三重水素とヘリウム3の発見〕　　353
　　　——〔散乱公式〕　　328, 393
　　　——〔中性子の存在の予測〕　　343
　　　——〔放射性崩壊の研究について/ラザフォード‐ソディの理論〕　　104, 229, 278, 296
ラザフォード原子/……(の)原子模型/……模型/……の有核原子　　111, 127, 195, 280-282, 284, 286-289, 291-293, 299, 302, 304, 316, 321, 338, 380-383
　　——の電子的構成　　282, 286
ラザフォード(M. Rutherford)　　357, 359
ラッセル(A. S. Russell)　　108, 279f.
ラッセル(H. N. Russell)　　33, 36
ラーデンブルク(R. Ladenburg)　　34, 132
ラプラス(P. S. de Laplace)　　9
ラマン効果　　138, 322
ラム効果〔ラム・シフト〕　　409
ラムゼイ(W. Ramsay)　　106
ラーモア(J. Larmor)　　26, 103, 300f., 304
　　——の定理　　196, 304
ランジュバン(P. Langevin)　　376, 397, 401
ランダウ(L. D. Landau)　　238, 336
ランデ(A. Landé)　　30-32, 134, 196
リー(李政道，Lee Tsung-Dao)　　411
力学と光学のアナロジー　　323, 366
リチャードソン(O. W. Richardson)　　196, 386
リッツ(W. Ritz)　　15, 84, 116, 254f.
　　——の結合原理　　→結合原理
リーマン(G. F. B. Riemann)　　12
粒子性と波動性/粒子像と波動像　　201, 373

索　引　505

リュードベリ (J. R. Rydberg)　　15, 27, 48f., 55, 60, 84, 116, 123, 126, 249-253, 255, 260-264, 286, 291, 380
　　——定数　　22, 27, 39, 49f., 55, 121, 123f., 129, 252, 259f., 262, 288, 298, 381
　　——の公式　　292
　　——の発見　　255
　　——の予測　　256
　　——‐リッツの結合原理　　→結合原理
量子化
　　——された角運動量/——された回転運動　　282, 376
　　角運動量の——　　290
　　角運動量と動径方向の作用の——　　306
　　集団運動の——　　236
量子化規則/量子化の方法　　24f., 37, 39, 129, 137
　　多重周期系にたいする——　　26, 30f., 306
　　電子軌道の——　　136
量子殻　　64f., 68
量子仮説/量子論の仮説/量子論の基本仮説　　16, 23, 30f., 38, 52, 54-56, 116, 137f., 222, 229, 231, 257, 259, 287, 289, 296, 308
量子数　　24, 29, 31, 85, 129f., 134, 140, 306f., 323
　　——の分類法　　74, 129, 223
　　回転——　　144
　　主——　　59, 65, 119, 129f.
　　副——　　59, 65, 131
　　三つの——　　134
　　4番目の——　　134
量子電気力学　　179, 201, 326, 409
　　——が妥当する範囲　　337
　　——における発散の困難　　408
　　——の数学的形式　　333
　　——の未解決の困難　　202
量子統計　　75, 145f., 148, 172, 268, 327f., 398
量子力学　　37f., 40, 56, 89f., 119, 138, 148, 152, 154, 162, 197, 201, 228-230, 323, 388

相対論的―――　155, 173, 179-181, 183f., 404
　　排他原理が組み込まれた―――　142
　　非相対論的―――　179
　　―――の一般的な考え方　160
　　―――の記号体系　153f., 171
　　―――の記述の本質的な限界　174
　　―――の行列形式　325
　　―――の形式/―――の数学的形式/―――理論形式　40, 150, 169, 176, 333, 388
　　―――の形式的完成　364
　　―――の形成　224
　　―――の原理/―――の一般原理　139, 230
　　―――の出現　268
　　―――の守備範囲　158
　　―――の定式化/―――の合理的な定式化　41, 86, 92, 390
　　―――の統計的(な)性格　169, 225
　　―――の方法　144f., 224
　　―――の論理的無矛盾性　91
量子論と古典論の(あいだの)相似性　22, 40, 55
量子論の相対論的定式化　336
ルイス(G. N. Lewis)　29, 62, 127, 137
ルビノヴィッチ(A. Rubinowicz)　307
ルーベンス(H. Rubens)　375
ルンゲ(C. Runge)　190, 194, 253f., 261
レイリー(Lord Rayleigh)　12, 143, 254, 287, 300f., 335, 372, 374
レナード・ジョーンズ(J. E. Lennard-Jones)　318
レナルト(P. Lenard)　14, 102
レンツ(W. Lenz)　32
レントゲン線　→ X 線
ロイズ(T. Royds)　284
ロスラン(S. Rosseland)　18, 118, 160, 320
ローゼンハイン(W. Rosenhain)　386
ローゼンフェルト(L. Rosenfeld)　202, 336
ローゼンブルム(S. Rosenblum)　399

ロッシ (R. Rossi)　　108, 280
ロビンソン (H. Robinson)　　300
ローランド (H. A. Rowland)　　286
ローレンス (E. O. Lawrence)　　353, 403
ローレンツ (H. A. Lorentz)　　103, 138, 193, 300, 374, 386, 388, 396f.
　――〔ゼーマン効果の解明〕　　14, 26, 44, 193f., 254, 304
　―― 3 重項〔正常ゼーマン 3 重項〕　　196
ロンドン (F. London)　　145, 328, 367, 398

わ　行

ワイス (P. Weiss)　　376, 397f.
ワイスコップ (V. Weisskopf)　　212, 238, 408
ワイズマン (C. Weizmann)　　311
ワイツゼッカー (C. F. von Weizsäcker)　　243
ワールブルク (E. Warburg)　　375

ニールス・ボーア論文集2 量子力学の誕生(りょうしりきがく たんじょう)

```
2000年4月14日   第1刷発行
2022年10月25日  第6刷発行
```

編訳者　山本義隆(やまもとよしたか)

発行者　坂本政謙

発行所　株式会社 岩波書店
　　　　〒101-8002 東京都千代田区一ツ橋2-5-5

　　　　案内 03-5210-4000　営業部 03-5210-4111
　　　　文庫編集部 03-5210-4051
　　　　https://www.iwanami.co.jp/

印刷・三秀舎　カバー・精興社　製本・松岳社

ISBN4-00-339402-X　　Printed in Japan

読書子に寄す
――岩波文庫発刊に際して――

　真理は万人によって求められることを自ら欲し、芸術は万人によって愛されることを自ら望む。かつては民を愚昧ならしめるために学芸が最も狭き堂宇に閉鎖されたことがあった。今や知識と美とを特権階級の独占より奪い返すことはつねに進取的なる民衆の切実なる要求である。岩波文庫はこの要求に応じそれに励まされて生まれた。それは生命ある不朽の書を少数者の書斎と研究室とより解放して街頭にくまなく立たしめ民衆に伍せしめるであろう。近時大量生産予約出版の流行を見る。その広告宣伝の狂態はしばらくおくも、後代にのこすと誇称する全集がその編集に万全の用意をなしたるか。千古の典籍の翻訳企図に敬虔の態度を欠かざりしか。さらに分売を許さず読者を繋縛して数十冊を強うるがごとき、はたしてその揚言する学芸解放のゆえんなりや。吾人は天下の名士の声に和してこれを推奨するに躊躇するものである。この文庫は予約出版の方法を排したるがゆえに、読者は自己の欲する時に自己の欲する書物を各個に自由に選択することができる。携帯に便にして価格の低きを最主とするがゆえに、外観を顧みざるも内容に至っては厳選最も力を尽くし、従来の岩波出版物の特色をますます発揮せしめようとする。この計画たるや世間の一時の投機的なるものと異なり、永遠の事業として吾人は微力を傾倒し、あらゆる犠牲を忍んで今後永久に継続発展せしめ、もって文庫の使命を遺憾なく果たさしめることを期する。芸術を愛し知識を求むる士の自ら進んでこの挙に参加し、希望と忠言とを寄せられることは吾人の熱望するところである。その性質上経済的には最も困難多きこの事業にあえて当たらんとする吾人の志を諒として、その達成のため世の読書子とのうるわしき共同を期待する。

昭和二年七月

岩波茂雄

----- 岩波文庫の最新刊 -----

サラゴサ手稿(上)
ヤン・ポトツキ作／畑浩一郎訳

ポーランドの貴族ポトツキが仏語で著した奇想天外な物語。作者没後、原稿が四散し、二十一世紀になって全容が復元された幻の長篇、初の全訳。(全三冊)

〔赤N五一九-一〕 定価一一二四円

正岡子規ベースボール文集
復本一郎編

無類のベースボール好きだった子規は、折りにふれ俳句や短歌に詠み、随筆につづった。明るく元気な子規の姿が目に浮かんでくる。

〔緑一三-一三〕 定価四六二円

田園の憂鬱
佐藤春夫作

青春の危機、歓喜を官能的なまでに描き出した浪漫文学の金字塔。佐藤春夫(一八九二-一九六四)のデビュー作にして、大正文学の代表作。改版。〈解説=河野龍也〉。

〔緑七一-一〕 定価六六〇円

……今月の重版再刊……

ミレー
ロマン・ロラン著／蛯原徳夫訳

〔赤五五六-四〕 定価七九二円

人さまざま
テオプラストス著／森進一訳

〔青六〇九-一〕 定価七〇四円

定価は消費税10%込です　　2022.9

岩波文庫の最新刊

シェフチェンコ詩集
藤井悦子編訳

理不尽な民族的抑圧への怒りと嘆きをうたい、ウクライナの国民的詩人と呼ばれるタラス・シェフチェンコ（一八一四─六一）流刑の原因となった詩集から十篇を精選。
〔赤N七七二-一〕　定価八五八円

エリア随筆抄
チャールズ・ラム著／南條竹則編訳

英国随筆の古典的名品と謳われるラム（一七七五─一八三四）の『エリア随筆』。その正・続篇から十八篇を厳選し、詳しい訳註を付した。（解題・訳註・解説＝藤巻明）
〔赤二二三-四〕　定価一〇一二円

ギリシア芸術模倣論
ヴィンケルマン著／田邊玲子訳

芸術の真髄を「高貴なる単純と静謐なる偉大」に見出し、精神的なものの表現に重きを置いた。近代思想に多大な影響を与えた名著。
〔青五八六-一〕　定価一三二〇円

室生犀星俳句集
岸本尚毅編

室生犀星（一八八九─一九六二）の俳句は、自然への細やかな情愛、人情の機微に満ちている。気鋭の編者が八百数十句を精選した。犀星の俳論、室生朝子の随想も収載。
〔緑六六-五〕　定価七〇四円

━━今月の重版再開━━

プラトーノフ作品集
原卓也訳
〔赤六四六-一〕　定価一〇一二円

ザ・フェデラリスト
A・ハミルトン、J・ジェイ、J・マディソン著／斎藤眞、中野勝郎訳
〔白二四-一〕　定価一一七七円

定価は消費税10％込です　　2022.10